高等职业教育园林类专业系列教材

植物组织培养 第5版

ZHIWU ZUZHI PEIYANG

主　编　陈世昌　徐明辉

副主编　赵　军　黄红艳　李学慧

主　审　邱立友　王小琳

重庆大学出版社

内容提要

本书是高等职业教育园林类专业系列教材之一,全面介绍了植物组织培养的基本理论、基本知识和基本技能。全书分基本知识与技能训练、综合技能训练两大模块。基本知识与技能训练包括植物组织培养概述、植物组织培养实验室的设计与设施设备、植物组织培养的基本操作技术、植物组织培养的一般方法、植物脱毒技术、植物种质资源离体保存、植物组培苗工厂化生产与管理7个单元;综合技能训练包括花卉的组培快繁技术、树木的组培快繁技术、果树的脱毒快繁技术、蔬菜的脱毒快繁技术、药用植物组织培养5个项目。本书配有电子课件,可扫封底二维码查看,并在电脑上进入重庆大学出版社官网下载。书中含43个二维码,可扫码学习。

本教材可供高等职业院校园林技术、园艺技术、生物技术及应用等专业使用,也可供从事植物组织培养的科技人员和经营管理者查阅参考。

图书在版编目(CIP)数据

植物组织培养/陈世昌,徐明辉主编. --5 版. --
重庆:重庆大学出版社,2022.9
高等职业教育园林类专业系列教材
ISBN 978-7-5624-9728-8

Ⅰ.①植… Ⅱ.①陈…②徐… Ⅲ.①植物组织—组
织培养—高等职业教育—教材 Ⅳ.①Q943.1

中国版本图书馆 CIP 数据核字(2022)第 129615 号

植物组织培养
(第5版)

主 编 陈世昌 徐明辉
副主编 赵 军 黄红艳 李学慧
主 审 邱立友 王小琳

责任编辑:何 明　版式设计:莫 西 何 明
责任校对:张红梅　责任印制:赵 晟

*

重庆大学出版社出版发行
出版人:饶帮华
社址:重庆市沙坪坝区大学城西路 21 号
邮编:401331
电话:(023)88617190　88617185(中小学)
传真:(023)88617186　88617166
网址:http://www.cqup.com.cn
邮箱:fxk@cqup.com.cn(营销中心)
全国新华书店经销
重庆长虹印务有限公司印刷

*

开本:787mm×1092mm　1/16　印张:13.5　字数:337千
2006 年 8 月第 1 版　2022 年 9 月第 5 版　2022 年 9 月第 8 次印刷
印数:18 001—21 000
ISBN 978-7-5624-9728-8　定价:41.00 元

编委会名单

主　任　江世宏

副主任　刘福智

编　委（按姓氏笔画为序）

卫　东　　方大凤　　王友国　　王　强　　宁妍妍

邓建平　　代彦满　　闫　妍　　刘志然　　刘　骏

刘　磊　　朱明德　　庄夏珍　　宋　丹　　吴业东

何会流　　余　俊　　陈力洲　　陈大军　　陈世昌

陈　宇　　张少艾　　张建林　　张树宝　　李　军

李　璟　　李淑芹　　陆柏松　　肖雍琴　　杨云霄

杨易昆　　孟庆英　　林墨飞　　段明革　　周初梅

周俊华　　祝建华　　赵静夫　　赵九洲　　段晓鹃

贾东坡　　唐　建　　唐祥宁　　秦　琴　　徐德秀

郭淑英　　高玉艳　　陶良如　　黄红艳　　黄　晖

彭章华　　董　斌　　鲁朝辉　　曾端香　　廖伟平

谭明权　　潘冬梅

编写人员名单

主　编　陈世昌　　河南农业职业学院

　　　　徐明辉　　河南农业职业学院

副主编　赵　军　　宜宾职业技术学院

　　　　黄红艳　　重庆艺术工程职业学院

　　　　李学慧　　河南农业职业学院

参　编　周　鑫　　黑龙江林业职业技术学院

　　　　李文娆　　河南大学

　　　　仝婷婷　　长沙环境保护职业技术学院

　　　　梁红艳　　三门峡职业技术学院

　　　　许玲玲　　河南华薯农业科技有限公司

主　审　邱立友　　河南农业大学

　　　　王小琳　　河南省农业农村厅

第5版前言

《植物组织培养》自 2006 年第 1 版出版以来，在全国各高等职业院校广泛使用，受到院校师生的好评。经过几次修订，大家普遍认为本教材贴近职业教育岗位要求，按照行动导向、项目化课程等教学理念编写，教材能满足高等职业教育人才培养和教学需要。但由于科研和生产实践的不断发展，职业教育理念的更新，为深入贯彻落实《国家职业教育改革实施方案》，培养林业领域高素质劳动者和技术技能人才，根据教育部有关职业教育教材建设要求和高素质技术技能型人才成长规律，结合林业产业发展特点和部分院校师生、读者的建议，编写人员在继承前版教材优点的基础上，又对教材进行了修订。

本次修订，增加了新知识、新技术、新成果。增加了 15 个微课视频、25 个技能训练操作视频，以及知识拓展、延伸阅读等内容。全书含 43 个二维码，学生扫描教材上的二维码即可学习。配套有教学课件供广大教师下载使用，形成"纸质教材 + 立体化配套资源"。

第 5 版由陈世昌、徐明辉任主编，赵军、黄红艳、李学慧任副主编。具体编写分工如下：单元1，陈世昌；单元2、单元3，徐明辉；单元4、单元5 和附录，李学慧；单元6，李文娆；单元7、项目5，赵军；项目1，周鑫；项目2，梁红艳；项目3、项目4，黄红艳；项目4 任务2，许玲玲。全书由陈世昌统稿、定稿，由邱立友和王小琳审稿。

在编写过程中，自始至终得到了重庆大学出版社、河南农业职业学院等参编院校的领导、同行及朋友们的大力支持和帮助，并广泛参阅和引用了众多专家、学者的相关书籍和文献资料，以及由河南农业职业学院制作的国家职业教育种子生产与经营专业教学资源库的资源，在此一并致以诚挚的谢意。

由于编者知识水平和能力有限，书中难免存在不足之处，敬请同行和广大读者批评指正，以便今后修改完善。

编　者

2022 年 8 月

第4版前言

《植物组织培养》第3版教材自2016年出版以来,已使用3年,各校在使用过程中积累了不少教学经验,普遍认为本教材贴近职业教育岗位要求,按照行动导向、项目化课程等教学理念编写,教材能满足高职高专人才培养和教学需要。但由于科研和生产实践的不断发展,职业教育理念的更新,需进一步完善教材,补充新知识、新技术、新成果,并纠错补遗,为此在第3版《植物组织培养》教材的基础上进行修订。修订时为与重庆大学出版社出版的高等职业教育园林类专业系列教材相一致,重点突出植物组织培养技术在园林植物快繁上的应用,在综合技能训练模块增加了杜鹃、花叶芋、郁金香、一品红、蒲包花、丽格海棠和山杜英7种园林植物快繁技术,删除了银杏的组织培养技术。

第4版由陈世昌、徐明辉任主编,黄红艳、仝婷婷、梁明勤任副主编。具体编写分工如下:单元1,陈世昌;单元2、单元3、项目5,徐明辉;单元4、项目2、附录,张变莉;单元5、项目1,梁明勤;单元6,仝婷婷、梁红艳;单元7,黄红艳、周鑫;项目3,仝婷婷、赵军;项目4,黄红艳。全书由陈世昌统稿、定稿,由邱立友、王小琳审稿。

在编写过程中,自始至终得到了重庆大学出版社、河南农业职业学院等参编院校的领导、许多同行及朋友们的大力支持和帮助,并广泛参阅和引用了众多专家、学者的相关书籍和文献资料,在此一并致以诚挚的谢意。

由于编者知识水平和能力有限,书中难免存在不足之处,敬请同行和广大读者批评指正,以便今后修改完善。

编　者

2019 年 12 月

目 录

模块 1　基本知识与技能训练

模块 2　综合技能训练

模块 1

基本知识与技能训练

单元 1 植物组织培养概述

【知识目标】

(1) 掌握植物组织培养的概念、类型和应用。

(2) 理解植物组织培养的生理依据和特点。

(3) 了解植物组织培养的发展。

在植物细胞全能性理论的指导下，历经一个世纪的发展，植物组织培养已成为一门重要的学科。它以植物学、植物生理学、遗传学为理论基础，研究植物在离体条件下的形态建成、营养生理、体细胞遗传等规律。同时它又是一门重要的技术手段，它既是植物细胞工程和基因工程的技术基础，又是植物快速繁殖和脱毒的重要技术，在农业、林业、医药等行业中得到广泛的应用，创造了巨大的经济效益和社会效益。

1.1 植物组织培养的基本概念

1.1.1 植物组织培养的概念

植物组织培养
及其特点(微课)

植物组织培养是指在无菌和人工控制的环境条件下，利用适当的培养基，对植物体的部分材料进行培养，使其生长、分化并再生为完整植株的过程。由于培养材料脱离了植物母体而培养在试管或其他容器中，所以又称为植物离体培养或试管培养。

广义的植物组织培养是指对植物的植株、器官、组织、细胞以及原生质体进行培养的技术；而狭义的植物组织培养是指对植物的组织及培养产生的愈伤组织进行培养的技术。目前可以人工培养的植物材料包括植物的完整植株、器官、组织、胚胎、细胞，甚至是除去细胞壁的原生质体。

1.1.2 植物组织培养的特点

植物组织培养是在人工控制的环境条件下,采用纯培养的方法离体培养植物的植株、器官、组织和细胞,与在自然状态下生长的植物相比,该技术具有以下优点:

1) 培养条件可人为控制,周年生产

植物组织培养中的植物材料完全是在人为提供的培养基及小气候环境下生长的,摆脱了大自然中四季、昼夜气温频繁变化及灾害性气候等外界不利因素的影响,且条件均一,对植物生长极为有利。因此植物组织培养不受气候和季节的限制,可周年进行生产。

2) 生长周期短,繁殖速度快

植物组织培养可根据不同植物、不同器官、不同组织的不同要求而提供不同的培养条件,满足其快速生长的要求,缩短培养周期。一般 20 ~ 30 d 就完成一个繁殖周期,每一繁殖周期可增殖几倍到几十倍,甚至上百倍,植物材料以几何级数增加。

在良种苗木及优质脱毒种苗的快速繁殖方面是其他方法无可比拟的。一些珍稀繁殖材料往往以单株的形式存在,依靠常规无性繁殖方法,需要几年或几十年才能繁殖出为数不多的苗木,而用植物组织培养方法可在 1 ~ 2 年内生产上百万株整齐一致的优质种苗。如取非洲紫罗兰的 1 枚叶片培养,经 3 个月培养就可得到 5 000 株苗。

3) 管理方便,可实现工厂化生产

植物组织培养是在人为提供的一定温度、光照、湿度、营养和植物生长调节剂等条件下进行的,不受自然界中病、虫、杂草等有害生物危害,生产微型化、精细化、高度集约化,重复性强,便于标准化管理和自动化控制,真正实现种苗的工厂化生产。与田间栽培、盆栽等相比,省去了中耕除草、浇水施肥、病虫防治等一系列繁杂劳动,可大大节省人力、物力及田间种植所需的土地。

4) 培养材料来源广泛

由于植物细胞具有全能性,单个细胞、小块组织、茎尖或茎段等经离体培养均可再生完整植株。在生产实践中,多以茎尖、茎段、根、叶、子叶、下胚轴、花瓣等器官、组织作为外植体,材料只需几毫米,甚至不到 1 mm。在细胞及原生质体培养时,所需材料更小。由于取材少,培养效果好,对于新品种的推广和良种复壮都有重大的实践意义。

1.1.3 植物组织培养的类型

植物组织培养的类型
(微课)

按照不同标准,可将植物组织培养分为不同类型:

1) 按外植体的来源分

外植体是指在植物组织培养过程中,从植物母体上取下来,用于离体培养的初始材料。

(1)植株培养 植株培养是指对具有完整植株形态的幼苗或较大的植株进行离体培养的方法。

(2)胚胎培养 胚胎培养是指对植物成熟或未成熟胚进行离体培养的方法。常用的胚胎

培养材料有幼胚、成熟胚、胚乳、胚珠、子房等。

（3）器官培养　器官培养是指对植物体各种器官及器官原基进行离体培养的方法。常用的器官培养材料有根（根尖、切段）、茎（茎尖、切段）、叶（叶原基、叶片、子叶）、花（花瓣、雄蕊）、果实、种子等。

（4）组织培养　组织培养是指对植物体各部位组织或已诱导的愈伤组织进行离体培养的方法。常用的组织材料有分生组织、形成层、表皮、皮层、薄壁细胞、髓部、木质部等。

（5）细胞培养　细胞培养是指对植物的单个细胞或较小的细胞团进行离体培养的方法。常用的细胞培养材料有性细胞、叶肉细胞、根尖细胞、韧皮部细胞等。

（6）原生质体培养　原生质体培养是指对除去细胞壁的原生质体进行离体培养的方法。

2）按培养过程分

（1）初代培养　将植物体上分离下来的外植体进行最初几代培养的过程称为初代培养。其目的是建立无菌培养物，诱导腋芽或顶芽萌发，或产生不定芽、愈伤组织、原球茎。通常是植物组织培养中比较困难的阶段，也称为启动培养。

（2）继代培养　将初代培养诱导产生的培养物重新分割，转移到新鲜培养基上继续培养的过程称为继代培养。其目的是使培养物得到大量繁殖，也称为增殖培养。

（3）生根培养　诱导无根组培苗产生根，形成完整植株的过程称为生根培养。其目的是提高组培苗田间移栽后的成活率。

> **延伸阅读：无性繁殖与克隆**
>
> 　　无性繁殖是指不经过雌、雄两性生殖细胞的结合，只由一个生物体产生后代的生殖方式。许多微生物、植物可进行无性繁殖，如细菌的裂殖、酵母菌的出芽生殖、真菌的无性孢子生殖、植物的压条或扦插等都属于无性繁殖。克隆是"clone"或"cloning"的音译，是指生物体通过体细胞进行繁殖，其本质是一种人工诱导的无性繁殖方式，植物组织培养技术也称为"植物克隆"。在自然条件下，高等动物是不能进行无性繁殖的，但通过人工操作即动物克隆技术可实现动物的无性繁殖，如现在的克隆羊、克隆牛等。

1.2　植物组织培养的生理依据

什么是植物细胞
全能性（微课）

1.2.1　植物细胞全能性

植物组织培养是以细胞全能性作为理论依据的。植物细胞全能性是指植物体的任何一个细胞都携带有该物种的全部遗传信息，离体细胞在一定的条件下具有发育成完整植株的潜在能力。

植物体所有的活细胞都是由细胞分裂产生的，每个细胞都包含着整套遗传基因。在自然状态下，分化了的雌、雄配子经过受精作用形成受精卵，受精卵经过一系列的分裂形成具有分化能力的细胞团，并再次发生分化，形成各种组织、器官，最后发育成具有完整形态、结构、机能的植株。

完整植株每个活细胞虽然都保持着潜在的全能性，但受到所在环境的束缚而相对稳定，只表现出一定的形态及生理功能。但其遗传全能性的潜力并没有丧失，一旦它们脱离原来所在的器官或组织，不再受到原植株的控制，在一定的营养、生长调节物质和外界条件的作用下，就可能恢复其全能性，细胞开始分裂增殖、产生愈伤组织，继而分化出器官，并再生形成完整植株。

植物细胞全能性的实现(微课)

1.2.2 植物细胞全能性的实现

植物细胞全能性只是细胞的一种潜在能力,不一定都能进行全能性的表达,只有在一定条件下才能表达出其全能性。在多数情况下,一个成熟细胞要表现它的全能性,要经历脱分化和再分化两个阶段。首先成熟细胞脱分化恢复到分生状态,形成愈伤组织,然后进入再分化阶段,由愈伤组织分化形成完整植株。也有的植物在培养过程中由分生组织直接分生芽,而不需经历愈伤组织的中间形式。

(1)脱分化 脱分化又叫去分化,是指在一定条件下,已分化成熟细胞或静止细胞脱离原状态而恢复到分生状态的过程。细胞脱分化的结果,往往经细胞分裂产生无分化的细胞团或愈伤组织;但有的细胞不需经细胞分裂而只是本身恢复分生状态。愈伤组织是一团无定形、高度液泡化、具有分生能力而无特定功能的薄壁组织。恢复分生能力的植物细胞体内的溶酶体将失去功能的细胞质组分降解,并合成新细胞组分,同时细胞内酶的种类与活性发生改变,细胞的性质和状态发生了扭转,转入分生状态恢复原有分裂能力。

(2)再分化 再分化是指在一定的条件下,经脱分化细胞分裂产生的细胞团、愈伤组织或该细胞本身再次开始新的分化发育进程,转变成为具有一定结构、执行一定生理功能的组织、器官或胚状体等,并进一步形成完整植株的过程。

愈伤组织中的细胞常以无规则方式发生分裂,此时虽然也发生了细胞分化,形成了薄壁细胞、分生组织细胞、导管和管胞等不同类型的细胞,但并无器官发生,只有在适当的培养条件下,愈伤组织才可发生再分化形成完整植株。培养物形态发生或植株再生途径有器官发生和体细胞胚胎发生两种,即经脱分化细胞分裂产生的细胞团、愈伤组织或该细胞本身的再分化有器官发生和体细胞胚胎发生两种不同的发育途径(图1.1)。

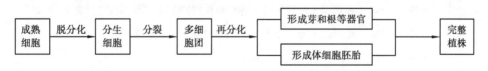

图1.1 植物细胞全能性及其实现过程示意图

①器官发生。器官发生是指在自然生长或离体培养条件下形成根、芽、茎、枝条、花等器官的过程,分为直接器官发生和间接器官发生两种。直接器官发生是指直接从腋芽、茎尖、茎段、原球茎、鳞茎、叶柄、叶片等外植体上进行的器官发生。间接器官发生则先经历一个脱分化形成愈伤组织,然后诱导再分化才能进行器官发生。器官原基一般起始于一个细胞或一小团分化的细胞,经分裂后形成拟分生组织,然后进一步分化形成芽和根等器官原基。多数植物是先形成芽,芽伸长后在其基部长出根,形成完整小植株。

②体细胞胚胎发生。体细胞胚胎发生是指在离体培养条件下,由一个非合子细胞(性细胞或体细胞)经过胚胎发生和胚胎发育过程形成的具有双极性的类似胚的结构(即体细胞胚或称胚状体),并进一步发育成完整植株的过程,也可分为直接体细胞胚胎发生和间接体细胞胚胎发生。直接体细胞胚胎发生就是从外植体某些部位直接诱导分化出体细胞胚。间接体细胞胚胎发生是指在固体培养中外植体先脱分化形成愈伤组织或在细胞悬浮培养中先产生胚性细

胞团等,再从其中的某些细胞分化出体细胞胚胎。体细胞胚胎具有双极性,即茎端和根端,其发育过程与受精卵发育成胚的过程极其相似,在适宜的条件下可先后经过原胚、球形胚、心形胚、鱼雷形胚和子叶胚 5 个时期,然后发育成再生植株。

在脱分化和再分化过程中,细胞的全能性得以表达。当然,不同植物、不同组织器官、不同细胞间全能性的表达难易程度会有所不同,这主要取决于细胞所处的发育状态和生理状态。组织培养的主要工作就是设计和筛选适当的培养基,探讨和建立适宜的培养条件,促使植物细胞、组织完成脱分化和再分化。

1.3 植物组织培养的发展

植物组织培养技术的蓬勃发展只是近 50 年的事,但它的研究可追溯到 20 世纪初期,根据其发展情况大致分为 3 个阶段(表 1.1)。

表 1.1 植物组织培养发展史上的重大事件

阶　段	年　份	主要内容
探索阶段	1839	Schleidon 和 Schwann 提出细胞学说
	1902	Haberlandt 提出植物细胞全能学说
	1904	Hanning 进行胚离体培养获得成功
	1922	Kotte 和 Robbins 进行根尖和茎尖培养形成了缺绿的叶和根
奠基阶段	1934	White 进行番茄根培养建立了第一个活跃生长的无性繁殖系
	1937	White 建立了第一个由已知化合物组成的综合培养基
	1943	White 出版了《植物组织培养手册》
	1948	Skoog 和崔澂发现腺嘌呤或腺苷可以解除 IAA 对芽形成的抑制
	1952	Morel 和 Martin 通过茎尖培养获得脱毒大丽花植株
	1954	Muir 使单细胞培养获得成功
	1956	Miller 等人发现了细胞分裂素——激动素
	1957	Skoog 和 Miller 提出植物生长调节剂控制器官形成的概念
	1958	Steward 等获得体细胞胚,证实了 Haberlandt 的细胞全能性
迅速发展阶段	1960	Cocking 等人用真菌纤维素酶分离植物原生质体获得成功
	1960	Kanta 在植物试管受精研究中获得成功
	1960	Morel 利用茎尖培养获得脱毒兰花,形成了"兰花产业"
	1962	Murashige 和 Skoog 发表了 MS 培养基的成分
	1964	Guha 等在毛叶曼陀罗上由花粉诱导得到单倍体植株
	1967	Bourgin 等通过花药培养获得了烟草的单倍体植物
	1970	Power 等首次成功实现原生质体融合
	1970	Carlson 通过离体培养筛选得到了烟草生化突变体

阶　段	年　份	主要内容
迅速发展阶段	1971	Takebe 等首次由烟草原生质体获得了再生植株
	1972	Carlson 等通过原生质体融合首次获得了烟草种间体细胞杂种
	1974	Kao 等建立原生质体的高 Ca^{2+}、高 pH 的 PEG 融合法
	1978	Melchers 等将番茄与马铃薯进行体细胞交杂获得了第一个属间杂种
	1978	Murashige 提出"人工种子"的概念
	1982	Zimmermann 开发了原生质体的电融合法
	1983	Zambryski 等采用农杆菌介导法转化烟草,首次获得转基因植物
	1984	Paszkowski 等利用质粒转化烟草原生质体获得成功
	1985	Horsch 等建立了农杆菌介导的叶盘法
	1987	Sanford 发明了基因枪法用于单子叶植物的遗传转化
	1983至今	相继获得水稻、棉花、玉米、小麦、大麦、番茄等转基因植株

1.3.1　探索阶段（20世纪初至30年代中期）

根据 Schleiden 和 Schwann 的细胞学说,1902 年德国植物生理学家 Haberlandt 提出了细胞全能性理论,认为在适当的条件下,离体的植物细胞具有不断分裂和繁殖,并发育成完整植株的潜在能力。为了证实这一观点,他在 Knop 培养液中离体培养野芝麻、凤眼兰的栅栏组织和虎眼万年青属植物的表皮细胞。由于选择的实验材料高度分化和培养基过于简单,他只观察到细胞的增长,并没有观察到细胞分裂。但这一理论对植物组织培养的发展起了先导作用,激励后人继续探索和追求。

1904 年 Hanning 在无机盐和蔗糖溶液中对萝卜和辣根菜的胚进行培养,结果发现离体胚可以充分发育成熟,并提前萌发形成小苗。1922 年,Haberlandt 的学生 Kotte 和美国的 Robbins 在含有无机盐、葡萄糖、多种氨基酸和琼脂的培养基上,培养豌豆、玉米和棉花的茎尖和根尖,发现离体培养的组织可进行有限的生长,形成了缺绿的叶和根,但未发现培养细胞有形态发生能力。

在 Haberlandt 实验之后的 30 多年中,人们对植物组织培养的各个方面进行了大量的探索性研究,但由于对影响植物组织和细胞增殖及形态发生能力的因素尚未研究清楚,除了在胚和根的离体培养方面取得了一些结果外,其他方面的研究没有大的进展。

1.3.2　奠基阶段（20世纪30年代末期至50年代末期）

直到 1934 年,美国植物生理学家 White 利用无机盐、蔗糖和酵母提取液组成的培养基进行番茄根离体培养,建立了第一个活跃生长的无性繁殖系,使的离体培养实验获得了真正的成功,并在以后 28 年间反复转移到新鲜培养基中继代培养了 1 600 代。

1937 年 White 又以小麦根尖为材料,研究了光照、温度、培养基组成等各种培养条件对生长的影响,发现了 B 族维生素对离体根生长的作用,并用吡哆醇、硫胺素、烟酸 3 种 B 族维生素取代酵母提取液,建立了第一个由已知化合物组成的综合培养基,该培养基后来被定名为 White 培养基。

与此同时,法国的 Gautherer 在研究山毛柳和黑杨等形成层的组织培养实验中,提出了 B 族维生素和生长素对组织培养的重要意义,并于 1939 年连续培养胡萝卜根形成层获得首次成功,Nobecourt 也由胡萝卜建立了与上述类似的连续生长的组织培养物。White 于 1943 年出版了《植物组织培养手册》专著,使植物组织培养开始成为一门新兴的学科。White,Gautherer 和 Nobecourt 3 位科学家被誉为植物组织培养学科的奠基人。

1948 年美国学者 Skoog 和我国学者崔澂在烟草茎切段和髓培养以及器官形成的研究中发现,腺嘌呤或腺苷可以解除培养基中生长素(IAA)对芽形成的抑制作用,能诱导形成芽,从而认识到腺嘌呤与生长素的比例是控制芽形成的重要因素。

1952 年 Morel 和 Martin 通过茎尖分生组织的离体培养,从已受病毒侵染的大丽花中首次获得脱毒植株。1953—1954 年 Muir 利用振荡培养和机械方法获得了万寿菊和烟草的单细胞,并实施了看护培养,使单细胞培养获得初步成功。1957 年,Skoog 和 Miller 提出植物生长调节剂控制器官形成的概念,指出通过控制培养基中生长素和细胞分裂素的比例来控制器官的分化。1958 年英国学者 Steward 等以胡萝卜为材料,通过体细胞胚胎发生途径培养获得完整的植株,首次得到了人工体细胞胚,证实了 Haberlandt 的细胞全能性理论。

在这一发展阶段,通过对培养基成分和培养条件的广泛研究,特别是对 B 族维生素、生长素和细胞分裂素作用的研究,从而确立了植物组织培养的技术体系,并首次用实验证实了细胞全能性,为以后的快速发展奠定了基础。

1.3.3　迅速发展阶段（20 世纪 60 年代至今）

当影响植物细胞分裂和器官形成的机理被揭示后,植物组织培养进入了迅速发展阶段,研究工作更加深入,从大量的物种诱导获得再生植株,形成了一套成熟的理论体系和技术方法,并开始大规模的生产应用。

1960 年 Cocking 用真菌纤维素酶分离番茄原生质体获得成功,开创了植物原生体培养和体细胞杂交的工作。1960 年 Morel 利用茎尖培养兰花,该方法繁殖系数极高,并能脱去植物病毒,其后开创了兰花快速繁殖工作,并形成了"兰花产业"。

1962 年 Murashibe 和 Skoog 发表了适用于烟草愈伤组织快速生长的改良培养基,也就是现在广泛使用的 MS 培养基。1964 年印度 Guha 等人成功地在毛叶曼陀罗花药培养中,由花粉诱导得到单倍体植株,从而促进了花药和花粉培养的研究。

1971 年 Takebe 等在烟草上首次由原生质体获得了再生植株,这不仅证实了原生质体同样具有全能性,而且在实践上为外源基因的导入提供了理想的受体材料。1972 年 Carlson 等利用硝酸钠进行了两个烟草物种之间原生质体融合,获得了第一个体细胞种间杂种植株。1974 年 Kao 等人建立了原生质体的高钙高 pH 的 PEG 融合法,把植物体细胞杂交技术推向新阶段。

随着分子遗传学和植物基因工程的迅速发展,以植物组织培养为基础的植物基因转化技术

得到了广泛应用,并取得了丰硕成果。自 1983 年 Zambryski 等采用根癌农杆菌介导转化烟草,获得了首例转基因植物以来,利用该技术在水稻、玉米、小麦、大麦等主要农作物上取得了突破进展。迄今为止,通过农杆菌介导将外源基因导入植物已育成了一批抗病、抗虫、抗除草剂、抗逆境及优质的转基因植物,其中有的开始在生产上大面积推广使用。转基因技术的发展和应用表明组织培养技术的研究已开始深入到细胞和分子水平。

1.4 植物组织培养的应用

植物组织培养的应用(微课)

植物组织培养已发展为生物科学的一个广阔领域,是生物技术的重要组成部分,其应用也越来越广泛。其主要应用领域有以下几个方面:

1.4.1 植物离体快速繁殖

植物离体快速繁殖是植物组织培养在生产上应用最广泛,产生较大经济效益的一项技术。其商业性应用始于 20 世纪 70 年代美国兰花工业,80 年代已被认为是能够带来全球经济利益的产业。组培快繁技术不受季节等条件的限制,可周年生产,具有生长周期短、繁殖速度快、苗木整齐一致等优点。

通过离体快繁可在较短时期内迅速扩大植物的数量,在合适的条件下每年可繁殖出几万倍,乃至百万倍的幼苗。如 1 个草莓芽 1 年可繁殖 1 亿个芽;1 个兰花原球茎 1 年可繁殖 400 万个原球茎;1 株葡萄 1 年可繁殖 3 万株。快繁技术加快了植物新品种的推广,以前靠常规方法推广一个新品种要几年甚至十多年,而现在快的只要 1~2 年就可在世界范围内达到普及和应用。特别是对繁殖系数低的"名、优、新、奇、特"植物品种的推广更为重要。

全世界组培苗的年产量从 1985 年的 1.3 亿株猛增到 1991 年的 5.13 亿株,现在已超过 10 亿株。如美国的 Wyford 国际公司设有 4 个组培室,研究和培育出的新品种达 1 000 余个,年产观赏花卉、蔬菜、果树及林木等组培苗 3 000 万株;以色列的 Benzur 年产观赏植物组培苗 800 万株;印度 Harrisons Malayalam 有限公司年产观赏植物组培苗 400 万株。

植物组培快繁技术在我国也得到了广泛的应用,到目前为止已报道有上千种植物的快速繁殖获得成功,包括观赏植物、蔬菜、果树、大田作物及其他经济作物。其中兰花、安祖花、马蹄莲、马铃薯、甘薯、草莓、香蕉、甘蔗、桉树、非洲菊等经济植物已开始工厂化生产。

1.4.2 植物脱毒苗木培育

植物在生长过程中几乎都要遭受到病毒不同程度的危害,尤其是靠无性繁殖的植物,如蒙受病毒病后,代代相传,越染越重,严重地影响了产量和品质,给生产带来严重的损失。如草莓、马铃薯、甘薯、葡萄等植物感染病毒后会造成产量下降、品质变劣;兰花、菊花、百合、康乃馨等观赏植物受病毒为害后,造成产花少、花小、花色暗淡,大大影响其观赏价值。

自 20 世纪 50 年代发现采用茎尖培养方法可除去植物体内的病毒以来,脱毒培养就成为解决病毒病危害的主要方法。由于植物生长点附近的病毒浓度很低甚至是无病毒,切取一定大小的茎尖分生组织进行培养,再生植株就可能脱除病毒,从而获得脱毒苗。脱毒苗恢复了原有优良种性,生长势明显增强,整齐一致。如脱毒后的马铃薯、甘薯、甘蔗、香蕉等植物可大幅度提高产量,改善品质,最高可增产 300%,平均增产也在 30% 以上;兰花、水仙、大丽花等观赏植物脱毒后植株生长势强,花朵变大、产花量上升,色泽鲜艳。目前利用组织培养脱除植物病毒的方法已广泛应用于花卉、果树、蔬菜等植物上,并建立了脱毒苗的繁育体系。

1.4.3　植物新品种培育

植物组织培养技术为育种提供了更多的手段和方法,使育种工作在新的条件下更有效地开展。

(1)花药和花粉培养　通过花药或花粉培养可获得单倍体植株,不仅可以迅速获得纯的品系,更便于对隐性突变的分离,较常规育种大大地缩短了育种年限。到目前已有几百种植物的花药培养成功,一些作物已利用花粉单倍体育出了新品种并应用于大面积生产。如 1974 年我国科学家用单倍体育成世界上第一个作物新品种——烟草单育 1 号,之后育成水稻"中花 8号"、小麦"京花 1 号"及大量花培新品系。

(2)胚培养　胚培养是组织培养中最早获得成功的技术。在远缘杂交中,杂交后形成的胚珠往往在未成熟状态下就停止生长,不能形成有生活力的种子,导致杂交不孕,这使得植物的种间和远缘杂交常难以成功。采用胚的早期培养可以使杂交胚正常发育,产生远缘杂交后代,从而育成新品种。如苹果和梨杂交种、大白菜与甘蓝杂交种、栽培棉与野生棉的杂交种等,胚培养已在 50 多个科、属中获得成功。利用胚乳培养可获得三倍体植株,再经过染色体加倍获得六倍体,进而育成植株生长旺盛、果实大的多倍体植株。

(3)细胞融合　通过原生质体的融合,可部分克服有性杂交不亲和性,从而获得体细胞杂种,创造新物种或优良品种。目前已获得 40 多个种间、属间甚至科间的体细胞杂种植株或愈伤组织。

(4)选择细胞突变体　离体培养的细胞处于不断分裂状态,容易受到培养条件和外界物理、化学等因素的影响而发生变异,从中可以筛选出对人们有用的突变体,进而育成新品种。现已获得一批抗病虫、抗盐、高赖氨酸的突变体,有些已用于生产。

(5)植物基因工程　植物基因工程是在分子水平上有针对性地定向重组遗传物质,改良植物性状,培育优质高产作物新品种,大大地缩短了育种年限,提高了工作效率,为人类开辟了一条诱人的植物育种新途径。迄今为止,已获得转基因植物百余种。植物基因转化的受体除植物原生质体外,愈伤组织、悬浮细胞也都可以作为受体。几乎所有的基因工程的研究最终都离不开应用植物组织培养技术和方法,它是植物基因工程必不可少的技术手段。

1.4.4　植物次生代谢产物生产

利用植物组织或细胞的大规模培养,可以生产一些天然有机化合物,如蛋白质、糖类、脂肪、药物、香料、生物碱及其他生物活性物质等。这些次生代谢产物往往具有一些特定的功能,对人类有重要的影响和作用。目前次生代谢产物的生产主要集中在制药工业中一些价格高、产量低、需求量大的化合物上(如紫杉醇、长春碱、紫草宁等),其次是油料(如小豆蔻油、春黄菊油等)、食品添加剂(如生姜、洋姜等)、色素、调味剂、饮料、树胶等。

1.4.5 植物种质资源的离体保存

种质资源是农业生产的基础,常规的植物种质资源保存方法耗资巨大,使得种质资源流失的情况时有发生。通过抑制生长或超低温贮存的方法离体保存植物种质,可节约大量的人力、物力和土地,还可挽救那些濒危物种。如一个 0.28 m³ 的普通冰箱可存放 2 000 支试管苗,而容纳相同数量的苹果植株则需要近 6 hm² 土地。离体保存还可避免病虫害侵染和外界不利气候及其栽培因素的影响,可长期保存,有利于种质资源材料远距离之间的交换。

1.4.6 人工种子

人工种子是模拟天然种子的基本构造,利用人工种皮包被植物组织培养中得到的体细胞胚。人工种子在自然条件下能够像天然种子一样正常生长,它可为某些珍稀物种的繁殖以及转基因植物、自交不亲和植物、远缘杂种的繁殖提供有效的手段。

植物组织培养技术作为生物科学的一项重要技术,已经渗透到生物科学的各个领域,它为研究植物细胞、组织分化以及器官形态建成规律提供了实验条件,促进了植物遗传、生理生化、病理学的深入研究。随着科学技术的发展,组织培养技术的应用范围将日趋广泛,发挥越来越重要的作用。

延伸阅读:组培苗新用途——观赏组培

随着组培技术逐步普及和实用化,观赏组培作为一种组培新模式越来越受到市场的青睐。观赏组培是在透明的塑料瓶中培养长势慢、可观叶或观根的植物,有一些是能够开花的植物,如"手指玫瑰"。并将培养瓶做成卡通人物、动物形状等个性化十足的流行款式,使培养基着上鲜艳的颜色,更具观赏价值,可作室内装饰或手机、钥匙装饰物。虽然观赏组培具有较好的市场前景,但其技术要求更高,决不可盲目跟风,应对技术和市场充分掌握后方可进行应用推广。

复习思考题

1. 什么是植物组织培养?它包括哪些类型?
2. 植物组织培养有哪些特点?
3. 植物组织培养的原理是什么?
4. 植物组织培养有哪些应用?

单元 2 植物组织培养实验室的设计与设施设备

【知识目标】

(1)掌握植物组织培养实验室的组成及其功能。

(2)熟悉植物组织培养实验室设计要求。

【技能目标】

(1)会设计植物组织培养实验室。

(2)会使用实验室常用的仪器设备。

植物组织培养是完全在无菌条件下进行植物材料的离体培养。要达到无菌操作和无菌培养,首先是要有一定的无菌环境,使用无菌的容器和用具进行无菌操作,将无菌的植物材料接种在适宜的培养基上,在一定的温度、湿度、光照、营养条件下培养植物材料,使其生长、发育和繁殖。植物组织培养是一项技术性强、无菌条件要求高的工作,为确保组织培养工作的成功,就必须要有一定的设施和设备。

2.1 植物组织培养实验室的设计与组成

2.1.1 植物组织培养实验室的设计

1)实验室的选址

新建实验室最好选择在空气清新、光线充足、通风良好、环境清洁、水电齐备、交通便利的地方,避开各种污染源,以利于组织培养的顺利进行,降低培养过程的污染率,培育出优质试管苗。也可因地制宜地利用现有房舍,按照实验室的要求改造成组织培养实验室,做到因陋就简,既能开展研究和生产工作,又不花费过多的资金。

2)实验室的设计

植物组织培养实验室的大小可根据各自的工作性质和生产规模来设计,面积可大可小,主要用于科研和小规模生产的,面积较小;进行大规模工厂化生产的,面积较大,也常称为"组培工厂"。不论是实验室还是组培工厂,其建造要求、结构和功能基本相同,只是规模大小不同而已。

一个大型的组织培养实验室可设置洗涤室、药品室、称量室、培养基配制室、灭菌室、接种室、培养室、观察记录室、贮藏室,另外在室外还配有一定面积移苗温室。小型实验室可在同类中加以合并,如洗涤室、培养基配制室、灭菌室合并为一个准备室,药品室、称量室、观察记录室合并为一个综合实验室。但是接种室、培养室和移苗室都需单独设置。

实验室布局要合理,通常按组织培养的工作程序,安排成一条连续的生产线,避免因有的环节倒排,而增加以后工作的负担或引起混乱。设计时要做到工作方便,减少污染,节省能源,应设有消防设施,安全使用。图1.2为一个小型植物组织培养实验室的房间布置。

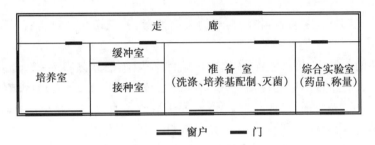

图1.2 植物组织培养实验室的房间布局

植物组织培养实验室
(微课)

2.1.2 植物组织培养实验室的组成

1)洗涤室

洗涤室用于玻璃器皿、实验用具的清洗、干燥,培养材料清洗、预处理也可在本室完成。室内应建造大型水槽和一个或几个浸泡池,水槽最好是内衬白瓷片的水泥槽,为防止碰坏玻璃器皿,下面可铺一活动的橡胶板。备有晾干架,用于放置涮净的培养器皿,配备有一定数量的周转箱或小推车,用于运输培养器皿。地面要注意防滑,排水通畅,墙壁要有耐湿、防潮功能。

2)药品室

药品室用于存放各种药品试剂。室内要求干燥、通风,避免光照,配有药品柜、冰箱等设备。化学试剂物品分类存放于柜中,有毒物品(如升汞)需要专人密封保存。无机盐药品性质较为稳定,可在室温下存放。有机物如维生素、植物生长调节剂,各种母液对温度较为敏感,宜置于4 ℃冰箱中保存。药品室紧邻称量室较好,便于工作。

3)称量室

称量室用来进行化学药品的称量。室内要求干燥、密闭,无直射光照,避免腐蚀性药品和水气直接接触。有固定的水磨石平台,安放普通天平和万分之一分析天平(电子天平),要有电源插座,最好设计在阴面的房间,这样对怕光药品的保存和称量有利,称量室紧邻培养基配制室较好,以方便配制母液和培养基。房间较少时,可以与药品贮藏室合二为一。

4)培养基配制室

培养基配制室主要进行母液和植物生长调节剂原液的配制,培养基的配制、分装、包扎和灭菌前的暂时存放。在条件允许的情况下,面积宜大不宜小,室内应有大型实验台。配有电炉、铝锅、量具、培养基分装器具、吸管、培养容器、水浴锅和酸度计等。如规模较小,可与洗涤室、灭菌室合并在一起。

5)灭菌室

灭菌室主要用于培养基和器皿的灭菌以及蒸馏水的制备。建筑上要求其墙壁耐湿、耐高温,墙壁上最好有排除蒸汽的排风扇。有用于灭菌的两相和三相电源或煤气加热装置,电源、供水、排水设施齐备。配有干热灭菌箱、高压蒸汽灭菌锅、蒸馏水器以及摆放和存放器皿、培养基的架子及橱柜。灭菌室应邻近接种室,避免灭菌后的培养基长距离搬运,增加污染机会。

6)接种室

接种室也称无菌室,主要进行植物材料的表面消毒、分离切割、转接,其无菌程度的高低对组织培养的成功与否起至关重要的作用。

在工作方便的前提下,接种室面积宜小不宜大,一般小的无菌室 5 ~ 7 m² 即可。平房易吸潮,容易引起污染,有条件的应选择楼房,最好在二层或二层以上,与其他区域隔离。接种室的天花板及四壁尽可能光滑平整,地面平坦无缝,便于清洁和消毒。一般安装滑动门,以减少开关门时空气的流动,在适当位置安装 1 ~2 支紫外线灯,用以辐射灭菌。室内干爽安静,清洁明亮,门窗紧闭,减少与外界空气对流,不存放与接种无关的物品,以免形成紫外线无法照射到的死角。室内配有超净工作台、小推车、器械支架、酒精灯、镊子、解剖刀、手术剪、解剖针、消毒酒精等。

为减少接种人员进出时带入的杂菌,接种室外应设有缓冲室,供操作人员更换工作服、帽、鞋之用。为便于教学、观察和参观,中间最好用玻璃墙隔离,接种室和缓冲室的门要错开,面积以 2 ~ 3 m² 为宜。缓冲室最好也安装 1 支紫外线灯,用于环境的灭菌。

7)培养室

培养室是植物材料生长的场所。培养室应保持清洁,有光照、控温设备和定时设备,温度一般保持在(25 ±2)℃,光照强度 1 000 ~ 5 000 lx,光照时间 8 ~ 16 h/d,在实际工作中应根据不同的要求灵活掌握。

培养室主要用电调节温度和补充光照,用电量大。为节省能源,降低成本,其设计以充分利用空间和节省能源为原则。培养室可选在南面,两面采光,加大窗户,尽量考虑到利用自然光。采用双层玻璃以利隔热和防尘,培养室高度以比培养架略高为宜,墙壁要求有隔热、防火的性能。室内应保持整洁,切忌堆放无关物品。室内配有培养架、空气调节器、定时器、摇床等设备。

培养室大小可根据生产规模、培养架数量及其他附属设备而定。一般设计成多个小的培养室比设计成一个大的培养室效果好,小的培养室容易控制温度、光照等环境条件,特别是培养材料较少时节能效果更为明显。培养多种植物时的优点更为突出,不同植物所需的培养温度、光周期不同,在一个大的培养室同时培养多种植物,所设定的培养温度和光周期不可能适合培养的每一种植物。小的培养室也容易消毒和保持清洁。

如果是小型组培室也最好将培养室设计成一大一小两间,大的培养室用于大量繁殖苗木,小的培养室用于试验研究和材料保存。当不同培养材料需要不同的培养条件时,便于分别处理,并可以防止因环境污染而导致全军覆没。需要大量的暗培养时,可以增设暗培养室或者使用暗箱培养。培养室初次使用要用甲醛熏蒸消毒,培养期间要定期进行室内清洁和消毒工作。

8)观察记录室

观察记录室是对培养物的生长情况及实验结果进行观察、记录的场所。室内应有固定的水磨石台面,放置显微镜、解剖镜、显微照相等仪器,最好还应有一套制片和细胞学染色设备,进行制片或染色观察。室内应安静、清洁、明亮,保证仪器不振动、不受潮。

9)贮藏室

贮藏室用于暂时不用的器皿、用具等的存放。贮藏室最好设在楼房低层背阴处,便于物品搬运和存放,房间有良好的通风条件。

10)移苗室

移苗室用于试管苗炼苗和移栽。移苗室应具有一定的控温、保湿、遮阴条件,一般要求温度在 15 ~ 25 ℃,相对空气湿度在 70% 以上,避免强光。普通温室或塑料大棚经过适当的改造均可使用,室内配有弥雾装置、遮阳网、防虫网、移植床、营养钵及移栽基质等。

2.2　实验室基本设备与器皿

植物组织培养的　　　培养基制备仪器
主要设备(微课)　　　设备与用具(视频)

2.2.1　基本设备

1)制备培养基设备

（1）天平

①分析天平:精确度达 0.000 1 g,用于称取微量元素、有机物质、植物生长调节剂等用量较少的化学药品。

②托盘天平:精确度达 0.1 g,用于称取大量元素、糖和琼脂等用量较大的化学药品。

有条件的可用电子天平,精度高,称量快,但价格较高。天平应放置在平稳、干燥、不受振动的天平操作台上,应尽量避免移动,天平罩内应放硅胶或其他中性干燥剂以保持干燥。

（2）冰箱　一般实验室用普通冰箱即可,主要用于母液、植物生长调节剂原液和各种易变质分解的化学药品的贮存,还可用于植物材料的低温保存以及低温处理。

（3）培养基分装器　简单而又方便的设备是在医疗器械商店里买的"吊桶",在下口管上套一段软胶管,加一弹簧止水夹即可。少量培养基也可直接用漏斗分装,大规模或要求更高效率时,可考虑采用自动定量灌装机。

（4）蒸馏水器　蒸馏水器用于制备蒸馏水,配制母液或研究培养基配方时用蒸馏水。电热蒸馏水器多采用硬质玻璃或金属制成。大规模生产性组培育苗,对水质要求不太高,可以用自来水或凉开水代替。

（5）酸度计　酸度计用于测定培养基 pH,一般用小型酸度计,既可在配制培养基时使用,也可测定培养过程中培养基 pH 的变化。若不做研究,仅用于生产,也可用 pH 4 ~ 7 的精密试纸测定。

2）灭菌设备

（1）高压蒸汽灭菌锅　高压蒸汽灭菌锅用于耐热培养基、无菌水、培养器具等的灭菌，是组织培养最基本的设备。有大型卧式、中型立式和小型手提式等多种型号，可按工作需要来选用。大型效率高，小型方便灵活。手提式有内热式和外热式两种，内热式加热管在锅内；外热式可用电炉、煤气炉等加热。

（2）干燥箱　干燥箱用于洗净后玻璃器皿的干燥，也可用于干热灭菌。用于干燥需保持80~100 ℃；干热灭菌时温度控制在160 ℃保持1~2 h。

（3）细菌过滤器　有些生长调节物质、有机附加物，如吲哚乙酸、椰子汁在高温条件下易被分解破坏而丧失活性，可用孔径为0.22 μm微孔滤膜来进行除菌。过滤除菌时需要一套减压过滤装置或注射器过滤组件（图1.3）。

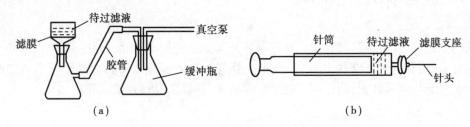

图1.3　细菌过滤器
（a）减压过滤装置　（b）注射器过滤组件

（4）紫外线灭菌灯　紫外线灭菌灯用于接种室、缓冲室、接种箱、培养室等环境的消毒。

3）接种设备

（1）超净工作台　超净工作台用于培养材料的消毒、切割、分离、转接，是植物组织培养最常用、最普及的无菌操作设备（图1.4）。具有操作方便、舒适，工作效率高，无菌效果好，准备时间短等优点。

无菌操作与培养设备与用具（视频）

超净工作台有单人、双人及三人式的，也有开放式和密封式的，由操作区、风机室、空气过滤器、照明设施等组成。工作时借风机的作用，将经过预过滤的空气送入静压箱，再经过高效过滤器除去空气中大于0.3 μm的尘埃、细菌和真菌孢子等，以垂直或水平层流状送出，在操作区达到高洁净度。这样在工作台面上形成一个相对无菌的环境，可有效地降低杂菌污染，大大地提高接种的成功率。

超净工作台一般放置在无菌室内，室内保持清洁，可延长过滤器的使用寿命。工作台一般较宽，购置和设计房屋时应注意，以防房门太窄而搬不进去。超净工作台使用过久，过滤装置引起堵塞，风速减小，不能保证无菌操作时，需要清洗或更换过滤器。

图1.4　超净工作台

（2）接种箱　在投资少的情况下，可以用接种箱来代替超净工作台。接种箱是一个密闭较好的木质或玻璃箱，依靠密闭、药剂熏蒸和紫外灯照射来保证内部空间无菌。但操作活动受限制,准备时间长,工作效率低。

（3）接种工具杀菌器　接种工具杀菌器用于接种工具灭菌。整机由不锈钢制成,有卧式和立式两种,内置发热元件和数显控温技术,使用效率高。

电子消毒器对接种
工具灭菌（视频）

（4）解剖镜　解剖镜用于剥离茎尖。可采用双筒实体解剖镜,在分离茎尖等较小组织时,便于观察、操作,通常放大5~80倍。

4）培养设备

（1）光照培养架　为充分利用空间,培养室内需配置若干培养架（图1.5）。制作培养架时应考虑使用方便、节能、充分利用空间以及安全可靠。架子可用金属、木材制作,隔板可用玻璃、木板、纤维板、金属板等,最好用平板玻璃或铁丝网,既透光,上层培养物又不受热。

培养架大多由金属制成,一般设5~6层,最低一层离地高约10 cm,其他每层间隔30 cm左右。培养架高1.7~2.0 m,宽60 cm,其长度则根据日光灯的长度而设计,如采用40 W日光灯,则长1.3 m,30 W的长1 m。

图1.5　光照培养架

（2）培养箱　培养箱有普通恒温培养箱和光照培养箱两种。

①普通培养箱:既可用于植物原生质体和酶制剂的保温,也可用于组织培养中的暗培养。

②光照培养箱:用于小型试验研究和材料保存,有调温、定时和光照装置,根据需要选择培养温度和光照时间。

（3）空气调节器　空气调节器用于调节培养室内温度,保持室内恒温,保证培养物正常生长繁殖所需温度。

（4）摇床　摇床用于培养物的液体培养。通过摇床的振动来改善液体培养基中的细胞或组织的营养及氧气供应,加快细胞或组织的生长速度。有旋转式和往复式两种类型,摇床的转速可根据需要设定。

（5）除湿机　除湿机用于降低培养室内的湿度,防止湿度过高引起大量污染。

2.2.2　器皿和用具

1）培养容器

培养用的器皿要求透光度好,能耐高压蒸汽灭菌。根据培养目的和要求不同,可采用不同种类和规格的玻璃器皿。

（1）试管　试管用于茎尖、花药、幼胚培养。一般要求试管口径大、长度稍短,便于操作,以20 mm×150 mm、25 mm×150 mm、30 mm×200 mm为宜。

（2）三角瓶　三角瓶是植物组织培养中最常用的培养容器,适于各种培养。接种外植体时多用容积为50 mL的三角瓶,一般实验用100 mL的三角瓶,生产育苗多用150 mL的三角瓶,液体振荡培养用 300 mL 以上的大三角瓶。优点是瓶口小,瓶底大,培养面积大,受光好,易放置,不易失水,培养效果好。缺点是价格较贵,易破损。

(3)果酱瓶或罐头瓶　该器皿用于组培苗的大量繁殖,生产中应用较多的是 200～300 mL 的果酱瓶或罐头瓶。优点是成本低,瓶口大,操作方便,透光好,空间大,培养材料生长健壮。但培养基容易失水,污染率较高。

(4)培养皿　培养皿用于无菌材料分离、无菌发芽、单细胞固体平板培养、胚和花药培养、滤纸灭菌等。常用的规格为直径 60 mm、90 mm 和 120 mm。

(5)兰花瓶　兰花瓶主要用于蝴蝶兰、大花蕙兰等兰科花卉组培苗的继代培养。

(6)植物组织培养专用容器　这是一种新型组培专用容器,采用高分子 PC 材料制成,有多种容积和形状供选用。在高压蒸汽灭菌条件下反复使用不破裂、不变形,使用寿命长,重量轻,透光率高于玻璃容器,并配有透气式瓶盖。利于组培苗工厂化生产,符合机械化洗瓶要求,显著提高工作效率。

(7)封口材料　为防止培养基干燥和污染杂菌,培养容器瓶口需用一定的封口材料包扎。试管、三角瓶通常以纱布包被棉花塞,插入瓶口中,外边再包一层牛皮纸,用线绳或橡皮筋捆扎。果酱瓶可用耐高温的聚丙烯塑料薄膜或塑料瓶盖封口。

2)盛装器皿

(1)试剂瓶　该器皿用于各种试剂、母液的存放。不易保存的母液存于冰箱中低温保存,见光易分解的药品可用棕色瓶保存。

(2)烧杯　该器皿用于配制各种母液和培养基。

(3)搪瓷锅或不锈锅　该器皿用于加热熔化琼脂,配制固体培养基。

3)计量器皿

(1)容量瓶　该器皿用于配制各种母液和原液的定容。

(2)量筒　该器皿用于配制不同浓度酒精和配制培养基时量取大量元素母液等。

(3)吸管(移液管)　该器皿用于吸取各种母液和植物生长调节剂原液。有条件的也可用微量移液器。

4)接种工具

组织培养所需要的用具和器械,可选用医疗器械和微生物实验所用的器具。常用的工具如图 1.6 所示。

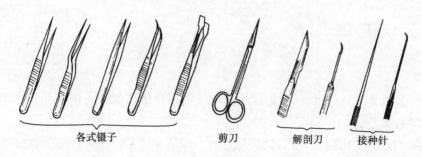

各式镊子　　　剪刀　　　解剖刀　　接种针

图 1.6　接种工具

(1)镊子　尖头镊子适用于解剖、分离茎尖、剥离叶片表皮等。枪形镊子,腰部弯曲,使用方便,可用于接种和转移植物材料。

（2）剪刀　剪刀用于剪取植物材料、茎段,进行继代培养的转接。

（3）解剖刀　解剖刀用于切割植物材料。有活动和固定两种,活动的可更换刀片,适合于分离培养物,固定的适于较大外植体解剖用。

（4）其他工具　其他用于组织培养的工具包括接种针、接种钩及接种铲,用来接种花药或转移植物组织。

酒精灯的使用

（视频）

5）其他用品

灼烧工具用的酒精灯、加热用的电炉或微波炉、各式洗瓶刷、试管架、漏斗、称量瓶、玻璃棒、搪瓷盘和小铁篮等仪器设备和用品主要用在大型组织培养实验室。在具体工作中,可根据各实验室自身的目的和要求加以选择,或根据自身实验室需要及现有条件因地制宜地进行设计和改造。其根本要求是确保无菌操作和无菌培养,培养材料生长良好,工作方便。

知识拓展:

植物组织培养

实验室安全

技能训练2.1　参观植物组织培养实验室（或组培工厂）

1）技能要求

①熟悉植物组织培养的生产工艺流程。

②掌握植物组织培养实验室的基本设施及设计要求。

③熟悉植物组织培养常用的仪器设备、器皿用具。

植物组织培养
实验室的基本
结构（视频）

2）训练前准备

（1）基本设施　植物组织培养实验室或组培工厂。

（2）仪器设备　超净工作台、高压灭菌器、蒸馏水发生器或纯水发生器、灌装机、酸度计、洗瓶机、普通冰箱、电热水器、微波炉、电炉、解剖镜、天平、恒温箱、烘箱、离心机、摇床、光照培养箱、光照培养架、空调机等设备,各种培养器皿、玻璃器皿和器械用具。

3）方法步骤

①指导教师集中讲解本次实验实训的目的、要求及内容。

②实验实训指导教师集中介绍植物组织培养实验室规则及有关注意事项,或由组培工厂管理人员介绍工厂有关规章制度。

③根据班级人数,将全班同学分成若干组,由指导教师与实验实训指导教师分别带领讲解。

④按照植物组织培养的生产工艺流程,参观实验室。介绍实验室房间布局、基本设施以及各分室功能和设计要求。

⑤分组介绍各分室放置的器皿用具、仪器设备名称及其用途。

⑥室外参观炼苗、移栽温室,观看移栽后试管苗生长状况。

4）实训报告

①绘制植物组织培养实验室（或组培工厂）的房间布局。

②列出植物组织培养实验室（或组培工厂）常用的仪器设备、器皿用具名称及其用途。

消毒剂的
配制（视频）

技能训练 2.2　器皿的洗涤与环境的消毒

1）技能要求

①掌握洗涤液的配制方法。

②熟悉各种器皿的洗涤方法。

③掌握环境的消毒方法，培养学生良好的卫生观念。

无菌操作室消毒
（视频）

2）训练前准备

（1）器具　各种培养器皿、量具、试管刷、瓶刷、晾瓶架、小型喷雾器、紫外线灯。

（2）药品　重铬酸钾、工业浓硫酸、甲醛、高锰酸钾、洗衣粉、洗洁精、肥皂、1%盐酸、5%碳酸钠、2%新洁尔灭、70%乙醇、2%来苏尔。

3）方法步骤

（1）洗涤液配制　洗涤液的种类很多，配制方法也各有差异，可根据实际要求选择经济、有效且安全的洗涤液。一般常用的是肥皂液或洗衣粉水加去污粉。肥皂液加热后使用，去污能力更强。对于一些难洗净的器皿，有的就需要用其他的酸、碱洗液。铬酸洗液广泛用于玻璃器皿的洗涤，其配制方法如下：

称取 25 g 重铬酸钾加水 500 mL，加温溶化，冷却后再缓缓加入 90 mL 工业浓硫酸配成较稀的洗液。铬酸洗液可加热使用，增强去污作用，一般可加热到 45～50 ℃。洗液可以重复使用，直到溶液变成青褐色为止。

（2）各种器皿的洗涤

①新的玻璃器皿上附有游离的碱性物质，其洗涤方法是用 1%盐酸溶液浸泡一昼夜，再用合成洗涤剂洗刷，然后用清水反复冲洗，最后用蒸馏水冲洗 1～2 次，干燥后即可使用。

②日常用过的培养瓶、三角瓶、烧杯等。先将器皿中的残渣除去，用清水冲洗，然后在洗衣粉或洗洁精水中浸泡，用瓶刷沿瓶壁上下刷动并呈圆周旋转，注意瓶外四周、瓶底及瓶口刷洗，特别是要洗去瓶壁上记号笔做过的标记。洗后用清水冲净或放入清水中漂洗，彻底洗去洗衣粉或洗洁精残留物。最后用少量纯净水冲洗，晾干备用。

③受杂菌污染的培养瓶、三角瓶，需经高压灭菌后，再按方法②清洗。

④吸管、滴管等较难刷洗的用具，先放在铬酸洗液中浸泡数小时，取出后流水冲洗半小时左右，再吸蒸馏水冲洗 1～2 次，晾干备用。尤其是首次使用前，必须用洗液泡洗。

⑤金属用品一般不宜用各种洗涤液洗涤，需要清洗时，一般用 70%乙醇擦洗，并保持干燥。

⑥胶皮塞、胶皮管等最好采用硅胶皮塞及硅胶皮管。塑料用品一般用合成洗涤剂洗涤，因其附着力较强，因此冲洗时必须反复多次，最后用蒸馏水冲洗。

（3）环境的清洁与消毒

①实验室必须随时保持干净，每天必须认真打扫室内外卫生。

②喷雾消毒。实验室地面，特别是接种室每隔 2 d 用 2%来苏尔消毒。墙壁、工作台用 2%新洁尔灭喷雾消毒。喷雾要均匀，不留死角，并注意安全，在喷房顶时要特别小心，防止药液雾滴掉入眼睛。

③熏蒸消毒。接种室采用甲醛熏蒸法消毒,一般每年熏蒸 2~3 次。熏蒸方法是:每立方米用甲醛 10 mL 加高锰酸钾 5 g 熏蒸,将称好的高锰酸钾放入一个较大的容器内,放入房间中间的地面上,再把甲醛溶液慢慢倒入,然后人迅速离开,并密封门窗,2~3 d 后开启门窗,排出甲醛废气。熏蒸法消毒完全彻底,效果好。但消毒时间长,药剂对人体有害。

④紫外线消毒。接种室、缓冲室可使用紫外线灯进行消毒,在每次接种操作前提前打开紫外灯,照射 20~30 min。

4)实训报告

①简述环境的消毒方法及注意事项。

②将本次实验内容整理成实训报告。

复习思考题

1.设计一个小型植物组织培养实验室。

2.植物组织培养实验室由哪些分室组成? 各有哪些功能?

3.植物组织培养实验室必备的设备有哪些?

单元 3 植物组织培养的基本操作技术

【知识目标】

(1)掌握植物组织培养的一般流程。

(2)熟悉外植体的选择原则及处理方法。

(3)理解植物组织培养最佳培养方案的筛选。

(4)了解培养基的成分和特点。

【技能目标】

(1)会配制 MS 培养基母液和植物生长调节剂母液。

(2)能配制出 MS 固体培养基,并进行高压蒸汽灭菌。

(3)能严格按照操作规程进行无菌操作,获得无菌组培苗。

(4)会分析、解决组培过程中污染、褐变和玻璃化问题。

(5)会组培苗的继代增殖和炼苗移栽。

植物组织培养除需要有设计合理、配备必需的仪器设备、器皿用具外,还必须熟练掌握植物组织培养的基本操作技术,这是培养成功的前提条件。植物组织培养的基本操作通常包括器皿的洗涤、灭菌,培养基的配制、灭菌,外植体的选择、消毒,无菌操作技术,材料的初代培养、继代培养、生根培养、炼苗移栽等。

3.1 植物组织培养一般工作流程

一个完整的植物组织培养过程一般包括以下几个步骤(图1.7):

(1)准备阶段 查阅相关文献,根据已成功培养的相近植物资料,结合实际制订出切实可行的培养方案。然后根据实验方案配制适当的化学消毒剂以及不同培养阶段所需的培养基,并经高压灭菌或过滤除菌后备用。

(2)外植体选择与消毒 选择合适的部位作为外植体,采回后经过适当的预处理,然后进行消毒处理。将消毒后的外植体在无菌条件下切割成一定大小的小块,或剥离出茎尖、挑出花药,接种到初代培养基上。

（3）初代培养　接种后的材料置于培养室或光照培养箱中培养，促使外植体中已分化的细胞脱分化形成愈伤组织，或顶芽、腋芽直接萌发形成芽。然后将愈伤组织转移到分化培养基分化成不同的器官原基或形成胚状体，最后发育形成再生植株。

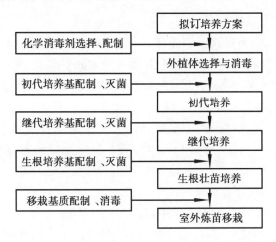

图1.7　植物组织培养的一般程序

（4）继代培养　分化形成的芽、原球茎数量有限，采用适当的继代培养基经反复多次切割转接。当芽苗繁殖到一定数量后，再将一部分用于壮苗生根，另一部分保存或继续扩繁。进行脱毒苗培养的需提前进行病毒检测。

（5）生根培养　刚形成的芽苗往往比较弱小，多数无根，此时可降低细胞分裂素浓度或不加，提高生长素浓度，促进小苗生根，提高其健壮度。

（6）炼苗移栽　选择生长健壮的生根苗进行室外炼苗，待苗适应外部环境后，再移栽到疏松透气的基质中，注意保温、保湿、遮阴，防止病虫为害。当组培苗完全成活并生长一定大小后，即可移向大田用于生产。

3.2　培养基

培养基是人工配制的，满足不同材料生长、繁殖或积累代谢产物的营养基质。在离体培养条件下，不同种类植物对营养的要求不同，甚至同一种植物不同部位的组织以及不同培养阶段对营养要求也不相同。筛选合适的培养基是植物组织培养极其重要的内容，是决定成败的关键因素之一。

3.2.1　培养基成分

1）水分

水分是植物体的主要组成成分，也是一切代谢过程的介质和溶媒，在植物生命活动过程中不可缺少。配制培养基母液时要用蒸馏水或纯水，以保持母液及培养基成分的精确性，防止贮藏过程中发霉变质。研究培养基配方时尽量用蒸馏水,以防成分的变化引起不良效果。而在大规模工厂化生产时,为了降低生产成本,常用自来水代替蒸馏水。如自来水中含有大量的钙、镁、氯和其他离子,最好将自来水煮沸,经过冷却沉淀后再使用。

2)无机营养成分

除了碳(C)、氢(H)、氧(O)外,已知还有12种元素对植物的生长是必需的。根据植物生长需求量的多少将这些无机营养元素分为大量元素和微量元素两类。

(1)大量元素 大量元素是指培养基中浓度大于 0.5 mmol/L 的元素,包括氮(N)、磷(P)、钾(K)、钙(Ca)、镁(Mg)、硫(S)等。

氮参与蛋白质、核酸、酶、叶绿素、维生素、磷脂、生物碱等物质构成,是生命不可缺少的物质。缺氮时,老叶先发黄;氮过量,枝叶会过度茂盛。氮主要以硝态氮和铵态氮两种形式被使用,常使用的含氮物质有 KNO_3、NH_4NO_3、$(NH_4)_2SO_4$ 等,大多数培养基将硝态氮和铵态氮两者混合使用,以调节培养基的离子平衡。

磷参与磷脂、核酸、酶及维生素等多种生理活性物质构成,在植物碳水化合物的运输和代谢中起着极其重要的作用,磷直接参与呼吸作用和发酵过程,与光合作用也有直接关系。缺磷时植株生长缓慢,老叶暗紫色。磷素常由 KH_2PO_4、NaH_2PO_4 提供。

钾对碳水化合物合成、转移以及氮素代谢等有密切关系。钾增加时,蛋白质合成增加,维管束、纤维组织发达,对胚的分化有促进作用。缺钾时叶尖、叶缘枯焦,叶片呈皱曲状,老叶发黄或火烧状。常用的含钾化合物有 KCl、KNO_3、KH_2PO_4 等。

镁是叶绿素的组成成分,又是激酶的活化剂,缺镁时叶片边缘及中央部分失绿而变白;硫是含硫氨基酸和蛋白质的组成成分,缺硫时叶色变为淡绿,进而发白。镁常以 $MgSO_4 \cdot 7H_2O$ 来提供。

钙是构成细胞壁的一种成分,钙对细胞分裂、保护质膜不受破坏有显著作用。缺钙时嫩叶失绿,叶缘向上卷曲,出现白色条纹。常以 $CaCl_2 \cdot 2H_2O$ 提供。

(2)微量元素 微量元素是指培养基中浓度小于 0.5 mmol/L 的元素,有铁(Fe)、硼(B)、锰(Mn)、铜(Cu)、钼(Mo)、钴(Co)等。微量元素也是植物组织培养中不可缺少的元素,缺少这些物质会导致生长、发育异常。

微量元素是许多酶和辅酶的重要组成成分,生理作用主要体现在酶的催化功能和细胞分化、维持细胞的完整机能等方面。如铁是多种氧化酶和叶绿素的重要成分,而且是维持叶绿体功能所必需的;铜有促进离体根生长的作用;钼是合成活跃的硝酸还原酶所必不可少的元素,也是固氮酶的组成部分,还有防止叶绿素受破坏的作用;锌是酶的组成成分,也有防止叶绿素破坏的作用;锰与植物呼吸作用、光合作用有关;硼与糖的运输、蛋白质的合成有关。

当某些微量元素供应不足时,植物表现出一定的缺素症状。如缺铁,绿叶变黄,进而发白;缺锰,叶片上出现缺绿斑点或条纹;缺锌,叶子发黄,或出现白斑,叶子小;缺硼,叶失绿,叶缘向上卷曲,顶芽死亡;缺钴叶片失绿而卷曲,整个叶片向上弯曲凋枯。

3)有机营养成分

(1)糖类物质 对于植物组织培养中幼小的外植体而言,由于其光合作用的能力较弱,培养基中的糖类物质就成了其生命活动中必不可少的碳源和能源。除此之外,糖类的添加还有调节培养基渗透压的作用。

添加的糖类有蔗糖、葡萄糖、果糖和麦芽糖等，其中蔗糖使用最多，其浓度一般在10～50 g/L，其中以30 g/L较多。蔗糖在高温高压灭菌时，会有一少部分分解成葡萄糖和果糖。在大规模生产中，蔗糖价格太贵，常用食用绵白糖、白砂糖代替蔗糖，但在不同的植物种类上，其使用的可行性及其浓度范围需要做小规模的生产性实验。

（2）维生素　在植物组织培养中，由于外植体较小而生长较弱，维生素类物质的添加对于植物组织的生长和分化是至关重要的。在培养基中常用的维生素有盐酸硫胺素（VB_1）、盐酸吡哆醇（VB_6）、烟酸（VB_3）、抗坏血酸（VC）、生物素（VH）、泛酸（VB_5）等。一般使用浓度为0.1～1.0 mg/L。维生素类物质对愈伤组织和器官形成有促进作用，抗坏血酸还有防止组织褐变的作用。

（3）氨基酸　氨基酸是蛋白质的组成成分，也是一种有机氮化合物。常用的氨基酸有甘氨酸、谷氨酸、精氨酸、半胱氨酸以及多种氨基酸的混合物，如水解酪蛋白（CH）、水解乳蛋白（LH）等。氨基酸类物质不仅为培养物提供有机氮源，同时也对外植体的生长以及不定芽、不定胚的分化起促进作用。

（4）肌醇　肌醇又叫环己六醇，通常可由磷酸葡萄糖转化而成，还可进一步生成果胶物质，用于构建细胞壁。肌醇能促进愈伤组织的生长以及胚状体和芽的形成，对组织和细胞的繁殖、分化有促进作用，在糖类的相互转化中起重要作用。一般使用浓度为50～100 mg/L。

4）植物生长调节剂

植物生长调节剂是培养基中的关键性物质，用量虽然微小，但其作用很大，对植物组织培养起着决定性作用。在培养基中，它不仅可以促进植物组织的脱分化和形成愈伤组织，还可以诱导不定芽、不定胚的形成。同一植物材料在各个生长阶段所需的生长调节剂种类及其浓度都有很大的差异。所以应该根据组织培养的目的、材料的种类、器官的不同和生长表现来确定植物生长调节剂的种类和浓度，这是培养基的"秘诀"，也是植物组织培养的关键。植物生长调节剂包括生长素、细胞分裂素及赤霉素等多种，它们在植物组织培养中具有不同的作用。

（1）生长素　生长素由茎尖合成，沿植物体向下运输，常用的生长素有吲哚乙酸（IAA）、吲哚丁酸（IBA）、吲哚丙酸（IPA）、萘乙酸（NAA）、2,4-二氯苯氧乙酸（2,4-D）、萘氧乙酸（NOA）和ABT生根粉等。IAA见光易分解，故应置于棕色瓶中，在4～5 ℃下保存，在高温灭菌时会受到破坏，最好采用过滤除菌方法。一般生长素使用浓度为0.05～5.0 mg/L。

在植物组织培养中，生长素的主要作用有：a. 诱导愈伤组织的产生，促进细胞脱分化；b. 促进细胞的伸长；c. 促进茎尖（茎段）生根；d. 2,4-D会诱导某些植物不定胚的形成。

生长素与细胞分裂素配合使用，共同促进不定芽的分化、侧芽的萌发与生长。但是2,4-D往往会抑制芽的形成，适宜的用量范围较窄，过量又有毒害，一般用于细胞启动脱分化阶段；而诱导分化和增殖阶段一般选用NAA、IBA或IAA等。

（2）细胞分裂素　细胞分裂素由根尖合成，沿植物体向上运输。细胞分裂素是腺嘌呤的衍生物，包括6-苄基腺嘌呤（BA）、激动素（KT）、玉米素（ZT）、2-异戊烯腺嘌呤（2-IP）、噻重氮苯基脲（TDZ）等。TDZ、ZT的价格较贵，在高压灭菌时容易被破坏，应用较少。而BA和KT性能稳定，价格相对便宜，是生产和科研上经常使用的种类。KT受光易分解，故应在4～5 ℃低温黑暗下保存。一般细胞分裂素使用浓度为0.05～5.0 mg/L。

在植物组织培养中，细胞分裂素的主要作用有：a. 促进细胞分裂和扩大，使茎增粗，而抑制

图 1.8　植物生长调节剂对器官或
愈伤组织的影响

茎伸长;b.诱导芽的分化,促进侧芽萌发生长;c.减少叶绿素的分解,抑制顶端优势,延缓离体组织或器官的衰老,有保鲜的效果;d.对根的生长一般起抑制作用。

在植物组织培养时,细胞分裂素/生长素的比值控制器官发育模式,若增加生长素浓度,有利于根的形成;增加细胞分裂素浓度则促进芽的分化(图1.8)。

(3)赤霉素(GA)和脱落酸(ABA)　赤霉素有20多种,生理活性及作用的种类、部位、效应等各有不同。培养基中添加的主要是 GA_3 ,其作用有:a.促进幼苗茎的伸长生长和不定胚发育成小植株;b.和生长素协同作用,对形成层的分化有影响,当生长素/赤霉素比值高时有利于木质部分化,比值低时有利于韧皮部分化;c.用于打破休眠,促进种子、块茎、鳞茎等提前萌发;d.在器官形成后,可促进器官或胚状体的生长。

脱落酸有抑制生长、促进休眠的作用,在植物种质资源超低温冷冻保存时,可以用来促使植物停止生长和抗寒力的形成,从而保证冷冻保存的顺利进行。

5)其他物质

(1)天然有机附加物　天然有机附加物的成分比较复杂,大多含氨基酸、生长调节剂、酶等一些复杂化合物。它们对植物组织培养并非必需,但对细胞和组织的增殖与分化有明显的促进作用。常见的天然有机附加物有椰子汁(CM)、酵母提取液(YE)、番茄汁、黄瓜汁、香蕉泥等。

由于天然有机物质成分复杂,常因品种、产地和成熟度等因素而变化,实验的重复性比较差。另外,有些天然有机物质还会因高压灭菌而变性,从而失去效果,这时应该采取过滤的方法进行除菌。

(2)活性炭(AC)　培养基中添加活性炭的主要作用是利用其吸附能力,减少一些有害物质的影响,例如防止酚类物质引起组织褐变死亡;活性炭使培养基变黑,有利于某些植物生根;活性炭还可降低玻璃化苗的产生频率,对防止产生玻璃苗有良好作用。

但活性炭对物质吸附无选择性,既吸附有害物质,也吸附必需的营养物质,如在非洲菊继代培养过程中,相同的继代培养基,添加2.0 mg/L活性炭后,其增殖系数大大降低,因此使用时应慎重考虑,不能过量,一般用量为1~5 mg/L。高压灭菌前加入活性炭会降低培养基的 pH 值,使琼脂不易凝固,因此要加大琼脂用量。

(3)抗生素　培养基中添加抗生素可防止菌类污染,减少培养材料损失。常用的抗生素有青霉素、链霉素、庆大霉素、四环素、氯霉素、卡那霉素等,用量一般为5~20 mg/L。大部分抗生素需要过滤除菌。

(4)硝酸银　离体培养中植物组织会产生和散发乙烯,而乙烯在培养容器中的积累会影响培养物的生长和分化,严重时甚至导致培养物的衰老和落叶。硝酸银中的 Ag^+ 通过竞争性地结合于细胞膜上的乙烯受体蛋白,从而可起到抑制乙烯活性的作用。硝酸银的使用浓度一般为1~100 mg/L,使用前过滤除菌。

（5）抗氧化物　植物组织在切割时会溢泌一些酚类物质，渗出细胞外就造成自身中毒，使培养材料生长停顿，失去分化能力，最终变褐死亡。在木本尤其是热带木本及少数草本植物中较为严重。常用的抗酚类氧化剂有半胱氨酸、聚乙烯吡咯烷酮及抗坏血酸，可用浓度为 $50\sim200$ mg/L 的抗酚类氧化剂洗涤刚切割的外植体伤口表面，或过滤除菌后加入固体培养基的表层。

（6）凝固剂　在配制固体培养基时，需要使用凝固剂。最常用的凝固剂是琼脂，琼脂本身并不提供任何营养，它是一种高分子的碳水化合物，在 90 ℃以上热水中溶解成为溶胶，冷却至 40 ℃可凝固为固体凝胶。

生产上使用的琼脂有粉状和条状，用量一般为 $3\sim10$ g/L。如果浓度过高，会使培养基变得很硬，营养物质难以扩散，不利于植物体吸收营养；若浓度过低，凝固性差。同一厂家的产品粉状的往往比条状凝固的效果好，因此用量可少些。琼脂的凝固能力还与高压灭菌时的温度、时间、pH 等因素有关，长时间的高温会使凝固能力下降，过酸或过碱加之高温会使琼脂发生水解，而丧失凝固能力。存放时间过久，琼脂变褐，也会逐渐失去凝固能力。

另一种凝固剂是卡拉胶，也是一种海藻提取物，但比琼脂含杂质少，纯度更高，凝固后的培养基透明，利于材料的观察。卡拉胶价格较高，适合比较精细的实验研究，大规模的生产使用较少。

3.2.2 常用培养基及其特点

1）常用的培养基

自 1937 年 White 建立第一个植物组织培养培养基以来，许多研究者报道了各种培养基，其数量很多，配方各异。根据营养水平不同，培养基可分为基本培养基和完全培养基。基本培养基也就是通常所说的培养基，主要有 MS、White、B_5、N_6、改良 MS、Heller、Nitsh、Miller、SH 等，其配方见附录 2。完全培养基是在基本培养基的基础上，根据试验的不同需要附加一些物质，如植物生长调节物质和其他复杂有机附加物等。

2）几种常用基本培养基的特点

（1）MS 培养基　1962 年 Murashige 和 Skoog 为培养烟草组织时设计的，是目前应用最广泛的一种培养基。其特点是无机盐浓度高，具有高含量的氮、钾，尤其是铵盐和硝酸盐的含量很大，能够满足快速增长的组织对营养元素的需求，有加速愈伤组织和培养物生长的作用，当培养物久不转移时仍可维持其生存。但它不适合生长缓慢、对无机盐浓度要求比较低的植物，尤其不适合铵盐过高易发生毒害的植物。

与 MS 培养基基本成分较为接近的还有 LS、RM 培养基，LS 培养基去掉了甘氨酸、盐酸吡哆醇和烟酸；RM 培养基把硝酸铵的含量提高到 4 950 mg/L，磷酸二氢钾提高到 510 mg/L。

（2）White 培养基　1943 年由 White 设计的，1963 年做了改良。这是一个低盐浓度培养基，它的使用也很广泛，无论是对生根培养还是胚胎培养或一般组织培养都有很好的效果。

（3）N_6培养基　1974 年由我国朱至清等学者为水稻等禾谷类作物花药培养而设计的。其特点是 KNO_3 和 $(NH_4)_2SO_4$ 含量高，不含钼。目前在国内已广泛应用于小麦、水稻及其他植物的花粉和花药培养。

（4）B_5培养基　1968年由Gamborg等设计的。它的主要特点是含有较低的铵盐，较高的硝酸盐和盐酸硫胺素。铵盐可能对不少培养物的生长有抑制作用，但它适合于某些双子叶植物特别是木本植物的生长。

（5）SH培养基　1972年由Schenk和Hidebrandt设计的。它的主要特点与B_5相似，不用$(NH_4)_2SO_4$，而改用$NH_4H_2PO_4$，是无机盐浓度较高的培养基。在不少单子叶和双子叶植物上使用，效果很好。

（6）Miller培养基　与MS培养基比较，Miller培养基无机元素用量减少1/3～1/2，微量元素种类减少，属于无肌醇。

（7）VW培养基　1949年由Vacin和Went设计，适合于气生兰的培养。总的离子强度稍低，磷以磷酸钙形式供给，要先用1 mol/L HCl溶解后再加入混合溶液中。

3.2.3　培养基配制与灭菌

1）母液的配制和保存

（1）基本培养基母液　在植物组织培养工作中，配制培养基是日常必备的工作。为减少工作量，经常使用的培养基，可先将各种药品配成浓缩一定倍数的母液，放入冰箱内保存，用时再按比例稀释，这样比较方便，且精确度高。母液要根据药剂的化学性质分别配制，一般配成大量元素、微量元素、铁盐、有机物质等母液。

在配制大量元素无机盐母液时，要防止在混合各种盐类时产生沉淀，为此各种药品必须在充分溶解后才能混合。在混合时要注意加入的先后次序，把Ca^{2+}、Mn^{2+}、Ba^{2+}和SO_4^{2-}、PO_4^{3-}错开，以免KH_2PO_4和$MgSO_4$与$CaCl_2$等发生化学反应，相互结合生成$CaSO_4$、$BaSO_4$、$Ca_3(PO_4)_2$沉淀。另外在混合各种无机盐时，其稀释度要大，慢慢地混合，同时边混合边搅拌。在配制微量元素母液时也要注意药品的添加顺序，以免产生沉淀。

铁盐容易发生沉淀，需要单独配制。一般用$FeSO_4 \cdot 7H_2O$和Na_2-EDTA配成铁盐螯合剂比较稳定，不易沉淀，铁盐放在棕色瓶中保存比较稳定。

母液要用蒸馏水配制，药品应选用纯度较高的化学纯CP（三级）或分析纯AR（二级），以免有杂质对培养物造成不利影响。药品的称量及定容都要准确，在称量时不同的化学药品需使用不同的药匙，避免药品的交叉污染和混杂，每称好一种药剂应立即作一记号，以免重复或遗漏。各种药品先以少量水让其充分溶解，然后依次混合。表1.2是MS培养基母液的配制方法，可参照使用。

配制好的母液应分别贴上标签，注明母液种类、倍数、配制日期，并在记录本上详细记载配制及称取量，以便工作的准确及日后检查。母液最好在2～4 ℃的冰箱中贮存，特别是有机物质要求较严。贮存时间不宜过长，如发现母液有霉菌污染或沉淀变质时，应该重新配制。

（2）植物生长调节剂母液　植物生长调节剂因用量较少，一次可配成50 mL或100 mL。母液的浓度不宜配制过大，一般为0.1～1.0 mg/mL。

在配制植物生长调节剂母液时，有mg/L和mol/L两种浓度单位，两种浓度单位的换算见附录3。摩尔单位直接代表每升溶液中的分子数量，这使得不同生长调节剂之间具有可比性，

在国际刊物中普遍采用。但在国内刊物,大多采用质量浓度单位。

表 1.2　MS 培养基母液的配制

母液编号	母液种类	成　分	规定量/(mg·L^{-1})	扩大倍数	称取量/mg	母液体积/mL	配1 L培养基吸取量/mL
1	大量元素	KNO$_3$	1 900	10	19 000	1 000	100
		NH$_4$NO$_3$	1 650		16 500		
		MgSO$_4$·7H$_2$O	370		3 700		
		KH$_2$PO$_4$	170		1 700		
		CaCl$_2$·2H$_2$O	440		4 400		
2	微量元素	MnSO$_4$·4H$_2$O	22.3	100	2 230	1 000	10
		ZnSO$_4$·7H$_2$O	8.6		860		
		H$_3$BO$_3$	6.2		620		
		KI	0.83		83		
		Na$_2$MoO$_4$·2H$_2$O	0.25		25		
		CuSO$_4$·5H$_2$O	0.025		2.5		
		CoCl$_2$·6H$_2$O	0.025		2.5		
3	铁盐	Na$_2$-EDTA	37.3	100	3 730	1 000	10
		FeSO$_4$·7H$_2$O	27.8		2 780		
4	有机物质	肌醇	100	100	10 000	1 000	10
		甘氨酸	2.0		200		
		盐酸硫胺素	0.1		10		
		盐酸吡哆醇	0.5		50		
		烟酸	0.5		50		

多数植物生长调节剂不溶于或难溶于水,IAA、NAA、IBA、2,4-D 等生长素类和 GA$_3$,可先用少量 0.1 mol NaOH 或 95% 乙醇溶解,然后再用蒸馏水定容到所需要的体积。KT、BA 等细胞分裂素类则可用少量 1 mol/L HCl 加热溶解,然后加水定容。植物生长调节剂母液可以在2~4 ℃冰箱中保存。配制好的植物生长调节剂母液,也应在瓶上贴上标签,注明名称、浓度、配制日期,以便配制培养基时计算,准确量取。

2) 培养基的配制

将配制好的各种母液按顺序排列,并逐一检查是否有沉淀或变色,避免使用已失效的母液。先取适量的蒸馏水放入容器内,然后依次用专用的移液管按培养基配方要求量吸取预先配制好的各种母液及生长调节剂原液等,并混合在一起。再将琼脂(如为琼脂条,则应预先单独加热熔解)和糖加入其中,溶解混匀后加蒸馏水定容至所需体积。用 0.1 mol/L NaOH 或 HCl 将培养基的 pH 调至所需的数值,然后用分装器迅速分装到培养容器中。根据培养材料的不同,装入培养基的量稍有差别,一般培养装入 0.7~1.2 cm 厚,让培养材料能保持原有的状态即可。最后包扎好瓶口或盖上瓶盖,对不同配方的培养基要做好标记,以免混淆。

培养基的 pH 是影响植物组织培养成功的因素之一。不同种类的植物,其生长发育适宜的

pH 也不同,应该根据所培养的植物特性来确定 pH,多数植物要求灭菌前培养基的 pH 用 1.0 mol/L NaOH 和 1.0 mol/L HCl 调节到 5.7～5.8。经高温高压灭菌后,培养基的 pH 会下降 0.2～0.8个单位,故灭菌前的 pH 要高于目标 pH 0.5个单位。

3)培养基的灭菌

(1)高压蒸汽灭菌 高压蒸汽灭菌适合于耐高温培养基、接种器械和蒸馏水的灭菌。培养基在制备过程中混入各种杂菌,分装后应立即灭菌,至少应在 24 h 内完成灭菌工作。灭菌时一般是在 0.105 MPa 压力下,温度 121 ℃时,灭菌 15～30 min 即可。消毒时间不宜过长,也不能超过规定的压力范围,否则有机物质特别是维生素类物质就会在高温下分解,失去营养作用,也会使培养基变质、变色,甚至难以凝固。

将蒸馏水或自来水装在盐水瓶或其他容器中,装水量一般不超过容器容积的 2/3,用封口膜或棉塞封口,然后放入高压锅中灭菌后即为无菌水。

灭菌后的培养基可放到培养室中预培养 3 d,若无污染现象,则证明灭菌是彻底的,可以使用。暂时不用的培养基最好置于 10 ℃下保存,含有生长调节剂的培养基在 4～5 ℃低温下保存则更为理想。含 IAA 或 GA₃ 的培养基应在 1 周内用完,其他培养基最多也不要超过 1 个月。

(2)过滤除菌 一些植物生长调节剂及有机物,如 IAA、GA₃、ZT、CM 等,遇热容易分解,不能与培养基一起进行高温灭菌,而要使用细菌过滤器滤去其中的杂菌。细菌过滤器与滤膜(孔径小于 0.45 μm)使用之前要先进行高压灭菌。过滤后的溶液要立即加入培养基中,若为液体培养基,可在培养基冷却至 30 ℃时加入;若为固体培养基,必须在培养基凝固之前(50～60 ℃)加入,振荡使溶液与其他成分混合均匀。

3.3 外植体的选择与消毒

3.3.1 外植体的选择

外植体的选择与消毒
(微课)

1)外植体的选择

外植体是指植物组织培养中的各种接种材料。从理论上讲,植物细胞都具有全能性,能够再生新植株,任何器官、任何组织、单个细胞和原生质体都可以作为外植体。但实际上,不同品种、不同器官之间的分化能力有巨大差异,培养的难易程度不同。为保证植物组织培养获得成功,选择合适的外植体是非常重要的。

(1)选择优良的种质及母株 无论是离体培养繁殖种苗,还是进行生物技术研究,培养材料的选择都要从主要的植物入手,选取性状优良的种质、特殊的基因型和生长健壮的无病虫害植株。尤其是进行离体快繁,只有选取优良的种质和基因型,离体快繁出来的种苗才有意义,才能转化成商品;生长健壮无病虫害的植株及其器官或组织代谢旺盛,再生能力强,培养后容易成功。

(2)选择适当的时期 组织培养选择材料时,要注意植物的生长季节和生长发育阶段。对大多数植物而言,应在其开始生长或生长旺季采样,此时材料内源激素含量高,容易分化,不仅成活率高,而且生长速度快,增殖率高。若在生长末期或已进入休眠期时采样,则外植体可能对诱导反应迟钝或无反应。花药培养应在花粉发育到单核靠边期时取材,这时比较容易形成愈伤组织。百合在春夏季采集的鳞茎、片,在不加生长素的培养基中,可自由地生长、分化;而其他季节则不能。叶子花的腋芽培养,如果在11月至翌年2月间采集,则侧芽萌发非常迟缓;而在3—8月间采集,萌发的数目多,萌发速度快。

(3)选取适宜的大小　培养材料的大小根据植物种类、器官和目的来确定。通常情况下,快速繁殖时叶片、花瓣等面积为5 mm^2,其他培养材料的大小为0.5～1.0 cm。如果是胚胎培养或脱毒培养的材料,则应更小。材料太大,不易彻底消毒,污染率高;材料太小,多形成愈伤组织,甚至难于成活。

(4)外植体来源要丰富　为了建立一个高效而稳定的植物组织离体培养体系,往往需要反复实验,并要求实验结果具有可重复性。因此,就需要外植体材料丰富并容易获得。

(5)外植体要易于消毒　在选择外植体时,应尽量选择带杂菌少的器官或组织,降低初代培养时污染率。一般地上组织比地下组织消毒容易,一年生组织比多年生组织消毒容易,幼嫩组织比老龄和受伤组织消毒容易。

2)外植体取材的部位

植物组织培养的材料几乎包括了植物体的各个部位,如茎尖、茎段、花瓣、根、叶、子叶、鳞茎、胚珠和花药等。

(1)茎尖　茎尖不仅生长速度快,繁殖率高,不容易发生变异,而且茎尖培养是获得脱毒苗木的有效途径。因此茎尖是植物组织培养中最常用的外植体。

(2)节间部　大部分果树和花卉等植物,新梢的节间部是组织培养的较好材料。新梢节间部位不仅消毒容易,而且脱分化和再分化能力较强,因此是常用的组织培养材料。

(3)叶和叶柄　叶片和叶柄取材容易,新出的叶片杂菌较少,实验操作方便,是植物组织培养中常用的材料。尤其是近年在植物的遗传转化中,以叶片为试材的报道很多。

(4)鳞片　水仙、百合、葱、蒜、风信子等鳞茎类植物常以鳞片为材料。

(5)其他　种子、根、块茎、块根、花粉等也可以作为植物组织培养的材料。

但是,不同种类的植物以及同种植物不同的器官对诱导条件的反应是不一致的。如百合科植物风信子、虎眼万年青等比较容易形成再生小植株,而郁金香就比较困难。百合鳞茎的鳞片外层比内层的再生能力强,下段比中、上段再生能力强。选取材料时要对所培养植物各部位的诱导及分化能力进行比较,从中筛选出合适的、最易表达全能性的部位作为外植体。

3.3.2　外植体的消毒

植物组织培养用的外植体大部分取自田间,表面上附着大量的微生物,这是组织培养的一大障碍。因此在材料接种培养前必须要消毒处理,消毒一方面要求把材料表面上的各种微生物杀灭,同时又不能损伤或只轻微损伤组织材料而不影响其生长。因此,外植体的消毒处理是植物组织培养工作中的重要一环。

1)常用的消毒剂

常用的消毒剂如表1.3所示。理想的消毒剂应具有消毒效果好,易被无菌水冲洗掉或能自行分解,对材料损伤小,对人体及其他生物无害,来源广泛,价格低廉。

表 1.3　常用消毒剂的使用方法及效果

消毒剂	使用浓度/%	消毒时间/min	去除的难易	消毒效果	对植物毒害
升汞	0.1 ~ 0.2	2 ~ 10	较难	最好	剧毒
乙醇	70 ~ 75	0.1 ~ 1	易	好	有
次氯酸钠	2	5 ~ 30	易	很好	无
漂白粉	饱和溶液	5 ~ 30	易	很好	低毒
过氧化氢	10 ~ 12	5 ~ 15	最易	好	无
新洁尔灭	0.5	30	易	很好	很小
硝酸银	1	5 ~ 30	较难	好	低毒
抗菌素/$(mg \cdot L^{-1})$	0.4 ~ 5	30 ~ 60	中	较好	低毒

(1)乙醇　乙醇是最常用的表面消毒剂,以 70% ~ 75% 乙醇杀菌效果最好,95% 或无水乙醇会使菌体表面蛋白质快速脱水凝固,形成一层干燥膜,阻止了乙醇的继续渗入,杀菌效果大大降低。

乙醇具有较强的穿透力,使菌体蛋白质脱水变性,杀菌效果好。同时它还具有较强的湿润作用,可排除材料上的空气,利于其他消毒剂的渗入。但乙醇对植物材料的杀伤作用也很大,浸泡时间过长,植物材料的生长将会受到影响,甚至被乙醇杀死,使用时应严格控制时间。但乙醇不能彻底消毒,一般不单独使用,多与其他消毒剂配合使用。

(2)升汞　升汞又称氯化汞,Hg^{2+} 可以与带负电荷的蛋白质结合,使蛋白质变性,从而杀死菌体。升汞的消毒效果极佳,但易在植物材料上残留,消毒后需用无菌水反复多次冲洗。升汞对环境危害大,对人畜的毒性极强,使用后应做好回收工作。

(3)次氯酸钠　次氯酸钠是一种较好的消毒剂,它可以释放出活性氯离子,从而杀死菌体。其消毒力很强,不易残留,对环境无害。但次氯酸钠溶液碱性很强,对植物材料也有一定的破坏作用。

(4)漂白粉　漂白粉有效成分是次氯酸钙$[Ca(ClO)_2]$,消毒效果很好,对环境无害。它易吸潮散失有效氯而失效,故要密封保藏。

(5)过氧化氢　过氧化氢也称双氧水,消毒效果好,易清除,又不会损伤外植体,常用于叶片的消毒。

(6)新洁尔灭　这是一种广谱表面活性消毒剂,对绝大多数植物外植体伤害很小,杀菌效果好。

2)消毒方法

(1)茎尖、茎段及叶片等的消毒　消毒前先对植物组织进行修整,去掉不需要的部分,然后用自来水充分冲洗。对于一些表面不光滑或长有绒毛的材料,可用洗涤剂清洗,必要时用毛刷充分刷洗,硬质材料可用刀刮。

消毒时先用 70% 乙醇浸泡 10 ~ 30 s,以无菌水冲洗 2 ~ 3 次,然后按材料的老、嫩和枝条的坚实程度,分别采用 2% 次氯酸钠浸泡 10 ~ 15 min 或用 0.1% 升汞浸 5 ~ 10 min。消毒时要不断搅动,使植物材料与消毒剂充分地接触。若材料有绒毛,最好在消毒液中加入几滴 Tween-20,最后用无菌水冲洗 3~5 次。

(2)果实及种子的消毒　先用自来水冲洗 10~20 min,再用 70% 乙醇迅速漂洗一下。果实用 2% 次氯酸钠浸 10 min,后用无菌水冲洗 2~3 次。种子则先用 10% 次氯酸钠浸泡 20~30 min,难以消毒的可用 0.1% 升汞消毒 5~10 min。对于种皮太硬的种子,也可预先去掉种皮,再用 4% 次氯酸钠浸泡 8~10 min。

(3)花药的消毒　用于组织培养的花药多未成熟,其外面有花萼、花瓣或颖片保护,处于无菌状态。消毒时将整个化蕾或幼穗用 70% 乙醇浸泡数秒钟,然后用无菌水冲洗 2~3 次,再在漂白粉中浸泡 10 min,最后用无菌水冲洗 2~3 次。

(4)根及地下部器官的消毒　由于这类材料生长于土壤中,表面带菌量大,消毒较为困难。可先用自来水冲洗、软毛刷刷洗,用刀切去损伤及污染严重部位,再用 70% 乙醇漂洗后,置于 0.1% 升汞中浸 5~10 min 或 2% 次氯酸钠中浸 10~15 min,最后用无菌水冲洗 3 次。

在具体操作时要根据材料的大小、幼嫩、质地等差异做出判断后,再选择适宜的消毒剂种类、浓度和消毒时间,切不可生搬硬套。消毒的最佳效果应以最大限度地杀死材料上的微生物,而又对材料的损伤最小为好。

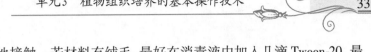

接种与培养技术(微课)

3.3.3　外植体的接种

外植体的接种是指把经过表面消毒后的植物材料切割或分离出器官、组织、细胞,转移到培养基上的过程。整个接种均需在无菌条件下进行操作,一切用具、材料、培养基、接种环境等都要无菌。

1)无菌操作规程

无菌操作质量的高低决定了组织培养的成败,组培的工序中无菌操作的环节很多,材料切割、茎尖剥离、材料转接、封口等各个环节均要求规范、准确、迅速,任何一步做不好都会导致失败。

2)材料的分离、切割和接种

较大的材料肉眼观察即可操作分离,较小的材料需要在解剖镜下放大操作。分离工具要锋利,切割动作要快,防止挤压,避免使用生锈的刀片,以防止氧化现象产生。用灭菌过的器械,将切割好的外植体插植到培养基表面上。培养材料在培养容器内的分布要均匀,以保证必要的营养面积和光照条件。茎段基部插入固体培养基中,茎尖下端置于培养基表面,叶片通常将叶背接触培养基,这是由于叶背气孔多,利于吸收水分和养分的缘故。所有材料接种完毕,应做好标记,注明材料名称、接种日期等。

3.4　材料的培养

3.4.1　培养方法

（1）固体培养　固体培养是用琼脂固化的培养基来培养植物材料的方法。这是现在最常用的方法。该方法设备简单、易行，但养分分布不均，生长速度不均衡，并常有褐变中毒现象发生。

（2）液体培养　液体培养是用不加固化剂的液体培养基培养植物材料的方法。如细胞悬浮培养、原生质体培养等。液体培养需要通过搅动或振动培养液的方法以确保氧气的供给，常采用往复式摇床或旋转式摇床进行培养，既能使培养基均一，又能保证氧气的供给。

3.4.2　培养条件

接种后的外植体应转移到培养室进行培养，培养条件要依据植物对环境条件的不同需求进行调控。培养室控制的条件主要有温度、光照、湿度和气体。

1）温度

温度是植物组织培养中的重要因素，在适宜的温度下植物才能良好地生长、分化。多数植物适宜生长温度是在 20~30 ℃，低于 15 ℃时生长停止，高于 35 ℃会抑制正常生长和发育。一个培养室内往往培养着许多种植物，为适合大多数植物生长，培养室的温度一般设定在（25 ±2）℃。

植物在自然界中长期进化的结果，不同的植物对环境温度的要求各异。一般生长在高寒地区的植物，其最适生长温度较低；而生长在热带地区的植物，则对环境温度相对要求较高。如马铃薯在 20 ℃情况下培养效果较好，菠萝在 28~30 ℃情况下培养效果较好。在条件允许的情况下，可设立多个小培养室，根据不同植物对环境温度的要求来设定培养室温度。同时，也可根据培养室内上下层架的温差来调节，一般培养室内最上层与最下层的温差为 2~3 ℃。

2）光照

光是植物进行光合作用必不可少的条件之一，对离体培养物的生长发育具有重要的作用。光照的影响主要表现在光照强度、光照时间和光质 3 个方面：

（1）光照强度　对多数植物来说，1 000~4 000 lx 的光强即能满足其生长的需要。器官的分化需要光照，并随着试管苗的生长，光照强度需要不断地加强，才能使小苗生长健壮，并促进它从"异养"向"自养"转化，以提高移植后的成活率。通常在初代培养和继代培养阶段，1 000~2 500 lx 即可满足要求。而对于生根壮苗阶段，宜提高到 3 000~5 000 lx 甚至 10 000 lx。光照强度强，幼苗生长得粗壮，而光照强度弱，幼苗容易徒长。

对愈伤组织的诱导来说，暗培养比光培养更合适，可用铝箔或者适合的黑色材料包裹在容器的周围，或置于暗室中培养。另外，在有些植物组织培养中，光的存在有时会抑制根的形成，这时可以在培养基中加入活性炭，提高根的形成率。

（2）光照时间　普通培养室要求每日光照 12～16 h。生产中，在不影响材料正常生长的条件下，尽量缩短光照时间，减少能源消耗，降低生产成本。在进行葡萄茎段培养时，对日照敏感的品种只有在短日照条件下才可能形成根，而对日照长度不敏感的品种在任何条件下培养均可以形成根。

（3）光质　光质对细胞分裂和器官分化也有很大影响。如在香石竹的培养中，蓝光有利于诱导侧芽产生，还有利于蛋白质含量的增加；红光可以促进芽增长，并且生长整齐；白光有利于试管苗的生长发育，生物产量最高；红光次之；蓝光促进提高茎叶中的还原糖含量，但对总糖的影响不大；白光还能增大叶绿素的合成。在唐昌蒲的子球切块培养中，在蓝光下出苗比在白光和红光下早，且幼苗生长旺盛，根系粗壮；白光下幼苗纤细；红光下出苗量少。而红光对百合和四季豆愈伤组织的诱导和生长比在白光下好。光质对植物组织分化的影响，目前尚无一定规律可循，这可能是不同植物对光信号反应不同所致。但如果能把这些光质的作用，有意识地运用到种苗的规模化生产中，可达到节省能源、提高产量的目的。

3）湿度

组织培养中的湿度影响主要有培养容器内湿度和培养环境湿度两方面。

（1）培养容器内的湿度　容器内的湿度常可保持在 100%，之后随着培养时间的推移，相对湿度也会有所下降。容器内的湿度主要受琼脂含量和封口材料的影响，在冬季应适当减少琼脂用量，否则，将使培养基干硬，不利于外植体接触或插进培养基，导致生长发育受阻。在培养容器封口材料选择上应十分注意，所选择的封口材料至少要保证在一个月内有充足水分来满足外植体的需要。如果培养容器内水分散失过多，培养基渗透压升高，会阻碍培养物的生长和分化。当然，封口材料过于密闭，影响气体交流，导致有害气体难于散去，也会影响培养物的生长和分化。

（2）培养室的环境湿度　环境湿度变化随季节和大气而有很大变动。湿度过高或过低对培养材料的生长都是不利的，过低会造成培养基失水而干枯，影响培养物的生长和分化；湿度过高会造成杂菌滋生，导致大量污染。培养室的相对湿度一般要保持在 70%～80%，湿度过高时可用除湿机降湿，过低时可采用喷水或拖地来增湿。

4）气体环境

植物组织培养中，植物的呼吸需要氧气。在液体培养中，需进行振荡和旋转或浅层培养以解决氧气供应。在固体培养中，接种时不要把培养物全部埋入培养基中，以避免氧气不足。刚切割后的外植体会产生乙烯，造成材料的老化，从而影响生长和分化。另外，培养物产生二氧化碳，当浓度过高时，也会阻碍培养物的生长和分化。因此要注意瓶内与外界保持通气状态，最好采用通气性好的瓶盖、有滤气膜的封口材料或棉塞。培养室要可适当通风换气，改善室内的通气状况，每次通风后要进行一次消毒，避免引起培养污染。

初代培养（视频）　　初代培养（微课）

3.4.3　初代培养

初代培养是指接种外植体后最初的几代培养，其目的是获得无菌材料和无性繁殖系。初代培养建立的无性繁殖系包括茎梢、芽丛、胚状体和原球茎等。

1)培养基的选择

初代培养时常用诱导或分化培养基,培养基中的生长素和细胞分裂素的配比和浓度最为重要,如刺激腋芽或顶芽生长时,细胞分裂素的适宜浓度是 $0.5 \sim 1.0$ mg/L,生长素的浓度水平为 $0.01 \sim 0.1$ mg/L;诱导不定芽时,需要较高的细胞分裂素;诱导愈伤组织形成,增加生长素的浓度并补充一定浓度的细胞分裂素是十分必要的。

2)外植体的生长与分化

(1)顶芽和腋芽发育　以植物茎尖、顶芽、侧芽或带有芽的茎段作为外植体,在外源的细胞分裂素作用下,顶芽或休眠侧芽萌发生长,伸长形成多节茎段的茎梢,或形成一个微型多枝多芽的小灌木丛状结构。该发育方式具有萌发时间短,成苗快,不经过愈伤组织再生,能使无性系后代保持原品种特性等特点。

(2)不定芽发育　在初代培养中一些植物的叶片、不带腋芽茎段先脱分化形成愈伤组织,再从愈伤组织块上分化形成不定芽;而有些植物,如球根秋海棠、非洲紫罗兰、百合、贝母等,不定芽可直接从外植体表面受伤的或没有受伤的部位直接分化出来。

植物的茎段、叶、叶柄、根、花茎、萼片、花瓣等器官都可以作为外植体诱导产生不定芽。但由不定芽产生的苗具有更大的性状变异几率,观赏植物中有不少遗传学嵌合体,如金边虎尾兰、花叶玉簪、金边巴西铁树等,这些镶嵌色彩的叶子和一些带金银边的植物,在通过不定芽途径时,再生植株便失去这些富有观赏价值的特征。

(3)原球茎发育　在兰花和部分球根植物的种子萌发初期并不出现胚根,只是胚逐渐膨大,以后种皮的一端破裂,形成的小圆锥状胀大的胚称为原球茎。在植物组织培养中,从兰花的顶芽、侧芽组织中或从种子中萌发的植株器官,都能诱导这样的原球茎。往往在一个芽的周围能产生几个到几十个原球茎,培养一段时间后,原球茎可发育成完整的再生植物。

(4)胚状体发育　胚状体是由体细胞形成的、类似于生殖细胞形成的合子胚发育过程的胚胎。胚状体可以从愈伤组织表面产生,也可由外植体表面已分化的细胞或从悬浮培养的细胞中产生。

胚状体发育出的再生小植株与腋芽苗或不定芽苗有显著差异:一是胚状体在形成的最初阶段,多来自单个细胞或多个细胞团,很早就具有明显的根端与苗端的两极分化,极幼小时就是一个根芽齐全的微型结构,通常不需要诱导生根阶段;二是由胚状体发育成的植株与周围的愈伤组织或母体组织块之间,几乎没有什么结构性的联系,小植株是独立形成的,易于与其他部分分离,胚状体小植株通过振摇或镊子、解剖针等轻拨就可彼此分开。

而由腋芽或不定芽发育来的小植物,它们最初由分生细胞团形成单极性的生长点发育而来,随后再转移到生根培养基上形成根,才能形成完整的小植株。通常它们与母体组织块或愈伤组织之间有着较紧密的连接,包括一些维管束组织、皮层和表皮组织等,因而不易分离,在转移时往往用刀切才能分开。

3.4.4　继代培养

继代培养(视频)

将诱导产生的芽、苗、愈伤组织、原球茎或胚状体等培养物重新分割,接种到新鲜培养基上

进一步扩大培养的过程称为继代培养,也称为增殖培养。该过程是植物组织培养中决定繁殖速度快慢、繁殖系数高低的关键阶段。继代使用的培养基对于一种植物来说,每次几乎完全相同。由于培养物在适宜的环境条件、充足的营养供应和生长调节剂作用下,排除了其他生物的竞争,繁殖速度大大加快。

1)继代增殖方式

根据外植体分化和生长的方式不同,继代培养中培养物的增殖方式也各不相同。主要的增殖方式有:

(1)多节茎段增殖 将顶芽或腋芽萌发伸长形成的多节茎段嫩枝,剪成带1~2枚叶片的单芽或多芽茎段,接种到继代培养基进行培养的方法。该方法培养过程简单,适用范围广,移栽容易成活,遗传性状稳定,如马铃薯、葡萄、刺槐、山芋等即可采用此种方式增殖。

(2)丛生芽增殖 将顶芽或腋芽萌发形成的丛生芽分割成单芽,接种到继代培养基进行培养的方法。该方法不经过愈伤组织的再生,是最能使无性系后代保持原品种特性的一种增殖方式,而且成苗速度快,繁殖量大,适合于大规模的商业化生产。

(3)不定芽增殖 将能再生不定芽的器官或愈伤组织块分割,接种到继代培养基进行培养的方法。不定芽形成的数量与腋芽无关,其增殖率高于丛生芽方式。但是通过这种方式再生的植株在遗传上的稳定性较差,而且随着继代次数的增加,愈伤组织再生植株的能力会下降,甚至完全消失。

(4)原球茎增殖 将原球茎切割成小块,也可以给予针刺等损伤,或在液体培养基中振荡培养,来加快其增殖进程。

(5)胚状体增殖 通过体细胞胚的发生来进行无性系的大量繁殖。具有极大的潜力,其特点是成苗数量多、速度快、结构完整,因而是增殖系数最大的一种方式。但胚状体发生和发育情况复杂,通过胚状体途径繁殖的植物种类远没有丛生芽和不定芽涉及的广泛。

一种植物的增殖方式不是固定不变的,有的植物可以通过多种方式进行无性扩繁。如葡萄可以通过多节茎段和丛生芽方式进行繁殖;蝴蝶兰可以通过原球茎和丛生芽方式进行繁殖。生产中,具体应用哪一种方式进行,主要看他们的增殖系数、增殖周期、增殖后芽的稳定性以及适宜生产操作等因素而定。

2)影响继代增殖的因素

(1)植物材料 不同种类的植物,同种植物不同品种,同一植物不同器官和不同部位,继代繁殖能力也各不相同。一般是草本 > 木本;被子植物 > 裸子植物;年幼材料 > 老年材料;刚分离组织 > 已继代的组织;胚 > 营养体组织;芽 > 胚状体 > 愈伤组织。在以腋芽或不定芽增殖继代的植物中,在培养许多代之后仍然保持着旺盛的增殖能力,一般较少出现再生能力丧失。

(2)培养基 在规模化生产中,培养的植物品种一般比较多,而且来源也比较复杂,品种间的差异表现非常明显。在培养基的配制和使用上,一定要多样化,否则会造成一些品种因为生长调节剂过高或过低而严重影响繁殖和生长。另外,在同一品种上,适当调整培养基中生长调节剂的浓度也是非常重要的,其目的主要是为了保证种苗的质量,同时又可以维持一定的繁殖基数。

一些植物经长期继代培养,在开始继代培养中需要加入生长调节剂,经过几次继代后,加入少量或不加生长调节剂也可以生长。如在胡萝卜薄壁组织初代培养中加入 10^{-6} mol/L IAA 才能达到最大生长量,但在继代培养10代以后,不加IAA的培养基上也可达到同样生长量。在兰科植物原球茎继代培养中情况也相同。

(3)培养条件　培养温度应大致与该植物原产地生长所需的最适温度相似。喜欢冷凉的植物,以20 ℃左右较好,热带作物需在30 ℃左右的条件下才能获得较好的生长。如香石竹在18~25 ℃随温度降低生长速度减慢,但苗的质量显著提高,玻璃化现象减少,高于25 ℃时,引起苗徒长细弱,玻璃化或半玻璃化苗明显增加。另在桉树继代培养中发现,如果总在23~25 ℃条件下培养,芽就会逐渐死亡,但如果每次继代培养时,先在15 ℃下培养3 d,再转至25 ℃下培养,生长良好。

(4)继代周期　对一些生长速度快或者繁殖系数高的种类如满天星、非洲紫罗兰等,继代时间比较短,一般不能超过15 d。对生长速度比较慢的种类如非洲菊、红掌等,继代时间就要长一些,30~40 d继代1次。继代时间也不是一成不变的,要根据培养目的、环境条件及所使用的培养基配方进行考虑。在前期扩繁阶段,为了加快繁殖速度,当苗刚分化时就切割继代,而无需待苗长到很大时才进行继代。后期在保持一定繁殖基数的前提下,进行定量生产时,为了有更多的大苗可以用来生根,可间隔较长的时间继代,达到既可以维持一定的繁殖量,又可以提高组培苗质量的目的。

(5)继代次数　继代次数对繁殖率的影响因培养材料而异。有些植物如葡萄、黑穗醋栗、月季和倒挂金钟等,长期继代可保持原来的再生能力和增殖率。有些植物则随继代次数而增加变异频率,如继代5次的香蕉不定芽变异频率为2.14%,继代10次后为4.2%,因此香蕉组培苗继代培养不能超过1年。还有一些植物长期继代培养,会逐渐衰退,丧失形态发生能力,具体表现为生长不良,再生能力和增殖率下降等。

继代及壮苗生根培养(微课)

3.4.5　生根培养

在试管苗增殖到一定数量后,就要使部分苗分流进入壮苗与生根阶段。若不能将培养物大量转移到生根培养基上,就会使久不转移的苗子发黄老化,或因过分拥挤而致使无效苗增多,最后被迫淘汰许多材料。

1)壮苗培养

在继代培养过程中,细胞分裂素浓度的增加有助于增殖系数的提高。但伴随着增殖系数的提高,增殖的芽往往出现生长势减弱,不定芽短小、细弱,无法进行生根培养的现象;即使能够生根,移栽成活率也不高,必须经过壮苗培养。壮苗培养时,可将生长较好的芽分成单株培养,而将一些尚未成型的芽分成几个芽丛培养。

通过选择适宜的细胞分裂素和生长素的种类及不同浓度配比,可以同时满足增殖和壮苗的不同要求。如在杜鹃快繁的研究中发现,ZT/IAA或ZT/IBA的比值升高,芽的增殖系数也随之增加,但壮苗效果却降低。高浓度的生长素和低浓度的细胞分裂素的组合有利于形成壮苗。因此,在以丛生芽方式进行增殖时,适当降低培养基中BA等细胞分裂素的浓度,并增加NAA等生长素的浓度,就能达到壮苗培养的目的。在实际生产中,我们一般用较低浓度的细胞分裂素与生长素组成合理的比例,将有效增殖系数控制在3.0~5.0,以实现增殖和壮苗的双重目的。

2）生根培养

（1）试管内生根　试管内生根是将成丛的试管苗分离成单苗，转接到生根培养基上，在培养容器内诱导生根的方法。试管苗生根的优劣主要体现在根系质量（粗度、长度）和根系数量（条数）两个方面。不仅要求不定根比较粗壮，更重要的是要有较多的毛细根，以扩大根系的吸收面积，增强根系的吸收能力，提高移栽成活率。根系的长度不宜太长，在粗而少与细而多之间，可能以后者较好。

在生根阶段对培养基成分和培养条件可进行调整，减少试管苗对异养条件的依赖，逐步增强光合作用的能力。对于大多数物种来说，诱导生根需要有适当的生长素，其中最常用的是NAA和IBA，浓度一般为0.1～10 mg/L。但唐菖蒲、水仙和草莓等组培苗很容易在无生长素的培养基上生根。

一般情况下矿质元素浓度较高时有利于茎、叶生长，较低时有利于生根。生根培养基中无机盐和蔗糖浓度减少一半，光照强度由原来的500～1 000 lx提高到1 000～5 000 lx，能刺激小植株自身进行光合作用制造有机物，以便由异养型向自养型过渡。在这种条件下，植物能较好地生根，对水分胁迫和疾病的抗性也会有所增强，植株可能表现出生长迟缓和较轻微的失绿，但生产实践证明，这样的幼苗，要比在低光强条件下的较绿较高的幼苗移栽成活率高。

生根阶段采用自然光照比灯光照明所形成的试管苗更能适应外界环境条件。培养基中添加活性炭有利于提高生根苗质量。在樱花生根培养基中加入0.1%～0.2%活性炭后，试管苗不仅生长健壮，无愈伤组织，而且根系较长、白色、有韧性，移栽后新根发生快，质量好，成活率高。

（2）试管外生根　有些植物种类在试管中难以生根，或有根但与茎的维管束不相通，或根与茎联系差，或有根而无根毛，或吸收功能极弱，移栽后不易成活，这就需要采用试管外生根法。试管外生根是将已经完成壮苗培养的小苗，用一定浓度生长素或生根粉浸蘸处理，然后栽入疏松透气的基质中。大花蕙兰、非洲菊、苹果、猕猴桃、葡萄和毛白杨等均有试管外生根成功的报道。试管外生根也是一种降低生产成本的有效措施，不仅可以减少无菌操作的工时消耗，而且减少了培养基制备材料与能源消耗。

3.5　组织培养过程中的异常现象及解决措施

3.5.1　污染及其预防措施

组培苗的污染
鉴别（视频）

1）污染原因

污染是指在培养过程中，培养基或培养材料上滋生真菌、细菌等微生物，使培养材料不能正常生长和发育的现象。组织培养中污染是经常发生的，常见的污染病原主要是细菌和真菌两大类。细菌污染常在接种1～2 d后表现，培养基表面出现黏液状菌斑。真菌污染一般在接种3 d以后才表现，主要症状是培养基上出现绒毛状菌丝，然后形成不同颜色的孢子层。

造成污染的原因也很多，主要有：a.培养基及各种使用器具灭菌不彻底；b.外植体消毒不彻底；c.接种时不严格无菌操作；d.接种和培养环境不清洁；e.培养容器破损。材料带菌或培养基灭菌不彻底会造成成批接种材料被细菌污染,操作人员不严格遵守无菌操作规程也是造成细菌污染的重要原因。培养环境不清洁、超净工作台的过滤装置失效、培养容器的口径过大以及封口膜破损等主要引起真菌污染。

2)污染的预防措施

(1)灭菌要彻底　在组培生产中,各种培养基以及接种过程中使用的各种器具都要严格灭菌。首先是培养基的灭菌,耐高温的培养基需要在 121～123 ℃条件下灭菌 20～30 min。若出现灭菌时间不足或温度不够,培养一段时间后就会在培养基表面产生细菌性的污染。一些不耐高温的物质,可采取细菌过滤器除去其中的微生物。其次,接种用的器具除了经过高温灭菌外,在接种的过程中,每使用 1 次后,都要蘸酒精在酒精灯火焰上灼烧灭菌,特别是在不慎接触到污染物时,极易由于器具引起污染。第三,对于被污染的培养瓶和器皿要单独浸泡,单独清洗,有条件的灭菌后再清洗。

(2)选择适当的外植体　要认真地选择外植体,减少外植体上的带菌量。一般多年生的木本材料比一、二年生的草本材料带菌多;老的材料比幼嫩的材料带菌多;田间生长的材料比温室生长的材料带菌多;带泥土的材料比不带泥土的材料带菌多。

用茎尖作外植体时,应在室内或无菌条件下对枝条进行预培养。将枝条用水冲洗干净后插入无糖的营养液或自来水中,使其发枝。然后以这种新抽的嫩枝作为外植体,可大大减少材料的污染。或在无菌条件下对采自田间的枝条进行暗培养,从抽出的徒长黄化枝条上取材,也可明显地减少污染。

(3)外植体消毒　外植体上可能附着外生菌和内生菌。外生菌可以通过表面消毒方法杀灭;而内生菌生长在植物材料内部,表面消毒难以杀灭,培养一段时间后,病原菌自伤口处滋生。防治内生菌首先将欲取材的植株或枝条放在温室或无菌培养室内预培养,再在培养液中添加一些抗生素或消毒剂。

(4)环境消毒　不清洁的环境也会使培养的污染率明显增加,尤其是在夏季,高温高湿条件下污染率更高。接种和培养环境要保持清洁,定期进行熏蒸或喷雾消毒。高锰酸钾和甲醛熏蒸效果好,但对人体有一定的伤害,一般每年熏蒸 2～3 次。平时对接种室和培养室可采用紫外灯照射消毒或喷 2% 来苏尔消毒。臭氧消毒机对环境消毒效果较好,而且使用灵活方便,对人体的伤害也相对较小。

(5)严格无菌操作　在接种时要严格无菌操作,避免人为因素造成污染,具体操作见技能训练3.4。为了使超净工作台有效工作,防止操作区域本身带菌,要定期对过滤器进行清洗和更换。对内部的过滤器,不必经常更换,但每隔一定时间要检测操作区的带菌量,如果发现过滤器失效,则要整块更换。此外还需要测定操作区的风速,通过调压旋钮使操作区的风速达到无菌操作需要的 20～30 m/min。

3.5.2　褐变及其防治措施

褐变是指在组织培养过程中,培养材料向培养基中释放褐色物质,致使培养基逐渐变成褐色,培养材料也随之慢慢变褐而死亡的现象。

1）褐变的原因

很多植物尤其是木本植物体内含有较多的酚类化合物。在完整植物体的细胞中,酚类化合物与多酚氧化酶分隔存在,因此比较稳定。当外植体切割后,切口附近细胞的分割效应被打破,酚类化合物被多酚氧化酶氧化形成褐色的醌类化合物,醌类化合物又会在酪氨酸酶的作用下,与外植体组织中的蛋白质发生聚合,进一步引起其他酶系统失活,导致组织代谢紊乱,生长受阻,最终逐渐死亡。

2）影响褐变的因素

（1）植物基因型　在不同植物或同种植物不同基因型的组培过程中,褐变发生的频率和严重程度存在很大的差异,这是由于各种植物所含的单宁及其他酚类化合物的数量不同。一般木本植物的酚类化合物含量比草本植物高,更易发生褐变现象。核桃的单宁含量很高,不仅在接种初期发生褐变,在形成愈伤组织后还会因为褐变而死亡;苹果进行茎尖培养时,不同品种之间褐变的程度也不一样,品种"金冠"较轻,而"舞美"则很高;对葡萄的研究也发现类似情况。

（2）外植体的生理状态　外植体的生理状态不同,接种后褐变程度不同。一般外植体的老化程度越高,其木质素的含量也越高,也就越容易褐变,成龄材料一般均比幼龄材料褐变严重。平吉成用小金海棠、山定子刚长成的实生苗切取茎尖培养,接种后褐变很轻,随着苗龄的增长,褐变逐步加重,取自成龄树上的茎尖褐变就更加严重。

另外切口越大,酚类物质的被氧化面也越大,褐变程度就会更严重。因此外植体的受伤程度对褐变的产生具有明显的影响,伤口加剧褐变的发生。仙客来小叶诱导时,整片叶接种较分成多块褐变要轻。除机械损伤外,各种消毒剂对外植体的伤害也会引起褐变,对于不易褐变的种类,用升汞消毒后,一般不会引起褐变,若用次氯酸钠进行消毒,则很容易引起褐变的发生。

（3）取材时间和部位　在不同的生长季节,植物体内酚类化合物含量和多酚氧化酶的活性不同。实验表明在苹果和核桃上,冬、春季取材褐变死亡率最低,夏季取材很容易褐变。在取材部位上幼嫩茎尖比其他部位褐变程度低,木质化程度高的节段在进行药剂消毒处理后褐变现象更为严重。

（4）培养基　在初代培养中,培养基中无机盐浓度过高,会引起酚类物质大量产生,导致褐变。BA 和 KT 不仅促进酚类化合物合成,而且刺激多酚氧化酶的活性,增加褐变;而生长素类如 NAA 和 2,4-D 可延缓多酚合成,减轻褐变。采用液体培养基纸桥培养,可使外植体溢出的有毒物质很快扩散到液体培养基中,效果也很好。

（5）光照　在采取外植体前,如果将材料或母株枝条进行遮光处理,然后再切取外植体培养,能够有效地抑制褐变的发生。将接种后的初代培养材料在黑暗条件下培养,对抑制褐变发生也有一定的效果。遮光抑制褐变的原因主要是由于氧化过程中,许多反应受酶系统控制,而酶系统活性受光照影响。但是,暗培养时间过长会降低外植体的生活能力,甚至引起死亡。

（6）温度　高温能促进酚氧化,培养温度越高,褐变越严重,而低温可抑制酚类化合物氧化,降低多酚氧化酶的活性,从而减轻褐变。在 15～25 ℃下培养卡特兰,比在 25 ℃以上时褐变要轻,在 17 ℃以下培养天竺葵茎尖比在 17～27 ℃褐变要轻。

（7）培养时间　材料培养时间过长,会引起褐变物的积累,加重对培养材料的伤害。蝴蝶兰、香蕉等随着培养时间的延长,褐变程度会加剧,甚至在超过一定时间不进行转接,褐变物的积累还会引起培养材料的死亡。

3)褐变的防治措施

(1)选择适当的外植体　不同时期和年龄的外植体在培养中褐变的程度不同,选择适当的外植体是克服褐变的重要手段。避免在夏季高温季节取材,选择幼苗、褐变程度轻的品种和部位作为外植体。

(2)外植体预处理　对较易褐变的外植体可采取预处理措施,即先用流水冲洗外植体,然后放置在5 ℃左右的冰箱中低温处理12～14 h。消毒后先接种到只含蔗糖的琼脂培养基中培养3～7 d,使组织中的酚类物质部分渗入培养基中,取出外植体用0.1%的漂白粉溶液浸泡10 min,然后再接种到合适的培养基上。

(3)筛选合适的培养基和培养条件　降低盐浓度,减少BA和KT的使用,采取液体培养,初期黑暗或弱光条件下培养,保持较低温度(15～20 ℃)也是降低褐变的有效方法。

(4)添加抗氧化剂和吸附剂　在培养基中添加抗氧化剂,或用抗氧化剂进行材料的预处理或预培养,可预防醌类物质的形成,对易褐变材料的培养有很好的辅助作用。常用的抗氧化剂有抗坏血酸、聚乙烯吡咯烷酮、牛血清蛋白、硫代硫酸钠等。添加1～5 g/L的活性炭对酚类物质的吸附效果也很明显。

(5)连续转移　对易发生褐变的植物,在外植体接种后1～2 d立即转移到新鲜培养基上,可减轻酚类物质对培养物的毒害作用,连续转移5～6次可基本解决外植体的褐变问题。

3.5.3　玻璃化现象及其预防措施

在植物组织培养过程中,叶片和嫩梢呈透明或半透明水浸状的培养物称为玻璃化苗,它是组培苗的一种生理失调症状。玻璃化大大降低了试管苗有效增殖系数,严重影响了试管苗质量,造成人、财、物的极大浪费,必须对玻璃化加以控制。

1)玻璃化苗的特点与发生原因

(1)玻璃化苗的特点　在形态解剖与生理上,玻璃化苗有如下特点:a.玻璃化苗植株矮小肿胀、失绿,叶片皱缩成纵向卷曲,脆弱易碎;b.叶表面缺少角质层蜡质,没有功能性气孔,仅有海绵组织而无栅栏组织;c.体内含水量高,但干物质、叶绿素、蛋白质、纤维素和木质素含量低;d.吸收营养与光合功能不全,分化能力大大降低,苗生长缓慢、繁殖系数大为降低,甚至死亡;e.生根困难,移栽成活率低。

(2)发生原因　玻璃化苗是在芽分化启动后的生长过程中,碳、氮代谢和水分发生生理性异常所引起。其实质是植物细胞分裂与体积增大的速度超过了干物质生产与积累的速度,植物只好用水分来充涨体积,从而表现玻璃化。不同作物种类或品种,玻璃化的发生频率各不相同,在情人草中较少见,香石竹中则较普遍。

2)影响玻璃化苗产生的因素

(1)生长调节剂　细胞分裂素和生长素的浓度及其比例均影响玻璃化苗产生。高浓度的细胞分裂素有利于促进芽的分化,也会使玻璃化苗的发生比例提高。不同的植物发生玻璃化的生长调节剂水平不相同,如香石竹的部分品种在BA 0.5 mg/L时就有玻璃化发生。同一植物的不同阶段对细胞分裂素的要求也不同,在某些特定阶段可忍受较高的浓度,而在其他阶段的培养中,却只需要较低的浓度,如非洲菊只有在 BA 2～10 mg/L 时才能诱导幼花托脱分化形成愈伤组织,并在愈伤组织上诱导不定芽;而在丛生芽增殖过程中,BA 1 mg/L 即可满足要求。细胞分裂素与生长素的比例失调,细胞分裂素的含量显著高于两者之间的适宜比例,使试管苗正常生长所需的生长调节剂水平失衡,也会导致玻璃化的发生。

(2)温度　随着培养温度的升高,苗的生长速度明显加快,但高温达到一定限度后,会对正常的生长和代谢产生不良影响,促进玻璃化的产生。变温培养时,温度变化幅度大,忽高忽低的温度变化容易在瓶内壁形成小水滴,增加容器内湿度,提高玻璃化发生率。

(3)湿度　瓶内湿度与通气条件密切相关,使用有透气孔的膜或通气较好的滤纸、牛皮纸封口时,通过气体交换,瓶内湿度降低,玻璃化发生率减少。相反,如果用不透气的瓶盖、封口膜、锡箔纸封口时,不利于气体的交换,在不透气的高湿条件下,苗的生长势快,但玻璃化的发生频率也相对较高。一般来说在单位容积内,培养的材料越多,苗的长势越快,玻璃化出现的频率就越高。

(4)消毒方法　对容易发生玻璃化的品种进行接种时,要尽量减少在水中浸泡的时间,做到随洗随灭,漂洗后马上接种。特别对一些草本花卉,幼嫩的组织在长时间的消毒和清洗后很容易出现水渍状,继而产生玻璃化。

(5)光照时间　光照影响光合作用和碳水化合物的合成,光照不足再加上高温,极易引起试管苗的过度生长,加速玻璃化发生。

(6)培养基　培养基中的成分对促进培养物的生长和发育有积极的作用,提高培养基中的碳氮比,可以减少玻璃化的比例。增加琼脂用量可降低容器内湿度,随琼脂浓度的增加,玻璃化的比例明显减少。但培养基太硬,影响养分的吸收,使苗的生长速度减慢。

(7)继代次数　随着继代次数的增加,愈伤组织和试管苗体内积累过量的细胞分裂素,玻璃化程度不断升高。继代培养最初几代玻璃化苗很少,随着继代次数的增加,玻璃化苗的比例越来越高。这在香石竹、非洲菊、洋桔梗和甜辣椒等植物中均有报道。

3）控制和克服玻璃化苗的措施

针对以上玻璃化苗的产生原因,可采取以下措施来减轻玻璃化现象发生:

①降低培养基中细胞分裂素和赤霉素浓度,添加低浓度多效唑、矮壮素等生长抑制物质。

②控制适宜的培养温度,避免温度过高,变温培养时注意温差不宜过大。

③使用透气性好封口材料,改善培养容器的通风换气条件,降低容器内湿度。

④适当增加培养基琼脂浓度,降低培养基的水势。

⑤减少培养基中含氮化合物的用量,选用低 NH_4^+ 水平的 B_5 培养基。

⑥增加自然光照,光照强度较弱时,可通过延长时间进行补偿。

⑦控制继代次数。

3.6　试管苗的炼苗与移栽

试管苗的炼苗移栽(微课)

当试管苗繁殖到一定数量,需将生根苗移到温室内炼苗,经过一段时间的锻炼,试管苗逐步适应外界环境后,再移栽到疏松透气的基质中,加强管理,注意控制温度、湿度、光照,及时防治病害,生根成活后即可用于生产。

3.6.1　试管苗的炼苗

1) 试管苗的生长环境和特点

（1）试管苗的生长环境　试管苗长期生长在培养容器中，与外界环境隔离，形成了一个恒温、高湿、弱光、无菌的独特生态环境。

①恒温。在试管苗整个生长过程中，常采用恒温培养，即使某一阶段稍有变动，温差也是极小的。而外界环境中的温度由太阳辐射的日辐射量决定，处于不断变化之中，温差较大。

②高湿。组织培养中培养容器内的水分移动有两条途径：一是试管苗吸收的水分，从叶面气孔蒸腾；二是培养基向外蒸发，而后又凝结进入培养基。循环的结果会使培养容器内相对湿度接近于100%，远远大于培养容器外的空气湿度。

③弱光。组织培养中采取人工补光，其光照强度远不及太阳光，组培苗生长较弱，移栽后经受不了太阳光的直接照射。

④无菌。试管苗所在环境是无菌的，不仅培养基无菌，而且试管苗也无菌。在移栽过程中试管苗要经历由无菌向有菌的转换。

（2）试管苗的特点　试管苗具有如下特点：

①试管苗生长细弱，茎、叶表面角质层不发达。

②试管苗茎、叶虽呈绿色，但叶绿体的光合作用较差。

③试管苗的叶片气孔数目少，活性差。

④试管苗根的吸收功能弱。

2) 试管苗的炼苗

为了使试管苗适应移栽后的环境并进行自养，必须要有一个逐步锻炼和适应的过程，这个过程叫炼苗或驯化。驯化的目的在于提高试管苗对外界环境条件的适应性，提高其光合作用的能力，促使试管苗健壮，最终达到提高试管苗移栽成活率的目的。

试管苗从试管内移到试管外，由异养变为自养，由无菌变为有菌，由恒温、高湿、弱光向自然变温、低湿、强光过渡，变化十分剧烈。驯化应从温度、湿度、光照及有无菌等环境要素进行，驯化开始数天内，应和培养时的环境条件相似；驯化后期，则要与移栽的条件相似，从而达到逐步适应的目的。

驯化的方法是将培养试管苗的容器带封口材料移到温室，开始保持与培养室比较接近的环境条件，适当遮光，提高湿度，以后逐渐撤除保护，使光照条件接近生长环境，然后松开并去除封口材料，使试管苗逐步适应环境条件。驯化成功的标准是试管苗茎叶颜色加深，根系颜色由黄白色变为黄褐色并伸长。

3.6.2　试管苗的移栽

1) 移栽基质

移栽基质要疏松、透水、通气，有一定的保水性，易消毒处理，不利于杂菌滋生。一般来说，

无土栽培所用的基质均可用于试管苗的移栽,常用泥炭土、蛭石、珍珠岩、粗沙、炉灰渣、谷壳、锯木屑、腐殖土、水草等。要根据植物种类的特性,将它们以一定的比例混合使用,这样才能获得满意的栽培效果。应用最多的例子是取蛭石和泥炭土按1:1混合。

试管苗生长的环境是无菌的,为了防止微生物的侵染,要在移栽前对基质进行消毒。一般用1%高锰酸钾溶液消毒,也可用50%多菌灵等杀菌剂或高温处理。管理过程中浇水不要过多,过多的水应迅速沥除,以利根系的呼吸。

2)移栽方法

(1)常规移栽法 将驯化后的小苗取出,用清水洗去附着于根部的培养基及琼脂,要轻拿轻放,动作要轻,尽量减少对根系和叶片的伤害。用800倍50%多菌灵溶液浸泡消毒1~2 min,然后移栽到混合基质中。栽植深度适宜,不要埋没叶片,也不要弄脏叶片。移栽后要浇一次透水,但不能造成基质积水而使根系腐烂。保持一定的温度和水分,适当遮阴。当长出2~3片新叶时,就可将其移栽到田间或盆钵中。这种移栽方法适合草莓、百合、非洲菊、马铃薯等多数植物。

(2)直接移栽法 直接将试管苗移栽到盆钵的方法。这种移栽方法适合于凤梨、万年青、花叶芋、绿巨人等温室盆栽植物,它们的盆栽基质较好,有进行专业化生产的温室条件,随着植株的生长,逐渐换大型号的花盆。

(3)嫁接移栽法 选取生长良好的同一植物的实生苗或幼苗作砧木,用试管苗作接穗进行嫁接的方法。嫁接移栽法与常规移栽法相比具有移栽成活率高、适用范围广、所需的时间短、有利于移栽植株的生长发育等许多优点。

3)移栽后的管理

试管苗移栽到适宜的基质后,要注意控制温度、湿度、光照和洁净度等环境条件,满足试管苗生长的最适要求,促使小苗尽早定植成活。

(1)温度 花叶芋、花叶万年青、巴西铁树、变叶木等喜温植物,以25 ℃左右为宜;文竹、香石竹、满天星、非洲菊、菊花等喜冷凉的植物,以18~20 ℃为宜。温度过高会导致蒸腾作用加强,水分失衡以及菌类滋生等问题;温度过低使幼苗生长迟缓或不易成活。如果有良好的设备或配合适宜的季节,使介质温度略高于空气温度2~3 ℃,则有利于生根和促进根系发育,提高成活率。采用温室地槽埋设地热线或加温生根箱种植试管苗,可以取得更好的效果。

(2)适宜的湿度 试管苗茎叶表面几乎没有防止水分散失的角质层,根系也不发达或无根,移栽后很难保持水分平衡,即使根的周围有足够的水分也不行。必须提高小环境的空气相对湿度,尽量接近培养容器中的条件,减少试管苗叶面蒸腾作用,使小苗始终保持挺拔的姿态。尤其在移栽最初的3天内,保持90%~100%的相对湿度,比基质中的水分更重要。之后适当通风,逐渐降低湿度,防止病虫害的发生。

(3)光照 试管苗移栽后要依靠自身的光合作用来维持生存,需提供一定的自然光照。光照不能太强,以漫射光为好,初期控制在2 000~5 000 lx,后期逐渐加强。光线过强会使叶绿素受到破坏,引起叶片失绿、发黄或发白,使小苗成活延缓。过强的光线还能刺激蒸腾作用加强,水分平衡的矛盾更加尖锐,使小苗有灼烧伤害,引起大量死苗。

(4)洁净度 试管苗原来的环境是无菌的,移栽后要保持环境清洁,减少杂菌滋生,保证试管苗过渡成活。除栽培基质要预先灭菌外,进行喷雾或浇水时,适当使用一定浓度的百菌清、多菌灵、甲基托布津等杀菌剂,可以有效地保护幼苗,预防病虫害发生。

在试管苗养护管理过程中,应综合考虑各种生态因子的相互作用,如光照与温度、湿度与通气。还有最重要的一点，就是管理人员的责任心。各种环境因子会随时、随地发生变化，只有认真负责、精心养护，才能及时调节各种变化中的生态因子，为试管苗提供最佳的生长环境。在植物组织培养中，移栽是最后，也是非常重要的一个环节，移栽成活率的高低与经济效益密切相关。因此，在优化移栽技术的基础上，还要强化管理技术。

3.7　最佳培养方案的筛选

需要对某一植物进行离体培养时，首先要制订出一套行之有效的培养方案，方案的关键是要确定最佳培养基配方及最适培养条件。即使是引进他人比较成熟的技术，也需要先经过小规模的实验，培养成功后才能用于大规模的生产。

3.7.1　常用的实验方法

1）预备性实验

预备性实验要求比较低，不必深思熟虑和很严格，往往灵机一动就做了。预备性实验规模小，条件要求不必面面俱到。在精力允许的情况下多做一点预备性实验，它能加快前进的步伐。预备性实验耗费时间与精力较少，问题直截了当，能使下一阶段的工作更有把握。许多正规的研究往往都要做一些预备性实验，以找准因素及因素水平。

2）单因子实验

单因子实验中，各项条件和因素都基本确定，并维持在一定水平上，只变动一个因子，以找出这一因子对实验的影响以及影响的程度。例如某一培养基其他成分不变，只变动 NAA 浓度，分别实验在 0,0.1,0.5,1.0 mg/L 4 个水平下 NAA 对某一培养物生根的影响；再比如含糖量 2%、3%、4%、5%，铁盐用量 1 倍、2 倍、3 倍、4 倍等，这些都是单因子实验。单因子实验除了要研究的那一个变量外，其余各方面都应尽量相同或尽可能接近，一般是在其他因素都已确定的情况下，对某个因子进行比较精细的选择。

3）双因子实验

实验中含有 2 个影响因子的叫双因子实验。常用于选择生长素与细胞分裂素的浓度配比。在因素水平较少的情况下，进行双因素多水平组合，筛选出一组最佳浓度组合，如研究 BA 与 NAA 对不定芽再生的影响，二者各取 0.5,1.0,1.5mg/L 3 个浓度水平进行浓度配比实验（表 1.4）。9 个浓度配比包含了所有组合，在实验结果中，以再生率最高的一组配比为最佳浓度组合。

当因素的水平较多时，采用双因素多水平组合的工作量太大，也可采用多次单因素筛选法。如同样研究 BA 与 NAA 对不定芽再生的影响，BA 取 1.0,2.0,3.0,4.0 mg/L 4 个水平；NAA 取 0.1,0.2,0.3,0.4 mg/L 4 个浓度水平。可根据预备实验及文献报道，首先固定一个因素的某个水平，如固定 BA 为 2.0 mg/L，研究在 BA 为 2.0 mg/L 时，NAA 的 4 个浓度对不定芽再生的影响，以再生率最高的 NAA 浓度为最佳；再将这个最佳的 NAA 浓度固定，研究 BA 的 4 个浓度对不定芽再生的影响，若最佳的实验结果正好与当初的判断（固定 BA 为 2.0 mg/L）相同，则以此确定为最佳实验组合；否则，再将通过实验获得的 BA 最佳浓度固定，再次研究 NAA 的 4 个浓度对不定芽再生的影响，确定 NAA 的最佳浓度。如此进行，直至预定结果与实验结果相同为止。

表 1.4　双因子实验设计表

单位：mg/L

BA ＼ NAA	0.5	1.0	1.5
0.5	①	②	③
1.0	④	⑤	⑥
1.5	⑦	⑧	⑨

4）多因子实验

实验中含有两个以上因子的叫作多因子实验。在研究中要求同时探讨多种因素不同水平之间对实验结果的影响，如培养基中细胞分裂素、生长素、糖和其他成分的用量，此时采用多因子实验设计，可收到事半功倍的效果。多因子实验一般采用正交实验设计来研究多因素对组织培养的影响。

正交实验设计首先要选择相关的因素及适宜的水平，因素及水平的确定除参考相关研究文献之外，预备实验结果和长期的组培实践以及植物种类自身的生理特点等因素也是需要重点考虑的指标。如王春彦等人采用 4 因子 3 水平 9 次实验的 $L_9(3^4)$ 正交实验，一次选择培养基、生长素（NAA）、细胞分裂素（BA）、蔗糖等多因子及水平（表 1.5），研究非洲菊稳定增殖的影响因子，然后查正交表组合因子及水平（表 1.6）。

表 1.5　$L_9(3^4)$ 正交实验设计

水　平	培养基	BA/(mg·L^{-1})	NAA/(mg·L^{-1})	蔗糖/(g·L^{-1})
1	1/2MS	0.5	0.0	25
2	MS	1.0	0.1	35
3	1.5MS	2.0	0.2	45

表 1.6　$L_9(3^4)$ 正交实验配方组合

处　理	因　素			
	基本培养基	BA/(mg·L^{-1})	NAA/(mg·L^{-1})	蔗糖/(g·L^{-1})
1	a(1.5MS)	a(0.5)	a(0.0)	a(25)
2	a(1.5MS)	b(1.0)	b(0.1)	b(35)
3	a(1.5MS)	c(2.0)	c(0.2)	c(45)
4	b(MS)	a(0.5)	b(0.1)	c(45)
5	b(MS)	b(1.0)	c(0.2)	a(25)
6	b(MS)	c(2.0)	a(0.0)	b(35)
7	c(1/2MS)	a(0.5)	c(0.2)	b(35)
8	c(1/2MS)	b(1.0)	a(0.0)	c(45)
9	c(1/2MS)	c(2.0)	b(0.1)	a(25)

正交实验的结果是选择出对实验对象影响最大的因素及其影响范围,应根据正交实验的结果,对极差较大的因素再进行双因子实验或单因子实验,并进行同样的指标调查,以寻找出主要影响因子的最佳数据及该数据范围内的实验结果,为生产提供参考。

5)逐步添加或逐步排除实验

实验研究过程中,在没有取得可靠数据之前,往往需要添加一些有机营养成分,而在取得了稳定的成功结果之后,就可以逐步减少这些成分。逐步添加是为了使实验成功,逐步减少是为了缩小范围,以便找到最有影响力的因子,或是为了生产上竭力使培养基简化,降低成本,以利于推广。在寻求最佳生长调节剂配比时,也经常用到这种加加减减的简单方法。

3.7.2   最佳培养方案的筛选方法

1)资料的收集、分析

首先要查明需要组培植物的学名、品种名及商品名等,然后有目的地进行文献检索,查阅该植物组织培养方面相关的报道,着重阅读近 3～5 年的文献,进行综合分析。如果某种植物只能查到为数不多的文献或根本查不到,则表明该种植物还不被人重视,或组培的难度很大。这时应适当扩大文献检索范围,查阅与之相近的、同一个属内其他种的植物组培文献。此外,还可以走访有关的实验室和组培工厂,获取相关的技术信息。

2)主要影响因子的选取

影响组织培养的因素很多,既有内因,也有外因。就内因来说,主要是植物自身生长、发育与繁殖的特点,一般植物都具有扦插生根、根蘖出芽(分株)等营养繁殖的能力,但不同植物的难易程度不同,对于植物组织培养的某个阶段,主要内因因素的选择可参考该种作物的植物学、栽培学和生理学等相关学科的知识内容,选定主要影响因素,就可以进行实验设计了;而影响组织培养的外部因素,主要是影响该种作物生长发育的条件,比如营养、温度、光照和 pH 等,其主要影响因素的选择同样要参考栽培学、营养学和土壤肥料学的相关知识。组织培养研究的主要目的就是找出最有利于组织培养成功的内因和外因。

影响组织培养的因素主要包括以下几类:

①植物的种类和品种,外植体的类型、部位、采集的时期及灭菌方法。

②基本培养基的种类或营养成分组成。

③植物生长调节剂的种类、浓度及配比。

④添加物的种类和浓度。

⑤糖的种类和含量。

⑥pH 值。

⑦温度、光照和通气等环境条件。

⑧固体培养或液体培养,静置培养或振荡培养。

⑨继代培养次数、季节影响以及其他人为因素等。

显然,植物组织培养研究的目的就是通过比较试验,寻找出该种植物不同品种的不同培养阶段、最佳的外植体及其最适宜的培养方式和培养条件等。

3)数据采集与结果分析

在植物组织培养的研究中,数据采集是实验研究的重要内容。初学者往往不知组织培养中有何数据,如何采集。其中关键问题,一是材料微小,不好测量;二是多为质量性状,不好定量。其实,组织培养中还是有不少可以定量的数据,要充分利用转接、出瓶等时机直接调查,采集数据。

(1)初代培养阶段　该阶段可以记录萌发率、污染率、愈伤组织诱导率、芽分化率。

(2)继代增殖阶段　该阶段主要记录增殖系数、苗高、茎粗、苗健壮度。

(3)壮苗生根阶段　该阶段记录苗高、叶片数、茎粗、生根率、根长、根数量。苗高以培养基平面为基准,用三角板从瓶外测量,也可取出苗直接测量。

(4)炼苗移栽阶段　该阶段主要记录基质配比、移栽成活率。

对愈伤组织生长状况、苗健壮度等质量性状,可用编码性状。即先找出最好与最差的极端类型,然后根据生长差异分良、中、差3级,或优、良、中、差、劣5级。可分别记为3,2,1,或5,4,3,2,1,或者以＋＋＋、＋＋、＋、－、－－等来表示。特殊情况可用文字记入备注栏。在此,一定要注意分级、编码,不能只记文字。另外,对于愈伤组织的生长量,也可以用大、中、小编码表示。

组培实验的结果分析,没有特殊的要求,一般可直接比较大小、高低;在差异不明显时,需要进行显著性检验。多因子实验需要进行方差分析,以确定主要影响因子,具体方法可参考专门的实验统计书籍。

知识拓展:植物
无糖组培技术

技能训练 3.1　MS 培养基母液的配制与保存

1)技能要求

①掌握 MS 培养基各种母液的配制方法。

②掌握生长调节剂原液的配制方法。

2)训练前准备

电子天平的使用
（视频）

(1)药品　KNO_3、NH_4NO_3、$MgSO_4 \cdot 7H_2O$、KH_2PO_4、$CaCl_2 \cdot 2H_2O$、$MnSO_4 \cdot 4H_2O$、H_3BO_3、$ZnSO_4 \cdot 7H_2O$、KI、$Na_2MoO_4 \cdot 2H_2O$、$CuSO_4 \cdot 5H_2O$、$CoCl_2 \cdot 6H_2O$、Na_2-EDTA、$FeSO_4 \cdot 7H_2O$、肌醇、甘氨酸、盐酸硫胺素、盐酸吡哆醇、烟酸、BA、NAA、IBA、蒸馏水、1 mol/L 盐酸、95% 酒精等。

(2)器皿　100 mL 容量瓶、500 mL 容量瓶、1 000 mL 容量瓶、烧杯、磨口瓶、玻璃棒、胶头滴管等。

(3)仪器　感量分别为 0.01 g、0.001 g、0.000 1 g 的天平、冰箱。

3)方法步骤

(1)大量元素母液的配制

①称量。一般将大量元素配制成 10 倍的母液,称量各种化合物的用量应扩大 10 倍。配制 1 000 mL 大量元素母液,需用感量为 0.01 g 或 0.001 g 的天平称取下列药品:

KNO_3	19.0 g	NH_4NO_3	16.5 g
$MgSO_4 \cdot 7H_2O$	3.7 g	KH_2PO_4	1.7 g
$CaCl_2 \cdot 2H_2O$	4.4 g		

②溶解。先在1 000 mL烧杯中加入500~600 mL蒸馏水,将药品按顺序加入,用玻璃棒不断搅动,当一种化合物完全溶解后,再加入后一种化合物。必须最后加入氯化钙或单独配制,否则易出现沉淀。也可以加热溶解,但加热溶解温度不可过高,以60~70 ℃为宜。

③定容。将完全溶解后的溶液倒入1 000 mL的容量瓶中,用蒸馏水冲洗烧杯3~4次,将洗液全部转入容量瓶中,加蒸馏水定容至1 000 mL,摇匀。

(2)微量元素母液的配制

①称量。一般将微量元素配制成100倍的母液,称量各种化合物的用量应扩大100倍。配制1 000 mL的母液,需用感量0.000 1 g的电子天平准确称取下列药品:

$MnSO_4 \cdot 4H_2O$	2.23 g	$ZnSO_4 \cdot 7H_2O$	0.86 g
H_3BO_3	0.62 g	KI	0.083 g
$Na_2MoO_4 \cdot 2H_2O$	0.025 g	$CuSO_4 \cdot 5H_2O$	0.002 5 g
$CoCl_2 \cdot 6H_2O$	0.002 5 g		

②溶解。按配制大量元素母液的方法,分别将上述药品溶解。

③定容。将溶解后的溶液倒入容量瓶中,用蒸馏水冲洗烧杯3~4次,将洗液全部转入容量瓶中,加蒸馏水定容至1 000 mL,摇匀。

(3)铁盐母液的配制

①称量。一般将铁盐配制成100倍的母液,称量各种化合物的用量应扩大100倍。配制500 mL母液需用感量0.001 g的电子天平准确称取下列药品:

Na_2-EDTA	1.865 g	$FeSO_4 \cdot 7H_2O$	1.39 g

②溶解。在烧杯中加少量蒸馏水将Na_2-EDTA加热溶解后,再缓缓加入$FeSO_4$溶液充分搅拌并加热5 min,使其充分螯合。

③定容。将溶解后的溶液倒入容量瓶中,用蒸馏水冲洗烧杯3~4次,将洗液全部转入容量瓶中,加蒸馏水定容至500 mL,摇匀。

(4)有机物母液的配制

①称量。有机物母液浓度一般为培养基配方浓度的100倍,称量各种化合物的用量应扩大100倍。配制500 mL母液需用感量0.000 1 g的电子天平准确称取下列药品:

培养基母液
配制(视频)

肌醇	5.0 g	甘氨酸	0.1 g
盐酸硫胺素	0.005 g	烟酸	0.025 g
盐酸吡哆醇	0.025 g		

②溶解。在烧杯中加入少量蒸馏水将上述药品溶解。

③定容。将溶解后的溶液全部转入容量瓶中,加蒸馏水定容至500 mL,摇匀成100倍液。

(5)植物生长调节剂母液的配制

①称量。生长调节剂原液的浓度一般为0.5~1.0 mg/mL,配制浓度1.0 mg/mL植物生长调节剂母液100 mL,需用感量0.000 1 g的电子天平准确称取生长素或细胞分裂素0.1 g。

②溶解。NAA、IAA、IBA、2,4-D等生长素先用少量95%酒精溶解,也可加热助溶,KT、BA等细胞分裂素可用少量1 mol/L盐酸溶解,再加入少量蒸馏水,赤霉素可用蒸馏水直接配制。

③定容。将溶解后的溶液全部转入容量瓶中,加蒸馏水定容至100 mL,摇匀,即成1.0 mg/mL生长调节剂母液。

（6）母液的保存

将配制好的母液或原液分别倒入磨口瓶中贴好标签,注明培养基名称、母液名称、配制倍数（或浓度）和配制日期,置于 4 ℃冰箱中保存。

（7）注意事项

①有些药品易吸潮,不宜在空气中停留时间过长,在称量时要快速准确称量。

②在搅拌和转移溶液时要小心,避免溶液溅出容器外。

③定容时眼睛一定要平视刻度线。

④保存的母液定期检查看有无沉淀,如出现沉淀重新配制。

4）实训报告

①根据实验操作填写下表。

MS 培养基母液配制表

配制日期:

母液（原液）	成　分	浓度 /(mg·L^{-1})	扩大倍数	配制母液体积 /mL	称取量 /mg
大量元素					
微量元素					
铁　盐					
有机物质					
生长调节剂					

②分别写出各种母液的配制方法步骤。

技能训练 3.2　MS 固体培养基的配制

1）技能要求

①掌握 MS 固体培养基一般配制方法。

②熟悉母液、植物生长调节剂用量的计算。

MS 固体培养基
的配制（视频）

2）训练前准备

（1）培养基及药品　各种 MS 培养基母液、植物生长调节剂原液、蔗糖、琼脂、蒸馏水、1 mol/L NaOH、1 mol/L HCl、精密 pH 试纸。

（2）器皿　量筒、吸管、移液管、培养瓶、铝锅、分装器。

（3）仪器　天平、酸度计、水浴锅、煤气灶。

3）方法步骤

（1）确定配方　根据培养需要选择一种培养基配方,MS 培养基是植物组织培养中最常用的基本培养基,其配方见本书单元 3 表 1.2。

（2）称量（量取）　根据所需配制的培养基量、母液的扩大倍数、植物生长调节剂的浓度,按照下面公式分别计算需量取的母液和生长调节剂原液的量。计算时要注意浓度的单位是否一致。

①计算公式:

$$母液用量(mL) = \frac{培养基配方浓度(g/L)}{培养基母液浓度(g/L)} \times 培养基配制量(L) \times 1\,000$$

$$植物生长调节剂原液用量(mL) = \frac{培养基配方浓度(mg/L)}{植物生长调节剂原液浓度(mg/L)} \times 培养基配制量(L)$$

②量取母液、称量药品:配制 1 000 mL 培养基,需称量(或量取)以下各种母液、蔗糖和琼脂。

10 倍大量元素母液	100 mL
100 倍微量元素母液	10 mL
100 倍铁盐母液	10 mL
200 倍有机物母液	5 mL
蔗糖	30 g
琼脂	7 g

注意用于量取各种母液的吸管不能混用,如配方中需要添加植物生长调节剂,计算好添加量后一起量取。

(3)加热溶解　先在锅内加 700 ~ 800 mL 蒸馏水,然后加入琼脂,加热并不断搅拌,直至琼脂完全溶化,再放入蔗糖、母液混合液和生长调节剂原液。琼脂必须完全溶化,以免造成浓度不均匀。

(4)定容　各种物质完全溶解,充分混合均匀后,加蒸馏水将培养基定容至 1 000 mL。

(5)调整 pH 值　不同的植物对酸碱度要求不同,根据植物的生长习性和要求来调整培养基 pH 值。先用酸度计或精密 pH 试纸测定培养基 pH 值,用 1 mol/L NaOH 或 1 mol/L HCl 将 pH 值调至合适的值,多数植物要求 pH 值为 5.8。

(6)分装　将配制好的培养基趁热分装到培养瓶中,厚度约 1 cm,容积 250 mL 的培养瓶一般可装入 30 ~ 40 mL 培养基。

(7)包扎　装瓶后用封口材料包扎瓶口或盖上瓶盖,然后标明培养基种类、生长调节剂浓度,准备灭菌。分装后应立即灭菌,避免培养基中微生物大量生长。若因故不能及时灭菌,最好放入冰箱中,在 24 h 内完成灭菌工作。

4)实训报告

根据实验填写下表:

MS 固体培养基配制表

配制日期:

培养基成分	母液倍数(原液浓度)	配制 1 L 需要量/g	配制量	需要量
大量元素母液				
微量元素母液				
铁盐母液				
有机物母液				
蔗糖	—	20 ~ 30		
琼脂	—	5 ~ 7		
细胞分裂素				
生长素				

高压蒸汽灭菌锅
的使用(视频)

技能训练3.3 灭菌技术

1)技能要求

①掌握高压蒸汽灭菌方法。

②熟悉干热灭菌法。

2)训练前准备

(1)材料 待灭菌培养基、吸管、培养皿、报纸、滤膜。

(2)器具 高压蒸汽灭菌锅、干热灭菌箱、细菌过滤器。

3)方法步骤

(1)高压蒸汽灭菌

①高压蒸汽灭菌锅构造。实验室常用的是手提式高压灭菌锅,其构造一般分为外锅、内锅和锅盖。外锅是装水的厚锅桶,内锅是放置待灭菌物品的薄锅桶,内锅壁上有一壁管,供插入排气管用。锅盖上有显示锅内蒸汽压力的压力表,下连排气管,排除锅内空气的排气阀和超过额定压力可自动放汽的安全阀。

②高压蒸汽灭菌的使用方法。耐高温的培养基、蒸馏水、滤纸、玻璃器皿、接种工具等都可采用高压蒸汽法灭菌。下面以手提式高压灭菌锅为例介绍高压蒸汽灭菌方法:

a.加水。在高压灭菌锅中加入适量水,以淹没电热丝为宜。过多易使水进入培养瓶,过少易烧干锅。

b.装锅。把待灭菌材料分层装入锅内,注意瓶与瓶之间适当留一些空隙。然后盖上锅盖,对称地拧紧螺旋,防止漏气。

c.排气。高压灭菌时一定要将锅内空气排尽,排气的方法有两种,一种是先打开放汽阀,当放汽阀有大量蒸汽冒出时,继续排气3~5 min;另一种是当压力达0.05 MPa时,缓慢打开放汽阀,继续排气3 min即可。

d.保压。关闭放汽阀,继续加热,当压力达0.108 MPa,温度121 ℃时开始计时。控制火力,保持压力0.105~0.120 MPa,维持15~30 min即可,最后切断电源或热源。

e.降压。可采用自然降压,或当压力降至50 kPa时缓慢放汽,使压力降至零。

f.出锅。打开锅盖,取出灭菌物品。最后倒去锅内残存水分,以防锅体生锈。

③高压蒸汽灭菌时的注意事项:

a.装锅时注意容器的放置,防止过度倾斜,培养基融化后溢出容器外或接触棉塞。

b.锅内空气必须排尽,否则压力表指针虽达到灭菌要求的压力,但由于锅内有空气的存在,蒸汽达不到应有的温度,从而影响灭菌效果。

c.当达到灭菌要求的压力后,在保持压力过程中,要严格控制灭菌时间和温度,时间过长或温度过高会使培养基中营养物质遭到破坏,失去营养作用,pH值下降过多,造成培养基难以凝固;时间过短或温度低于121 ℃会造成灭菌不彻底。

d.瓶中的培养基或蒸馏水装得不可过满,一般不超过总体积的70%。否则当温度超过100 ℃时,液体会溢出。

e.在降温时最好采用自然降温,如果排汽降压,排汽的速度一定要缓慢,否则易造成锅内容器破裂。

(2)干热灭菌　培养皿、吸管、三角瓶等耐高温玻璃器皿可以采用干热灭菌。

①包扎。用报纸或牛皮纸将培养皿、吸管、三角瓶等玻璃器皿包扎起来,培养皿10套一包。

②装箱。把包扎好的器皿均匀放入箱内,关闭箱门。

③升温。接通电源,开启干燥箱上的开关,打开箱顶排气孔以排除水汽。若配有鼓风机设备,可同时开动鼓风机,以加速干燥。待温度升至 100 ~ 105 ℃时关闭排气孔。

④保温。温度升至 160 ~ 170 ℃时计算灭菌时间,维持此温度 1 h 后关闭电源。注意箱温勿超过 180 ℃,以免引起包装物着火。

⑤降温。灭菌完毕后,必须等箱温降至 60 ℃以下时方能开箱取物,以免造成玻璃器皿爆裂。

(3)过滤除菌　一些植物生长调节剂及有机物如 IAA、ZT、椰子汁、LH 等,遇热容易分解,不能与其他培养基一起进行高压蒸汽灭菌,而要使用细菌过滤器滤去其中的杂菌。

①用具灭菌。将细菌过滤器与孔径小于 0.45 μm 滤膜用报纸包扎好,在 0.108 MPa 压力下灭菌 15 ~ 30 min。

②过滤除菌。用细菌过滤器过滤待除菌的溶液。

③混合。在超净工作台上,将过滤后的溶液加入培养基中。若为固体培养基,在培养基冷却至 50 ~ 60 ℃时加入,然后混合均匀;若使用液体培养基,可在培养基冷却至 30 ℃以下时加入。

4)实训报告

①写出高压灭菌方法及注意事项。

②干热灭菌和过滤除菌时应注意哪些问题?

技能训练 3.4　无菌操作技术

超净工作台的
使用(视频)

无菌操作技术
(视频)

1)技能要求

①掌握组织培养的无菌操作技术。

②培养学生无菌操作意识。

2)训练前准备

(1)材料　马铃薯(或甘薯等)试管苗、无菌纸或无菌培养皿。

(2)器具　超净工作台、接种工具、酒精灯、小型喷雾器、瓶刷。

(3)培养基及药品　MS 培养基、2% 新洁尔灭、70% 乙醇、2% 来苏尔、甲醛、高锰酸钾。

3)方法步骤

外植体分割、茎尖剥离、材料的转接都是在接种室内完成,为减少污染,在整个操作中必须严格无菌操作。下面是植物组织培养操作中连贯的无菌操作程序:

①提前打开接种室和超净工作台上的紫外灯,照射 20 ~ 30 min。接种人员进入接种室后及时关闭。

②操作人员进入接种室前必须剪除指甲,并用肥皂洗手。在缓冲间更换已消毒的工作服、帽子、口罩、拖鞋后方可进入接种室。

③操作前10 min使超净工作台处于工作状态,让过滤空气吹拂工作台面和台壁四周。

④用70%乙醇喷雾室内和超净工作台降尘,并消毒双手和擦洗工作台面。

⑤操作中使用的各种接种工具如镊子、剪刀、支架、解剖刀等放入95%乙醇中浸泡,在酒精灯上灼烧灭菌,然后放置在支架上冷却。

⑥用70%乙醇擦洗培养瓶瓶壁、瓶盖。

⑦左手掌培养瓶,右手轻轻取下瓶口包扎物或瓶盖,用火焰对瓶口进行灼烧灭菌。然后用剪刀剪取材料,并用镊子轻轻将瓶内培养材料取出,在无菌纸或无菌培养皿上分割或切段。

⑧将切割后的材料用镊子轻轻接种在培养基中(注意材料生物学上下端),再用火焰对瓶口进行灼烧灭菌,盖上瓶盖或包扎好封口薄膜。

⑨接种完毕后,在瓶壁上用记号笔做好标记,注明植物名称、接种日期等,以免混淆。

⑩实验结束后要将工作台清理干净,关闭超净工作台,可用紫外灯照射30 min。若连续接种,每5 d要大强度消毒一次。

接种过程中还应注意以下事项:

①操作人员在操作时尽量少谈话,减少走动,在接种时谈话或咳嗽以及空气的流动会大大增加污染的几率。

②培养瓶口要处在酒精灯火焰附近的无菌区,手不要碰到已灭过菌的器具下部。

③在切割材料和将材料接入瓶中时,手尽可能地不在无菌接种纸上方移动。

④接种操作中应及时更换无菌纸,接种工具每使用一次后都要消毒。

4）实训报告

①试述无菌操作的体会。

②观察接种材料的生长情况,并做好记录。

③每隔5 d观察材料污染情况,计算污染率,并分析污染原因。

接种工具灼烧
灭菌(视频)

$$污染率 = \frac{污染材料数}{总接种材料数} \times 100\%$$

技能训练3.5   月季茎段培养

1）技能要求

①学习月季茎段培养的基本方法和步骤。

②掌握外植体材料的选择和消毒方法。

2）训练前准备

（1）材料   月季(或葡萄、菊花、马铃薯等植物)带腋芽的茎段。

（2）器具   超净工作台、高压灭菌锅、烧杯、剪刀、镊子、接种工具、光照培养架。

（3）培养基及药品   芽诱导培养基:MS + BA 0.5 mg/L;继代培养基:MS + BA 1.0 mg/L + NAA 0.1 mg/L;生根培养基:1/2 MS + IBA 0.5 mg/L。以上培养基均添加蔗糖30 g/L + 琼

脂 7 g/L,pH 值为 5.8 无菌水、0.1% 升汞、70% 乙醇、Tween-20 等。

3)方法步骤

（1）培养基配制　按照配方提前配制所需培养基,并及时灭菌备用。

（2）取材　在晴天的中午或下午,选择优良健壮无病虫害的月季植株,剪取当年生带饱满而未萌发侧芽的枝条,用自来水冲洗干净,在洗洁精或洗衣粉水中浸泡 30 min,然后用流水冲洗 4~6 h。

（3）消毒　除去月季枝条上的叶片,剪成单芽茎段。在超净工作台上用 70% 乙醇消毒 20~30 s,无菌水冲洗 1 次,在 0.1% 升汞溶液中消毒 8~10 min。消毒时要不断地搅动消毒材料,最后用无菌水冲洗 4~5 次。也可以在灭菌剂中滴加数滴 0.1% Tween-20,则消毒效果会更好。

（4）接种　剪去茎段两端截面,按照无菌操作要求,将 1~2 cm 带腋芽的茎段接种到芽诱导培养基上,注意要将芽露出培养基表面。

（5）培养　月季培养的适宜温度为 22~28 ℃,光照强度 1 000~2 000 lx,光照 12~16 h/d。当腋芽萌发并长至 1 cm 左右时,将长出的腋芽转入继代培养基上培养,3~4 周后形成许多丛生芽。

（6）生根　当月季试管苗增殖到一定数量后,可将丛生芽中较大的苗接种到生根培养基上,3 周后,有 5~6 条根长出。较小的苗继续在继代培养基上培养壮苗扩繁。

4)实训报告

每隔 7 d 观察 1 次月季试管苗的生长情况,并做好记录(包括污染率、萌发时间、转接时间、苗高、增殖系数、生根率、根长等)。根据实验结构写出实训报告。

$$萌发率 = \frac{萌发的材料数}{总接种材料数} \times 100\%$$

$$繁殖系数 = \frac{每瓶形成的有效苗数}{接种苗数}$$

$$生根率 = \frac{生根苗数}{总接种苗数} \times 100\%$$

技能训练 3.6　植物无菌播种技术

1)技能要求

①掌握植物的无菌播种方法。

②熟悉原球茎的继代培养方法。

2)训练前准备

（1）材料　蝴蝶兰果荚。

（2）器具　超净工作台、烧杯、剪刀、镊子、光照培养架。

（3）培养基及药品　种子萌发培养基:MS + BA 0.5 mg/L + NAA 0.1 mg/L;继代培养基:MS + BA 3.0 mg/L + NAA 1.0 mg/L,无菌水、70% 乙醇、10% 次氯酸钠、Tween-20。

3)方法步骤

（1）配制培养基　按照配方提前配制所需培养基,并及时灭菌。

（2）取材　采取授粉后150 d的蝴蝶兰果荚,此时表面刚刚变黄。采收时间早,胚发育不完全,发芽率低;采收时间过晚,果荚破裂,消毒处理困难。

（3）消毒　未开裂果荚里面是无菌的,只需对果荚表面进行消毒。用自来水将果荚冲洗干净,先用70%乙醇擦拭果荚表面及沟纹。再将整个果荚放入10%次氯酸钠溶液中,加数滴Tween-20,充分振荡混匀,消毒15 min,用无菌水冲洗果荚3~4次。

（4）接种　将消毒好的果荚放在有滤纸覆盖的培养皿中,在无菌条件下,用解剖刀切去果荚顶端,再开果皮,使种子暴露出来。直接用解剖刀将种子均匀播在种子萌发培养基上。

（5）培养　无菌播种后的培养瓶,置于温度23~25 ℃,光照强度1 000~1 500 lx,光照时间10 h/d的培养室中培养,播种后7~14 d,种子吸水膨胀萌发,长出淡黄色原球茎。30 d后顶端分生组织突出,原球茎逐渐变成绿色。

（6）原球茎增殖　将分化的原球茎转入继代培养基中,即可扩大繁殖。

4)实训报告

①观察种子的生长情况,记录材料生长、分化及污染情况。

②写出原球茎增殖方法和特点。

技能训练 3.7　试管苗的炼苗与移栽

组培苗的　　　　组培苗的
炼苗(视频)　　　移栽(视频)

1)技能要求

①掌握移栽基质的配制方法。

②掌握试管苗的炼苗和移栽方法。

2)训练前准备

（1）材料　草莓(或月季、马铃薯、百合等)等植物生根组培苗。

（2）器具　育苗盘、塑料钵、遮阳网、喷壶。

（3）基质及药品　蛭石、珍珠岩、腐殖土、草炭土、砂子、50%多菌灵。

3)方法步骤

（1）移栽基质的配制　根据不同植物试管苗的要求,选择适当基质种类和配比。一般选用珍珠岩∶蛭石∶草炭土(或腐殖土)=1∶1∶0.5,也可用砂子∶草炭土(或腐殖土)=1∶1。然后将基质装入育苗盘或营养钵中,用800倍50%多菌灵溶液喷淋消毒,有条件的可采用高温灭菌。

（2）炼苗　将已生根需要移栽的试管苗搬到温室,先不打开瓶口,在自然光照下锻炼3~4 d,让试管苗接受强光的照射和变温处理,使其长得壮实起来。注意防止培养瓶内温度过高,超过30 ℃时要遮阴降温。然后再打开瓶口,开口炼苗2~3 d,经受较低湿度的处理,以适应自然湿度的条件。

（3）移栽　从培养瓶中取出试管苗,用自来水洗掉根部粘着的培养基,以防残留培养基滋生杂菌。清洗动作要轻,避免造成伤根。将洗净的试管苗在800倍50%多菌灵溶液中浸泡

3～5 min。捞出稍晾干,栽植时将基质开小沟,轻轻将小苗沿沟壁放好,注意幼苗较嫩,防止弄伤,然后用基质把沟填平,把苗周围基质压实,较大试管苗也可栽入营养钵中。栽后用 800 倍 50% 多菌灵水轻浇。

(4)移栽后的管理　移栽后的试管苗要注意控温、保湿、遮阴,温度一般控制在 15～25 ℃,空气相对湿度保持在 90% 以上,并适当遮阴。3 d 以后每天逐渐通风,慢慢地降低湿度和增加光照,当长出第 2～3 片新叶后就可以移栽到大田。

4)实训报告

①观察试管苗生长情况,统计移栽成活率。

$$移栽成活率(\%) = \frac{移栽成活苗数}{移栽苗数} \times 100$$

②探讨提高组培苗移栽成活率的措施。

复习思考题

1. 请查阅相关资料,设计一种植物的组织培养工作流程图。
2. 组成培养基的主要成分有哪些?
3. 植物生长调节剂主要有哪几类? 各有哪些作用?
4. 叙述 MS 培养基母液和植物生长调节剂原液的配制方法。
5. 列举几种常用基本培养基,并谈谈 MS 培养基的特点。
6. 配制组织培养培养基时,为何将铁盐单独配制?
7. 选择外植体的基本原则是什么?
8. 常用的消毒剂有哪些? 各有何特点?
9. 简述外植体消毒的一般过程。
10. 如何进行无菌操作?
11. 简述胚状体发育成小植株与不定芽苗发育成芽的不同。
12. 继代培养的增殖方式有哪些?
13. 影响继代培养的因素有哪些?
14. 为什么会发生污染? 如何控制污染的发生?
15. 影响褐变的因素有哪些? 如何预防褐变?
16. 什么是玻璃化现象? 如何防治?
17. 试管苗有哪些特点? 移栽后如何管理?
18. 筛选最佳培养方案的方法有哪些?

单元 4 植物组织培养的一般方法

【知识目标】

　　(1)掌握愈伤组织、器官、花器培养技术。

　　(2)理解影响植物器官培养的因素。

　　(3)了解植物胚培养、细胞培养和原生质体培养技术。

【技能目标】

　　(1)能利用植物的根、叶片、花器诱导出愈伤组织。

　　(2)能利用茎尖、带芽茎段培养出组培苗。

　　在植物组织培养过程中,植物的细胞、组织、器官等均可作为外植体进行离体培养。依据外植体来源的不同,植物组织培养可分为愈伤组织培养、器官培养、花药和花粉培养、胚培养、细胞培养、原生质体培养。

4.1　愈伤组织培养

　　愈伤组织是指在形态上没有分化但能进行活跃分裂的细胞团,细胞排列疏松无序或较为紧密。在自然状态下,当植物体的一部分受到机械损伤、昆虫咬伤或风雪等自然灾害的袭击后,能够在伤口处形成一团愈伤组织,起到修复和保护作用。在离体培养条件下,许多植物的外植体也会出现类似情况,在外植体切口处及其附近形成愈伤组织,所不同的是离体培养条件下产生的愈伤组织细胞具有再分化的潜力,即细胞能够分裂、增殖和分化出不同形态、执行不同功能的组织和器官。

　　愈伤组织培养技术是植物组织培养中一项很重要的技术,绝大多数植物在培养时都要先经过愈伤组织阶段,再进行形态发生过程。该技术主要应用于研究植物生长发育及分化机制、遗传变异规律;还可用于大规模工厂化生产有用化合物,或作为原生质体培养材料来源等。

4.1.1　愈伤组织诱导和分化

从培养的植物材料获得愈伤组织,大致可分为诱导、分裂和分化3个阶段。

1)诱导期

用于诱导愈伤组织的植物材料多是由已经分化的成熟植物细胞组成,如叶片是由表皮、叶肉和叶脉3部分组成,其构成的各种类型细胞均为已经分化的成熟细胞,大部分已经丧失了分生能力,不能进行细胞分裂。根据植物细胞全能性理论,即使是已高度成熟和分化的植物细胞,也还保持着恢复到分生状态的能力。

植物愈伤组织培养是利用特定的条件,促进细胞脱分化,使原已分化并具有一定功能的细胞脱离原有发育方向,失去原有状态和功能,而恢复到未分化的分生组织状态,这就是脱分化过程。实现此过程可通过在培养基中添加植物生长调节剂,促使已分化的细胞改变原有代谢途径,为重新启动细胞分裂做准备。

诱导阶段的长短取决于该细胞原来的生理状态、培养基中植物生长调节剂的种类、含量和相对比例以及培养条件等因素。如菊芋的诱导期只需1 d,胡萝卜的诱导期则需要几天时间。一般培养材料细胞的分化程度愈高或愈成熟,进行脱分化诱导也就愈加困难,需要的时间也就越长。在诱导期,通过一些刺激因素和植物生长调节剂的诱导作用,使其合成代谢活化,细胞内的合成代谢迅速进行,但是细胞的大小并没有多大改变。

植物生长调节剂对诱导细胞分裂效果最好,其在植物愈伤组织培养中得到广泛的应用。因此,依据实际情况,可通过调整生长调节剂的种类和浓度来诱导细胞进行分裂。经过诱导的植物细胞在内部生理上将发生显著的变化,如细胞质增加、出现活跃的原生质环流、贮藏物质淀粉等消失,蛋白质和核酸的含量增加,为启动细胞分裂做准备。

2)分裂期

分裂期是指脱分化的细胞通过分裂不断增生子细胞的过程。对一些植物来说,诱导细胞分裂和使细胞保持分裂能力可能需要相同的条件,即在同一条件下就可完成细胞脱分化全过程。但也有一些植物在完成短时间诱导后,需要改变培养基成分和培养条件,否则只能见到少量愈伤组织或完全没有肉眼可见的变化。一般来说,诱导阶段需要较高浓度的生长素和细胞分裂素,细胞分裂阶段则要适当降低植物生长调节剂的浓度。植物细胞一经诱导,其外层细胞完成脱分化过程,细胞开始迅速分裂。在细胞分裂期间,其形态结构和生理生化都发生深刻的变化。主要变化包括细胞数目迅速增加,细胞体积变小,内无液泡,细胞核和核仁增至最大,RNA含量持续上升等。培养物的形态变化表现为外层细胞分裂迅速。

分裂期愈伤组织的特征:细胞分裂快,结构疏松,缺少有组织的结构,颜色浅而透明。如果在原培养基上继续培养,细胞将不可避免地发生分化,产生新的结构,但把组织块及时转移到新鲜的培养基上,则愈伤组织可无限制地维持在不分化的增殖状态。生长旺盛的愈伤组织一般呈乳黄色或白色,有光泽,也呈浅绿色或绿色;而老化的愈伤组织多转变为黄色甚至褐色。

外植体的脱分化因植物种类和器官及其生理状况而有很大差异,如烟草、胡萝卜等脱分化较容易,而禾谷类植物的脱分化较困难;花器脱分化较易,而茎、叶较难;幼嫩组织脱分化较易,而成熟的老组织较难。

3）分化期

分化期是指停止分裂的细胞发生生理代谢变化,出现形态和功能各异细胞的时期。其主要形态变化如下:

①细胞分裂部位和方向发生改变。分裂期细胞主要进行平周分裂(局限于组织外缘并于组织周缘平行的分裂),而在分化期开始后,愈伤组织表层细胞的分裂逐渐减慢,并停止。转变为愈伤组织内部深处的局部区域的细胞分裂,使分裂面的方向改变,出现了由分生组织构成的"瘤状结构"。

②形成分生组织瘤状结构和维管组织。迅速生长的愈伤组织都是类似的,处于分化期的愈伤组织会形成由分生组织组成的瘤状结构,它们往往变成不再进一步分化的生长中心,而从其周缘产生扩展的薄壁细胞,其结果使一个活跃生长的愈伤组织形成一种"泡状"增殖的特征。在愈伤组织中,可形成维管组织,但通常并不形成维管系统,而是呈分散的节状和短束状结构,它可由木质部组成,或由木质部、韧皮部形成层组成。在所有生长调节剂中细胞分裂素对木质部诱导作用比较明显。

③细胞的形态大小保持相对稳定,体积不再减小,愈伤组织不再增殖。

④出现了各种类型的细胞,如管胞、筛胞、薄壁细胞、石细胞、色素细胞等。

4.1.2　愈伤组织的形态发生

在植物材料培养过程中,植物细胞□□□化过程和持续的细胞分裂而形成愈伤组织。在愈伤组织中形成一些分生细胞团,阶□□□□器官原基,甚至体细胞胚,进而发育成苗或完整植株。

1）器官发生

愈伤组织培养中器官发生分为3个不同□段:

①细胞增殖或离体外植体脱分化形成愈伤组织。

②愈伤组织中形成一些分生细胞和瘤状结构。

③在一定条件下,分生细胞逐渐转变成为纵轴上表现出单向极性器官原基,即分化出芽和根。

在植物组织培养中,当外植体形成愈伤组织后,可通过调整植物生长调节剂比例促使芽和根的分化。一般来说,生长素有利于愈伤组织形成根,细胞分裂素可促进愈伤组织形成芽(图1.9)。愈伤组织的器官发生顺序有4种情况:

①愈伤组织仅仅有芽或根器官的分别形成;

②芽形成后,在其茎基部长出根而形成小植株;

③先形成根,再从根的基部分化出芽形成小植株;

④在愈伤组织的邻近不同部位分别形成芽和根,然后两者结合起来形成一株小植株。

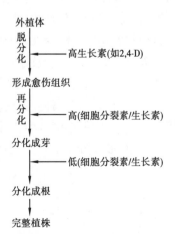

图1.9　植物生长调节剂控制器官分化的模式图

2）体细胞胚的发生

植物的体细胞在一定条件下诱导形成的类似合子胚的结构称为体细胞胚,也称胚状体。在离体条件下,培养细胞经脱分化后,发生持续细胞分裂增殖,并顺次经过原胚期、球形胚期、心形胚期、鱼雷形胚期和子叶期,最终形成具有胚芽、胚根、胚轴的胚状结构,进而长成完整植株。

细胞经由胚状体方式形成完整植株,与不定芽和根发生相比,有以下 3 个特征:

①具有两极性,即在发育的早期阶段从方向相反的两端分化出茎端和根端;而不定芽或不定根都是单向极性的。

②胚状体的维管组织与外植体的维管组织无解剖结构上的联系,处于较为孤立的状态,即存在生理隔离;而不定芽或不定根与外植体或愈伤组织的维管组织相联系。

③胚状体维管组织分布是独立的"Y"形结构,而不定芽维管组织则无这种结构。因此,细胞经由胚状体方式形成完整植株,一般具有数量多、成苗快、植株结构完整和遗传性稳定等优点。通常,可以利用胚状体制造人工种子。

在体细胞胚发生过程中,培养基中的氮源、植物生长调节剂对其形成是十分重要的。一般认为,铵态氮对胚状体的发生更为有利,在多数情况下,同时使用铵态氮与硝态氮也可诱导很多胚状体的发生。另外,赤霉素、细胞分裂素等物质会抑制胚状体的发生,2,4-D 等生长素对胚状体的发生也有很重要的作用。

4.2　器官培养

植物器官培养主要是指对植物的根、茎、叶等器官进行的离体培养。植物器官培养取得成功的事例很多,应用的范围也很广,是植物组织培养中最重要的方面之一。在生产上,植物器官培养具有极其重要的应用价值。首先,通过离体器官培养开发的植物快速繁殖技术,可在短期内提高繁殖效率,加速优良品种和名贵品种的繁殖速度。其次,利用茎尖培养可以得到脱毒的试管苗,解决马铃薯、甘蔗、草莓等一些植物品种的退化问题,提高作物的产量和品质。此外,还可将植物器官进行诱变处理,利用器官培养得到突变株,进行细胞突变育种。在理论上,利用器官培养研究器官的功能及器官之间的相关性、器官的分化及形态建成等问题,有助于我们认识植物生命活动的规律,控制植物的生长发育,更好地为生产服务。

由于植物器官的种类不同,所采用的培养方法、培养条件也不一样。对植物器官进行离体培养时,除茎尖能够继续生长外,一般要经过脱分化过程,即首先要经过愈伤组织阶段,再在愈伤组织中,形成分生细胞团,随后分化出器官原基,最终培养形成完整植株。

4.2.1　根的培养

离体根培养是研究根系生理代谢、器官分化、形态建成的优良实验体系。由于根具有生长速度快、代谢旺盛、变异性小、离体培养时不受微生物的干扰等优点,能够根据研究需要,通过改变培养基的成分来研究其营养吸收、生长和代谢的变化规律。在生产上,通过建立快速生长的根无性繁殖系,可以进行一些重要药物的生产。有些化合物只能在根中合成,必须用离体根培养的方法,才能生产该化合物。此外对根细胞培养物进行诱变处理,可筛选出突变体,从而应用于育种实践。

1)离体根的培养方法

首先将植物种子进行表面消毒,在无菌条件下萌发,待根伸长后切取长 0.5~1.5 cm 的根尖接种于预先配制好的培养基中。一般根的培养物生长很快,几天后就能发出侧根,可切下进行培养,如此反复,就可得到由单个根尖形成的离体根无性系。培养时一般采用 100 mL 三角瓶,内装 40~50 mL 培养液。如果对离体根进行较长时间的培养观察,就要采用大型器皿,可采用 500~1 000 mL 三角瓶进行培养。根据需要可在瓶中添加新鲜培养液继续培养或将根进行分割转移进行继代培养。采用营养液流动培养的方法可防止培养过程中培养基成分变化对生长带来一些影响。

2)影响离体根生长的因素

(1)基本培养基 离体根培养时一般选择无机盐浓度低的 White 培养基,也可以采用 MS、B_5 等培养基,但必须将其浓度稀释到 2/3 或 1/2。

(2)基因型 不同种类植物的根对培养的反应不同,如番茄、马铃薯、烟草、小麦等植物的离体根能快速生长,并产生大量健壮的侧根,可进行继代培养而无限生长;萝卜、向日葵、荞麦、豌豆等植物的离体根需较长时间培养,但久之会失去生长能力;一些木本植物的离体根则很难生长。

(3)营养条件 离体根生长要求培养基中应具备植物生长所需的全部必要元素。在适合的 pH 值条件下,大量元素中硝酸铵是一种理想的氮源。微量元素对离体根的培养影响也很大,如缺硫会使离体根生长停滞;缺乏其他微量元素同样会影响到离体根的生长。蔗糖是双子叶植物离体根培养最好的碳源,其次是葡萄糖和果糖。在有些植物中蔗糖的效果甚至比葡萄糖高 10 倍。在番茄培养时盐酸硫胺素是不能缺少的,否则番茄根的生长将立即停止,在适当的浓度内,它对生长的促进作用与浓度成正比。

(4)植物生长调节剂 不同植物离体根对生长调节剂的反应有一定的差异,如在樱桃、番茄等的培养过程中,生长素抑制离体根的生长;而在欧洲赤松、矮豌豆、玉米和小麦培养时,生长素促进离体根的生长;黑麦和小麦等一些变种离体根的生长依赖于生长素的作用。GA_3 能明显影响侧根的发生和生长,加速根组织的老化;KT 则能增加根分生组织的活性,有抗老化的作用。

此外其他条件改变也会影响到生长调节剂的作用,如在低浓度蔗糖(1.5%)条件下,KT 对番茄离体根的生长有抑制作用,这是由分生区细胞分裂速度降低造成的。与此相反,在高浓度蔗糖(3%)条件下 KT 能够刺激根的生长。另外,KT 能够延长离体根分生组织的活性,起着抗老化的作用,并能与外加 GA_3 和 NAA 的反应相拮抗,因此,生长调节剂的作用表现出一定的复杂性。

(5)pH 值 在番茄的离体根培养中,采用单一硝态氮作为氮源时,培养液 pH 值应为 5.2,而当用单一铵态氮源时,pH 值在 7.2 为宜。在培养过程中 pH 值的改变会影响到铁盐的吸收,进而影响番茄根的生长速度。使用非螯合态的铁,当 pH 值升高至 5.8~6.2 时,铁发生沉淀,造成培养液中缺铁。使用 Fe-EDTA 时,pH 值为 7 时,也不会感到缺铁。一般可采用 $Ca(H_2PO_4)_2$ 或 $CaCO_3$ 作为缓冲剂,以获得稳定的 pH 值。

（6）光照和温度　离体根培养温度以 25～27 ℃ 为佳，一般情况下离体根均进行暗培养，但也有些植物光照能够促进其根系生长。

4.2.2　茎尖的培养

茎尖培养是切取茎的顶端部分或茎的分生组织部分进行无菌培养。茎尖是植物组织培养中最常用的材料之一，依茎尖大小和目的可将其分为茎尖分生组织培养和普通茎尖培养两种类型。茎尖分生组织培养目的是获得脱病毒植株，要求切取带有 1～2 个叶原基，大小为0.1～1.0 mm 的茎尖。普通茎尖培养主要用于植物快速繁殖，茎尖大小为几毫米到几十毫米。此外，茎尖培养还用于品种改良和基础理论研究等方面。

普通茎尖培养进行植物快速繁殖已成为一项较为成熟的技术。由于该技术是在无菌条件下，在较短的时间和较小的空间内，将一个微型个体进行大量繁殖的方法。因此，人们把这种繁殖技术又称为微繁技术。

1）茎尖培养的一般方法

茎尖培养过程一般包括 4 个阶段：无菌培养的建立、中间繁殖体的增殖、生根壮苗和试管苗的炼苗与移栽。

（1）无菌培养的建立

①取材。一般来说首选的外植体材料是正在生长的顶芽或侧芽，但一些植物的茎段、鳞茎、块茎、球茎、花茎等同样可以作为快速繁殖的材料，他们可以通过培养产生不定芽而进行繁殖。

②消毒。由于植物的种类及材料的来源不同，可采取不同的消毒方法。首先对材料进行流水清洗，再用 70% 乙醇漂洗几到十几秒钟，然后用 0.1% 升汞消毒，消毒时间一般在 2～10 min，对于来自较老枝条上的顶尖和侧芽及有芽鳞片保护的芽消毒时间可长达 8～12 min，消毒后的材料用无菌水洗 3～5 次。

③切取茎尖。在无菌条件下对植物材料进行常规剥离，将剥离的茎尖及时转入到适当的培养基中培养。一般用于快速繁殖的茎尖材料，比用于脱毒的茎尖组织要大，可带 2～4 个叶原基或更多。

④培养基。目前用于快速繁殖的基本培养基有 MS、B_5、White 等。培养基中 B 族维生素是维持快速生长所必要的成分，水解乳蛋白或水解酪蛋白有利于许多植物不定芽和不定胚的分化。培养基中生长素与细胞分裂素的比例影响器官发生的方向，植物种类、部位、季节不同，对于植物生长调节剂的反应也不一样。为了使茎尖顺利地发育成健壮完整的植株，重点是生长调节剂的水平。在进行茎尖微繁时，使用 3 种类型的生长调节剂：第一类是生长素，用得最多的是NAA，其次是 IAA；第二类是细胞分裂素，如 BA、ZT，细胞分裂素在促进不定芽产生上效果显著；第三类是 GA_3，它往往有利于茎尖的伸长和成活，需要的浓度较低，一般为0.1 mg/L，浓度太高会产生不利影响。

⑤培养条件。一般光照强度为 1 000～3 000 lx，光周期使用连续光照 16 h。光照不是为了满足培养物光合作用的需要，而是用于植物的光形态建成。培养温度通常为25 ℃ 左右，但因植物种类不同，有时也采用较低或较高的温度。在干燥的季节还应注意培养室内湿度的管理，以防培养基内的水分散失过多而对培养不利。

（2）中间繁殖体的增殖　为了增加培养物的数量,必须进一步繁殖,使之越来越多。增殖使用的培养基对同一材料来说,几乎每次都是相同的。由于培养材料在最适宜的条件下培养,排除了其他生物的竞争,就能够按几何级数增殖。经过连续不断的继代培养,达到应繁殖的数量后,再进入下一阶段进行壮苗和生根。

（3）生根壮苗　矿质元素浓度高时有利于发展茎叶,较低时有利于生根,因此,生根培养一般选用无机盐浓度较低的培养基作为基本培养基。MS 培养基无机盐浓度较高,在生根时多采用 1/2 MS 或 1/4 MS。一般生根培养基中要完全去除或仅用很低浓度的细胞分裂素,并加入适量的生长素,如 NAA、IBA 等。生根培养基中的糖浓度要降低到 $1.0\% \sim 1.5\%$,以促使植株增强自养能力,同时降低培养基的渗透势,有利于完整植株的形成和生长。

（4）试管苗的炼苗与移栽　试管苗的炼苗与移栽见 3.6 节。

2）影响茎尖培养的主要因素

（1）基因型　不同科、属植物要求的条件有很大差别,甚至同一属的不同种间以及品种间,其表现也不一样。但也有另一些情况,即在分类地位相距甚远的若干种植物中,可能恰好可以用完全相同的培养基。

（2）外植体的大小　培养茎尖材料过大,不利于丛生芽与不定芽的形成,另外,外植体越大也越容易被污染。但外植体也不要太小,非常小的外植体其存活率很低。

（3）材料的生理状态　一般以春天芽已经膨大,但芽鳞片还没有张开时最为合适。此时,芽生长旺盛,并有芽鳞片保护,里面是无菌的。对于某些需要高温和低温处理或特殊光周期处理才可以打破休眠的块茎、鳞茎、球茎等,常常要处理以后才能剥取茎尖进行培养。

（4）芽在植株上的部位　对于草本植物来说,使用顶芽或上部的芽,常常比用侧芽或基部的芽容易培养。这可能与它们生长较为旺盛有关,但由于顶芽的数量有限,也常用侧芽作为培养材料。芽在植株上的部位对茎尖培养的影响因不同的植物种类而异,不可一概而论。例如月季等以枝条中间部位的芽成活率高,对培养基反应好。

（5）供试植株的年龄　多年生木本植物随着年龄的增加,分生组织、茎尖和芽的培养变得越困难,成年树较幼态树的培养要困难得多。一年生或多年生草本植物,营养生长早期的顶芽、腋芽比营养生长后期的顶芽与腋芽的培养要容易得多。

（6）培养基　生长调节剂是影响茎尖培养的主要因子。不同的基本培养基对茎尖的培养也有一定的影响。因此,在进行茎尖培养研究中,筛选适宜于某品种微繁殖的基本培养基也是非常重要的。

（7）环境条件　在初代培养启动阶段和茎芽的增殖期,光照可满足植物的形态建成过程的需要。在生根阶段适当增加光照可使小植株具有进行光合作用的能力,由异养型过渡到自养型,并使植株坚韧,提高抗逆性,提高移栽成活率。

4.2.3　叶的培养

叶的培养是对叶原基、子叶、叶的组成部分等叶组织进行的离体培养。叶是植物进行光合作用的器官,也是某些植物的繁殖器官。离体叶培养主要用于研究叶形态建成、光合作用、叶绿素形成等理论问题;也可利用离体叶组织建立植物体细胞快速无性繁殖系,提高某些不易繁殖植物的繁殖系数。此外,叶细胞培养物是良好的遗传诱变系统,经过自然变异或者人工诱变处理可筛选出突变体在育种实践中加以应用。

1) 叶组织培养的一般方法

(1)取材与消毒　选取植物的叶原基、叶片或叶柄等,经流水冲洗干净,经70%乙醇消毒后,用0.1%升汞消毒2~10 min,一般幼嫩叶的消毒时间宜短些,再用无菌水冲洗3~5次。消毒后的叶片转入到铺有滤纸的无菌培养皿内,用解剖刀切成5 mm×5 mm左右的小块,然后上表皮朝上接种于固体培养基上。

(2)培养　叶培养常用的有MS、B_5、White、N_6等基本培养基。附加物中碳源一般都使用蔗糖,浓度为3%左右。生长调节剂是影响叶组织脱分化和再分化的主要因素,对大多数双子叶植物的叶来说,培养中细胞分裂素特别是KT和BA有利于芽的形成,而生长素有利于根的发生,添加2,4-D有利于愈伤组织的形成。此外,还需添加椰子汁等有机添加物,以利于叶组织中的形态发生。

叶组织一般在25~28 ℃条件下培养,光照12~14 h/d,光照强度为1 500~2 000 lx,不定芽分化和生长期应将光照强度增加到3 000~10 000 lx。

2) 影响叶培养的主要因素

(1)基因型　不同的植物种类在叶组织培养特征上有一定的差异,同一个物种的不同品种间叶组织培养特性也不尽相同。

(2)植物生长调节剂　植物生长调节剂在植物叶组织培养中起着重要作用,叶组织一般要经过愈伤组织阶段,即经过脱分化与再分化过程。其器官形成符合生长调节剂比例控制器官发育模式。例如,许智宏等(1986)在烟草叶片培养中发现,低浓度NAA与不同浓度的BA配合或BA单独使用均能形成大量的芽,以含有NAA者茎叶生长较好,且很少有根的形成,反之则明显地促进根和愈伤组织的形成。

(3)植株的叶龄　一般个体发育早期的幼嫩叶片较成熟期幼嫩叶片分化能力高。

(4)其他因素　极性也是影响某些植物叶组织培养的一个较为重要的因素。烟草一些品种离体叶片若将背叶面朝上放置时,就不生长、死亡或只形成愈伤组织而没有器官的分化。

对离体叶片进行的损伤有利于愈伤组织的形成。大量的叶片组织培养证明,大多数植物愈伤组织首先在切口处形成,或切口处直接产生芽苗的分化。但是,损伤引起的细胞分裂活动并非是诱导愈伤组织和器官发生的唯一动力。一些植物(如秋海棠)还可以从没有损伤的离体叶组织表面大量发生。

3) 离体叶组织的器官发生途径

(1)外植体直接产生不定芽　叶组织离体培养后,由离体叶片切口处组织迅速愈合并产生瘤状突起,进而产生大量的不定芽;或由离体叶面表皮下栅栏组织直接脱分化,形成分生细胞,进而分裂成分生细胞团,产生不定芽。

(2)经由愈伤组织产生不定芽　叶组织离体培养后,首先由离体叶片组织脱分化形成愈伤组织,然后由愈伤组织再分化出不定芽;或者脱分化形成的愈伤组织经继代后诱导不定芽的分化。

(3)胚状体形成　大量的研究证明,叶片组织离体培养中胚状体的形成也是很普遍的。例如,在菊花叶片培养中,一般由愈伤体产生胚状体居多,这类胚胎体系由愈伤组织中的分生细胞先经过分裂形成胚性细胞团,胚性细胞团再进一步发育形成原胚、球形胚到鱼雷形胚。叶片栅栏细胞,表皮细胞和海绵细胞等经脱分化后也能产生胚状体。

(4)其他途径　大蒜的贮藏叶及水仙的鳞片叶经离体培养后,直接或经愈伤组织再生出球状体或小鳞茎而再发育成小植株。兰科植物切取尚未展开的幼叶进行培养后,可以得到愈伤组织和原球茎,再经培养成苗。

4.3　花药和花粉培养

花药培养指将花粉发育至一定阶段的花药接种到人工培养基上进行离体培养,经适当诱导脱分化,形成花粉胚或愈伤组织,进而分化成花粉植株。花粉培养则需将花粉从花药中游离出来,再进行离体培养的过程。

从植物组织培养角度讲,花药培养属于器官培养的范畴,而花粉培养与单细胞培养类似。二者都能够经过培养诱导形成单倍体细胞系,甚至获得单倍体植株。在育种上主要用于克服后代分离;缩短育种年限;排除显、隐性基因干扰;提高育种选择效率;加速自交系育成;诱变育种等方面。

4.3.1　花药培养

1)培养方法

(1)材料的选择与处理

①花粉发育时期。选择合适的花粉发育时期,是提高花粉植株诱导成功率的重要因素。被子植物的花粉发育可分为四分体期、单核(小孢子期)、二核期和三核期(雄配子体期)4个时期。单核期和二核期又可分为前、中、晚期。对大多数植物来说,花粉发育的适宜时期是单核期,尤其是单核中、晚期,此时的花粉最容易形成花粉胚或花粉愈伤组织。单核晚期又叫单核靠边期,此时的花粉中形成的大液泡已将核挤向一侧。

②花粉发育时期的检测。一般将植物的花药置于载玻片上压碎,加1~2滴醋酸洋红染色,再进行镜检,以确定花粉发育时期。水稻等植物的花粉,处于单核期时尚未积累淀粉,在进入三核期后的花粉开始积累淀粉,因此可用碘—碘化钾染色鉴定。

此外,花粉发育时期与花蕾或幼穗大小、颜色等特征之间有一定的对应关系,只要细心地观察和比较,在每种植物上都可找出适宜的形态学指标,可供田间采样时参照。据观察,白菜花粉单核期的花蕾0.3~0.4 cm;茄子花粉单核靠边期的花蕾1.2~1.5 cm;烟草花粉单核晚期的花蕾的花冠与花萼等长;水稻花粉单核晚期的颖花雄蕊长度大于颖壳长度的1/3而接近其1/2,颖壳宽度已达到最大值,但颜色为浅黄绿色。

③材料预处理。将采集的花蕾或花序进行适当的处理能提高花粉植株诱导频率。主要处理方法有低温、离心、低剂量辐射、化学试剂(如乙烯剂)处理等。其中低温处理是最常用的方法,将禾谷类植物带叶鞘的穗子或其他植物的花蕾用湿纱布包裹放入塑料袋中,置冰箱冷藏。例如,烟草在7~9 ℃放置7~14 d,小麦、大麦在7 ℃放置7~14 d,水稻在10 ℃放置2~7 d可

大幅度提高诱导率。

（2）表面消毒　花药培养时，一般消毒程序比较简便。由于花蕾未开放时，花药处于无菌状态，常以70%乙醇棉球擦拭材料外表或浸润片刻即可。也可用0.1%升汞浸泡3~5 min，或漂白粉溶液浸5~10 min，最后用无菌水冲洗材料3~5次备用。

（3）接种　在超净工作台上用镊子剥去部分花冠，露出花药，夹住花丝，取出花药接种到培养基上。注意不要直接夹花药，以免损伤。接种密度宜高，以促进"集体效应"的发挥，有利于提高诱导率。对于花器很小的植物，夹取花药时可能需要借助解剖镜。

（4）培养　将培养材料置于25~28 ℃，光暗交替，光照强度2 000~10 000 lx，光照时间12~18 h/d。离体培养的花药对温度最敏感，对一些温度要求较高的植物如烟草、小麦、油菜、曼陀罗、甜椒，在接种后先置30~35 ℃高温下培养数天至数周，再置常温度下培养，可显著提高愈伤组织发生率和花粉植株诱导率。如大多数小麦品种高温预培养的温度为30~32 ℃，培养时间2~8 d，然后转入28 ℃下培养。不同植物的离体花药对光照的反应不同；对于禾本科植物来说，在花药愈伤组织的诱导期间，光照的有无并不重要，进行暗培养或给以弱光或散射光处理即可；但由愈伤组织分化芽或胚状体以及再生植株壮苗培养阶段，都必须光照。

（5）植株形态发生　花粉植株的形成有两条途径，一是花药中的花粉形成愈伤组织，愈伤组织经再分化诱导成苗；二是花粉分化成胚状体（花粉胚）而直接成苗（图1.10）。

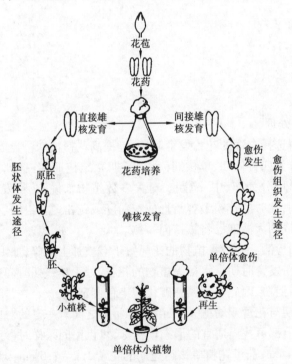

图1.10　花药培养与花粉植株的形态发生

2）影响花药培养的主要因素

（1）基本培养基　基本培养基的选择因植物种类和品种而异。MS培养基和H培养基适合双子叶植物花药培养；B_5培养基适合豆科与十字花科植物花药培养；Nitsch培养基适合芸薹属和曼陀罗属植物花药培养；而禾谷类植物的花药培养常采用N_6、C_{17}和W_{14}等培养基。

（2）无机盐　培养基中高浓度的铵离子显著抑制花粉愈伤组织形成。铁盐对花粉胚状体发育很重要，如在 Fe-EDTA 浓度小于 40 μmol/L 的低铁或无铁培养基上，烟草花粉胚只形成多细胞原胚体（球形胚）便停止发育。

（3）生长调节剂　生长调节剂的种类与浓度对花粉的启动、分裂、分化具有关键的作用。细胞分裂素和椰汁促进花粉分化成胚状体，生长素类尤其 2,4-D 促进愈伤组织形成，但 2,4-D 抑制愈伤组织分化成胚状体。高浓度生长素甚至可引起茄科花粉胚状体转化为愈伤组织。因此，诱导愈伤组织分化成苗，应将其转入无 2,4-D 或含有低浓度 IAA、NAA 与较高浓度细胞分裂素的分化培养基上。烟草、水稻等少数植物的花药可在不含生长调节剂的培养基上形成愈伤组织或花粉胚。

（4）蔗糖　蔗糖作为碳源和调节培养基渗透势的物质，其浓度对花粉愈伤组织诱导率有一定的影响，例如诱导油菜、烟草花粉愈伤组织或胚状体的适宜蔗糖浓度是 2%～3%，水稻则是 4%～8%，甘蔗则高达 20%，但对大多数植物来说是 2%～4%。在许多植物花药和花粉培养中，诱导花粉形成愈伤组织阶段，宜采用较高浓度蔗糖，而愈伤组织分化成苗阶段宜用较低浓度的蔗糖。研究表明，有些植物如小麦、大麦、水稻等的花药培养用麦芽糖效果优于蔗糖。

（5）附加物　添加天然有机物如水解乳蛋白、水解酪蛋白、椰子汁、酵母提取液等，是对基本培养基组成成分和生长调节剂的补充，可提高花粉愈伤组织和胚状体诱导率，对促进其生长有良好的效果。此外，活性炭也能促进胚状体发育，提高花粉植株产量，且已经在烟草、油菜、马铃薯等植物中被先后证实。

4.3.2　花粉培养

花粉培养是指单倍体单细胞的培养，除用于诱导单倍体植株外，也是研究花粉细胞化、胚胎发生、形态建成的理想系统。离体培养的花粉粒与花药培养成苗途径相同，即有胚状体成苗和愈伤组织再分化成苗两条途径。但花粉培养需进行花粉的分离和特殊的花粉诱导培养。

1）花粉的分离

花粉分离方法有挤压法和漂浮释放法等。挤压法是用平头玻棒将置于液体培养基中的花药挤压破碎后去掉残片，或将经过预培养的花药置一定浓度的蔗糖液中压碎，用孔径大小适合的尼龙网筛过滤，最后在 500～1 000 r/min 离心 1～2 min，重复 2 次，收集沉淀。漂浮释放法是将低温处理后的花药接种于液体培养基上，进行漂浮培养。数天后花药开裂，花粉散落到液体培养基中，1 000 r/min 离心 1～2 min，收集沉淀。

2）花粉的培养方法

从未经预培养的花药分离出的花粉，可直接接种于花粉培养基上，诱导愈伤组织和花粉胚。若将花粉置于水中或无糖培养基中培养数天，再转入花粉培养基，其"饥饿效应"有助于提高诱导率。从经过预培养 3～6 d 的花药中分离出的花粉，在离心纯化后接种于液体培养基中，培养 3 周后便可发生花粉胚，4～6 周可长成小植株。

花粉的培养方法，通常有平板培养法、看护培养法和微室培养法等，详见 4.5 节细胞培养。

4.3.3　单倍体植株的染色体加倍

通过花药培养和花粉培养所得到的单倍体植株营养体瘦小,高度不育,只有将其加倍成为纯合二倍体植株,在育种上才有利用价值。

1)花粉植株的倍性

由花药培养产生的花粉植物不仅有单倍体,还有二倍体、三倍体及非整倍体。不同倍性花粉植株的来源是:

a. 花粉细胞发生核内有丝分裂,或畸变可产生二倍体、四倍体;

b. 花粉细胞核分裂并出现核融合,可产生三倍体、五倍体;

c. 花药壁或花药内部组织(绒毡层)细胞同时发育,产生二倍体。

植物种类、接种花药的花粉发育时期、培养基中生长调节剂种类与浓度等均可影响花粉植株的倍性。而花粉植株的发生途径、愈伤组织继代培养时间长短的影响尤为显著。一般由花粉胚状体直接成苗或由第二代愈伤组织分化成苗,单倍体频率高,如在烟草中单倍体几乎为100%。此外,随着愈伤组织继代次数、继代时间的增加,二倍体的比例也会增加。

2)单倍体植株染色体加倍方法

(1)自然加倍　通过花粉细胞核有丝分裂或核融合染色体可自然加倍,从而获得一定数量的纯合二倍体。

(2)人工加倍　人工加倍指用秋水仙素处理单倍体植物,使染色体加倍的方法。处理方式有秋水仙素溶液浸苗、处理愈伤组织和用含0.4%秋水仙素的羊毛脂涂抹田间单倍体植株的顶芽、腋芽等,处理时间和秋水仙素的浓度视材料而定。

(3)从愈伤组织再生　将单倍体植株的茎段、叶柄等作为材料,在适宜的培养基上诱导愈伤组织产生,经反复继代后再将其转移到分化培养基,可以得到较多的二倍体植株。但在分化出的植株中,常有较多的多倍体或非整倍体植株存在,故需进行倍性鉴定后,方可利用。

花粉单倍体植株,生长势弱,不能开花结实,本身并无利用价值,但与常规育种技术相结合,就能发挥其作用。我国科技人员率先将花药培养与常规育种方法结合,培育出水稻、小麦、烟草、油菜等一批作物新品种或新品系。

4.4　胚胎培养

胚胎培养是指将植物的胚胎与母体分离进行离体培养的技术。离体胚胎培养主要应用于克服种、属间受精障碍,打破种子休眠,缩短育种周期,克服种子生活力低下和自然不育等问题,也用来研究胚胎发育过程中与胚发育有关的内外因素,以及与其发育有关的代谢和生理生化变化等理论研究。胚胎培养主要包括胚培养、胚乳培养以及子房培养等。

4.4.1　胚培养

胚培养是指采用人工方法把胚从种子、子房或胚珠中分离出来,在无菌条件下培养,使其进一步生长发育形成幼苗的过程。

1)胚胎培养的类型

离体胚包括胚胎发生过程中不同发育期的胚,一般叫分为成熟胚培养和幼胚培养。

(1)成熟胚培养　成熟胚一般指子叶期后至发育完全的胚。它培养较易成功,将其置于只含有大量元素和糖的较简单培养基中,仅需提供一定的温度、湿度就可以正常萌发长成植株。

(2)幼胚培养　幼胚培养指对胚龄处于子叶期以前的幼胚进行培养。幼胚从生理至形态均未成熟,培养时完全依赖和吸收周围组织的有机营养物质,对培养基要求较高,仅提供一定的温度和湿度均不能使其萌发,培养难度较大。

幼胚的生长有3种明显不同方式:

①出现胚性生长,即胚只是在体积上增大甚至超过正常胚大小而不能萌发成苗。

②幼胚不能继续进行胚性生长,而是迅速萌发成幼苗,通常称为"早熟萌发"现象,长成的幼苗畸形、瘦弱。

③在很多情况下,细胞增殖产生愈伤组织,再分化形成胚状体或不定芽。

2)培养方法

(1)幼胚培养　选择受精后经过一定时间发育的子房,用70%乙醇消毒几秒,接着用饱和漂白粉或0.1%升汞浸泡10~30 min,再用无菌水冲洗3~5次。在解剖镜下用刀片沿子房纵轴切开子房壁,再用镊子夹出胚珠,剥去珠被,取出完整的幼胚,接种在预先配好的培养基上。一般采用固体培养方法,培养条件为温度20~30 ℃,光照强度2 000 lx,光照时间10~14 h/d。

(2)成熟胚培养　将成熟的果实或杂交种子取回后进行表面消毒,然后在超净工作台上剥离成熟胚,接种到预先配制好的培养基上。成熟种胚离体培养时在比较简单的培养基上便能正常萌发生长,在人工控制的条件下(一般25 ℃的黑暗或光照环境),成熟胚经过一周左右的培养,即可发芽生长,6~7周后培养幼苗可达3~4 cm高,并具有两三片真叶和发育良好的根系。

3)影响胚培养的主要因素

(1)培养基　成熟胚是一个充分发育的两极结构,即含有根原基和茎原基以及一个或两个次生附属子叶。一般成熟胚是自养的,而且以后的发育在很大程度上受它们固有因素的控制,成熟胚进一步发育,产生根和茎,形成幼苗。这时期的胚在营养上是相对独立的,只需要提供简单的营养条件,在含有大量元素的无机盐和糖培养基上即能生长。但在有些情况下,对于远源杂交胚等的培养,则需要加入有机物或植物生长调节剂等。

未成熟的幼胚,其生长发育不仅依赖于周围细胞的代谢,而且还依赖于周围胚乳的丰富养分,幼胚处于完全异养状态,离体时要求相似的环境条件,更复杂的培养基。除了一般的无机盐成分外,还要加入微量元素和各种附加成分。不同发育时期的幼胚对培养基成分的要求不同,一般胚龄越小,要求的培养基成分就越复杂。

①碳源。碳源不仅作为有机碳源和能源,而且是为了保持培养基适当的渗透压,以防止胚的

早熟萌发现象发生,保持胚性生长。蔗糖是最为适宜的碳源,一般处于发育早期的幼胚需要较高的蔗糖浓度,随着胚的不断发育,则要求逐步降低蔗糖浓度。如曼陀罗前心形胚蔗糖浓度为8%,后心形胚期为4%,鱼雷形胚需0.5%~1%,成熟胚在无蔗糖的培养基上就能生长得很好。

②培养基pH。不同植物胚生长要求的最适pH也不同,一般在5.2~6.3,如番茄为6.5,水稻为5.0,柑橘为5.8,苹果为5.8~6.2。

③维生素。维生素对培养幼胚是必需的,常用维生素包括盐酸硫胺素、烟酸、泛酸、盐酸吡哆醇、抗坏血酸等。维生素及其衍生物对胚生长的促进作用不同,例如盐酸硫胺素对几种植物胚的培养表现出促进根的伸长,而烟酸和泛酸对茎生长的促进作用比对根更为显著。

④附加成分。天然植物提取液如水解酪蛋白、椰子汁、酵母提取物、麦芽提取物以及天然胚乳提取物等,对幼胚的生长都有不同程度的影响,如椰子汁可促进幼胚生长和分化。

(2)培养条件

①温度。对于大多数植物胚胎培养,维持在25 ℃的温度是最适宜的。有些则需要较低或较高的温度,如马铃薯在20 ℃培养较好,而棉花的胚在32 ℃下生长最好。也有一些植物的胚培养需要在变温的条件下进行,如培养桃胚时,必须将接种在培养基上的胚放在2~5 ℃低温下处理60~70 d,然后转入白天24~26 ℃,夜间16~18 ℃的变温条件下培养,桃胚才能萌发。

②光照。通常胚培养是在弱光下进行的。幼胚的培养在光照和黑暗的条件下都可以,达到萌发时期则需要光照。一般认为培养在12 h光照与12 h黑暗交替的条件下,光有利于胚芽的生长,黑暗有利于胚根的生长。

(3)胚柄　在幼胚培养中,胚柄的存在会显著地刺激胚的进一步发育,提高幼胚的存活率。但幼胚的胚柄很小,一般很难与胚体一起完整地分离出来。据研究,培养基中添加一定浓度的赤霉素(5 mg/L)能有效地替代胚柄的作用。

(4)胚乳看护培养　尽管人工培养基已经有了不少改进,但培养基早期的胚仍有很大困难。胚乳看护培养在一定程度上有助于早期胚胎的成活与发育。

对于幼胚培养,胚龄也是主要影响因素。通常胚龄越小,培养的难度越大,受精后的合子胚或只分裂几次的原胚一般很难培养成功。

4)胚培养的应用

植物胚培养的意义或用途主要有以下6个方面:

①克服杂种败育;

②打破种子休眠;

③提高种子发芽率;

④克服珠心胚的干扰;

⑤诱导胚状体及胚性愈伤组织;

⑥种子生活力测定。

4.4.2　胚乳培养

胚乳培养是指从有胚乳的果实或种子中分离胚乳进行离体培养,使其生长发育形成幼苗的过程。胚乳是被子植物双受精的产物之一,是由两个极核和一个精细胞融合而成的,所以胚乳细胞是三倍体组织。胚乳为发育中的胚提供养料,在有胚乳种子中也为种子的萌发和幼苗的生长提供营养。通过胚乳培养有可能获得产生无籽果实的三倍体植株,同时还可将其加倍成六倍体植株,这在生产上有重要的应用价值。由于胚乳培养分化植株的染色体倍性不稳定,可以从中分离和筛选出各种类型的非整数倍植株,为多倍体遗传种提供了丰富的原始材料。如果所用的培养材料是杂种胚乳,还可期望得到不同的附加系和换代系,这种材料在遗传学和育种学上具有一定的应用价值。

1) 培养方法

(1)取材　将采集的植物种子进行常规消毒,用无菌水冲洗干净后,在无菌条件下小心分离出胚乳,接种在培养基上。

(2)愈伤组织诱导　在胚乳接种到培养基上的 1~2 周后,胚乳的外观显得膨大而光滑,往往在切口处形成乳白色的隆突,并不断增生成团块,且不断增多。少数胚乳的这种突起可以转为绿色,形成叶状丛(如猕猴桃)。但大多数胚乳隆突再增生成新的团块,成为典型的愈伤组织。这时,应及时转接至分化培养基上培养,否则,愈伤组织会停止生长,直至老化死亡。

(3)植株分化　把正在旺盛生长的愈伤组织及时进行分化培养。在适当条件下,经过培养可形成不定芽或胚状体。

(4)生根培养　将不定芽切下接种到生根培养基上进行培养,形成完整的植株,胚状体可直接形成胚乳苗。

2) 影响胚乳培养的主要因素

(1)培养基　胚乳培养的基本培养基为 White、LS 和 MS 等。此外,在培养基中添加一些天然提取物如水解酪蛋白等,可促进愈伤组织的产生和增殖。在胚乳培养中,蔗糖是最好的碳源,使用浓度3%~5%。培养基中添加植物生长物质的种类和浓度是影响胚乳愈伤组织产生的重要因素,大麦胚乳愈伤组织的形成需加 2,4-D,猕猴桃胚乳培养则要求高浓度的 KT 与2,4-D组合,枸杞胚乳愈伤组织诱导在几种不同生长调节剂组合下都可以发生,但发生频率不同。胚乳培养中培养基 pH 要求为 4.5~6.5。

(2)培养条件　不同植物胚乳培养对光照的要求有明显的差异,如玉米胚乳培养在黑暗条件下比光照好,而蓖麻胚乳培养需要光强为 1 500 lx 的连续光照,黑麦草胚乳培养对光照则无明显反应。多数植物进行胚乳培养时通常采用10~12 h/d 的光照,温度24~26 ℃,低于20 ℃或高于 30 ℃均明显减弱愈伤组织的生长。

(3)胚的影响　胚在胚乳愈伤组织的形成中起一定的作用。在枸杞、葡萄、桃等植物胚乳培养中,带胚产生愈伤组织的频率比不带胚的要高。而在桃的未成熟胚乳培养时,在胚存在的情况下,愈伤组织诱导率从 60% 提高到95%。大戟科的成熟胚乳培养,最初的诱导增殖是需要带胚的。采用 GA_3 浸泡胚乳可部分替代胚的作用。但在另一些植物如苹果、柑橘、猕猴桃和枇杷等未成熟胚乳培养中不带胚也获得了植株。

3) 再生植株的染色体倍性

植物胚乳培养中产生的愈伤组织和再生植株染色体的数目常常会发生变化,但也有不少植物的胚乳细胞在培养中染色体倍性表现一定的稳定性。据此可将其分为稳定型和畸变型两类。稳定型是指胚乳培养物在继代培养中,细胞染色体倍性保持相对稳定性,胚乳培养物表现出稳定的器官分化能力。如檀香、柚、枣等的胚乳植株为稳定的三倍体。畸变型则是指胚乳培养物的细胞染色体数不稳定,器官分化能力很低。如在苹果的胚乳愈伤组织中,绝大多数细胞含有多倍的和非整数倍的染色体,而三倍体细胞仅占全部细胞的 2.5%～3.9%。桃的胚乳胚状体产生的根尖细胞染色体数目也很不一致,有 8,15,16,24 条染色体。因此,由胚乳培养得到的植株,多数是由多种倍性细胞组成的嵌合体。

4.4.3　子房培养

子房培养是指将植株上的子房摘下进行离体培养的方法。根据培养的子房是否授粉,可将子房培养分为授粉子房培养和未授粉子房培养两类。培养授粉子房主要是挽救子房内杂种胚的发育,培养未授粉子房的目的是通过子房内单倍体细胞的发育获得单倍体植株,例如水稻、小麦、大麦、烟草、向日葵、杨树等植物的未授粉子房培养均已获得单倍体植株,并在育种中得以利用。另外,对未授粉子房,通过试管内离体授粉方法可以有效解决在杂交育种中,由于花粉在柱头上不能萌发、花粉管不能伸入花柱或花粉管生长太慢等引起的受精作用不能正常完成的问题。

1)培养方法

(1)取材与消毒　对未授粉的子房进行离体培养,一般在开花前 1～5 d 的花蕾中取得;而对授粉子房的培养,应按需要选定授粉后天数。禾谷类植物的子房由于包裹严密,消毒时只需用 70% 乙醇擦拭幼穗即可;双子叶植物的花蕾消毒方法同前,但对于授粉子房则应进行严格的表面消毒。在无菌条件下,将已经消毒的植物材料的雄蕊或花被剥除,剥离子房并接种到培养基上。注意不要让雌蕊受伤。

(2)子房培养　固体培养时将子房平放在培养基上;也可在液体培养基上加滤纸桥进行液体培养。子房离体授粉可采用切去柱头和花柱后直接在子房上散布花粉的方法。一般在花蕾开放前一天或数天套袋,花开当天或前一天取下,进行表面消毒后收集花粉即可用于授粉,也可以使用紫外线照射 15 min 获得无菌花粉粒。培养条件为温度 25 ℃ 左右,光照或黑暗。

2)影响子房培养的主要因素

(1)培养基　植物子房培养所选用的基本培养基,因植物的种类不同而异。常用的培养基有 N₆、MS、Heller、White 和 Nitsch 等。碳源以蔗糖和葡萄糖使用最多,且效果良好,一般应用浓度为 5% 左右。

(2)外界条件　温度是影响试管内离体授粉成功的一个重要因素,要注意控制离体授粉和培养时的温度,才能获得较好的效果。试验表明在白菜和甘蓝进行试管内授粉时发现分别在 20 ℃ 和 25 ℃ 时形成的杂种胚胎最多,发育也快。

3)再生植株的染色体倍性

未授粉子房中存在含有一套染色体的性细胞和两套染色体的体细胞,二者均可以经过愈伤组织阶段,再分化形成胚状体或不定芽而发育成植株。因此,再生植株既可能是单倍体,也可能是二倍体,其后代会出现不同倍性的植株。培养授粉子房时其卵细胞与精子已发生融合,由受精卵细胞经胚状体或愈伤组织途径产生的植株是二倍体,但遗传上是杂合的。此外,试管内离体授粉子房也可以发育成为果实,其中能够受精的胚珠会发育为成熟的种子,种子在培养基上发芽长成植株。

4.5　细胞培养

植物细胞培养是指对植物器官或愈伤组织上分离出的单细胞或小细胞团进行培养,形成单细胞无性系或再生植株,或生产次生代谢产物的技术。它不仅揭示了高等植物细胞方面的重大理论问题,而且在实践中已被广泛地应用到作物品种改良、工业化生产次生代谢产物等一些研究和生产领域。

4.5.1　单细胞培养

单细胞培养是指对分离得到的单个细胞进行培养,诱导其分裂增殖,形成细胞团,再通过细胞分化形成芽、根等器官或胚状体,直至长成完整植株的技术。

1)单细胞的分离

在细胞培养中,既可从植物器官、组织中分离单细胞,也可以从愈伤组织中分离单细胞。常用的分离方法有:

(1)机械法　叶组织是分离单细胞的最好材料,在研钵中放入 10 g 叶片和 40 mL 研磨介质(20 μmol/L 蔗糖 + 10 μmol/L MgCl$_2$ + 20 μmol/L Tris-HCl 缓冲液,pH 值为 7.8)轻轻研磨之后,将匀浆用双层细纱布过滤,滤液经过低速离心,游离细胞就会沉降到试管底部,得到纯化细胞。

(2)酶解法　利用果胶酶、纤维素酶处理,分离出具有代谢活性的细胞,这种方法不仅能降解中胶层,而且还能软化细胞壁。所以用酶解法分离细胞时,必须对细胞给予渗透压保护。

(3)由愈伤组织分离单细胞　将未分化、易碎散的愈伤组织转移到装有适当液体培养基的三角瓶中,然后将三角瓶置于水平摇床以 80 ~ 100 r/min 振荡培养,获得悬浮细胞液。用孔径 200 μm 的细胞筛过滤,除去大块细胞团,再以 4 000 r/min 速度离心,除去比单细胞小的残渣碎片,获得纯净的单细胞悬浮液。

2)单细胞的培养

单细胞的培养方法有看护培养、平板培养和微室培养等。

(1)看护培养法　用一块活跃生长的愈伤组织块来看护单个细胞,并使其生长和增殖的方法。此法简单易行,易于成功,但不能在显微镜下直接观察细胞生长过程。

其培养方法是:把含琼脂的培养液加到培养容器中使成 1 cm 厚,高压灭菌后备用。在无菌条件下,取处于活跃生长期的约 1 cm^2 大小的愈伤组织块,安放在固体培养基的中央部位,并在愈伤组织块上放一片约 1 cm^2 的无菌滤纸片,将其在培养室中放置过夜,使滤纸充分吸收从组织块渗出来的营养成分。然后将分离出的单个细胞接种到滤纸上面进行培养。培养基和愈伤组织供给单细胞营养使细胞能持续分裂形成细胞团。一般 1 个多月后,单细胞可分裂成为肉眼可见的愈伤组织小块,待 2 ~ 3 个月后即可从滤纸上直接转移到新鲜培养基上,得到单细胞无性系(图 1.11)。

（2）平板培养法　把单个细胞与融化的琼脂培养基均匀混合，并平铺一薄层（1 mm）在培养皿底上的培养方法。该方法是选择优良单细胞株的常用方法，显微镜下可对细胞分裂增殖进行全程追踪观察。

其培养方法是：先从细胞悬浮物中分离单细胞，并将悬浮液中细胞的密度调整到 $10^3 \sim 10^5$ 个/mL，然后和琼脂培养基按一定的比例混合均匀（40 ℃），将含有细胞的培养基倒在培养皿中制成平板，用胶带封口，在 25 ℃ 的条件下培养，定期观察。大约 3 周后即形成单细胞无性系（图 1.12）。

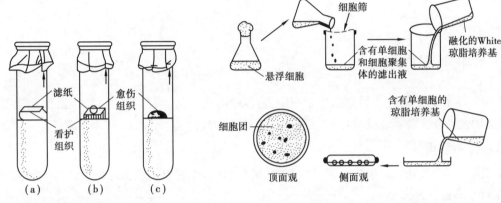

图 1.11　细胞看护培养
（a）愈伤组织看护培养单细胞
（b）单细胞分裂形成微愈伤组织
（c）将微愈伤组织转接到固体培养基上

图 1.12　细胞平板培养

平板培养的效果一般用植板率衡量。植板率是指已形成细胞团的单细胞与接种总细胞数的百分数。

$$植板率(\%) = \frac{每个平板中所形成的细胞团数}{每个平板中接种的细胞数} \times 100$$

（3）微室培养法　人工制造一个小室，将单细胞培养在小室中的少量培养基上，使其分裂增殖形成细胞团的方法。该方法可在暗视野（或相差）显微镜下清楚地观察到活细胞的各种变化，甚至还可以观察到线粒体的变化。由于培养基少，营养、水分和 pH 值变动大，培养细胞仅能短期分裂。

这个方法是由 Jones 等人（1960）设计的，实质是用条件培养基来代替看护愈伤组织。具体做法是：将洗净的盖玻片与载玻片在酒精灯火焰上灭菌，冷却后在载玻片中央滴一滴只含有一个单细胞的悬浮培养液，按盖玻片大小在液滴四周滴一圈石蜡油，再在左右两侧各加一滴石蜡油并分别放置一张盖玻片，将第三张盖玻片架在左右两个盖玻片之间，中间形成一个微室。带有培养物的微室可以按需要放在培养箱或培养室中，温度 26～28 ℃，光照或黑暗的条件下进行培养。当细胞团长到一定大小以后，揭掉盖片，把组织转到新鲜的液体或半固体培养基上培养（图 1.13）。

3）影响单细胞培养的主要因素

（1）培养基成分　除培养基的基本成分外，采用生长过愈伤组织或悬浮细胞的液体培养基（即条件培养基）培养单细胞有时会收到良好的效果。在单细胞培养中，补充生长调节剂是非常重要的,它可以大大提高植板效率。适当调整培养基的 pH 值,也能提高植板率。

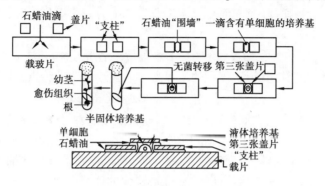

图 1.13　细胞微室培养

（2）细胞密度　单细胞培养要求植板的细胞有一个标准的临界密度才能促进其分裂和发育,低于此临界密度,培养细胞就不能进行分裂和发育成细胞团。植板的密度不是一成不变的,它因培养基的营养状况而改变,即培养基的成分越复杂,营养成分越丰富,那么植板细胞的临界密度越低;反之,植板密度要求越高,一般要求不低于 10^3 个/mL。此外,植板率高低也与细胞活力等因素有关。

4.5.2　细胞悬浮培养

细胞悬浮培养是将离体的植物细胞悬浮在液体培养基中进行培养的一种方式。它是从愈伤组织液体培养技术基础上发展起来的一种新的培养技术。这些细胞和小细胞团可来源于愈伤组织,也可来自幼嫩植株、花粉或其他组织、器官。悬浮培养能大量提供较为均匀一致的植物细胞,并且细胞增殖速度比愈伤组织快,适合进行大规模的细胞培养,因此在植物产品工业化生产上有巨大的应用潜力。

1）悬浮培养方法

细胞悬浮培养首先要筛选和鉴定培养的单个细胞,从中挑选出生长快,有效成分高,且适合悬浮培养的细胞株,然后进行逐步扩大培养,最后应用于工业化生产。细胞悬浮培养方法主要有分批培养法、半连续培养法和连续培养法 3 种。

（1）分批培养　将植物细胞分散在有一定容积的培养基系统中进行培养的方法。在培养过程中除空气和挥发性代谢物可以向外输送进行完全交换外,其余都是在一个封闭系统中进行的。培养基中基质浓度随培养时间增加而下降,细胞浓度和产物浓度则随培养时间的增加而增加。

分批培养的特点是细胞生长在固定体积的培养基中,当培养基中的养分耗尽时,细胞的分裂和生长就停止了。在整个培养过程中,细胞数的变化呈 S 形曲线。初期细胞很少分裂,细胞数增加不多,增长缓慢,称为延迟期;中期生长最快,细胞数目迅速增加,增长速率保持不变,称为对数增长期;随后由于养分供应差和代谢物积累,环境恶化,细胞分裂生长减慢称减慢期;最后养分基本耗尽,有害代谢物积累,导致细胞分裂停止,直至开始死亡,称为静止期。

（2）半连续培养法　该法是在反应器中投料和接种培养一段时间后,将部分培养液和新鲜培养液进行交换的培养方法。反应过程通常在一定时间间隔进行数次反复操作以达到培养细胞和生产有用物质的目的。此法可不断补充培养液中的营养成分,减少接种次数,培养细胞所处的环境与分批培养法一样,随时间而变化。工业生产中为简化操作过程,确保细胞增殖量,常采用半连续培养法。

(3)连续培养法　该法是在培养过程中,不断抽取悬浮培养物并注入新鲜培养基,使培养物不断得到养分补充,并保持其恒定体积的培养方法。连续培养的特点是培养过程中不断加入新鲜培养基,保证了养分的充分供应,培养期间不会发生营养不足的现象,使细胞保持在对数生长期,细胞增殖速度快,适用于大规模工业化生产。该法可分为两种培养类型:

①封闭式连续培养。排出的旧培养液由新鲜培养液补充,进入的和排出的培养液体积相等。并把排出细胞收集,重新放入培养系统继续培养,所以培养系统中的细胞数目不断增加。

②开放式连续培养。在连续培养期间,新鲜培养液的注入速度等于旧培养液的排出速度,细胞也随悬浮液一起排出,不再收集流出的细胞。流出的细胞数相当于培养系统中新细胞的增加数,因此,培养系统中的细胞密度保持恒定。

2)影响细胞悬浮培养的主要因素

(1)培养基　培养基成分对细胞培养的生物量和有用物质含量的提高都有密切关系,要互相协调。最主要的是要根据不同种类的培养细胞选择适当的碳源、氮源等。培养基 pH 值为 5～6 较为适宜。

细胞培养中生长调节物质的数量和种类对次生物质的合成起着重要作用。生长素和细胞分类素不仅保持细胞分裂的作用,而且不同类别的生长素对次生代谢产物合成有着不同的影响。如加入 2,4-D,往往阻止多种植物细胞培养时有用物质的产生,但它却能显著提高人参皂甙的产量。

(2)培养条件　光照时间、光质和光强对培养细胞的生长和有用物质的生产均有极大影响。如芸香愈伤组织在光照下培养,其芳香化合物的含量比暗培养下增加 1.5～3.6 倍。但光也能抑制某些化合物产生,如蓝光和白光能使紫草素合成受阻,萜烯类合成也能被蓝光和强白光抑制。

温度对细胞的生长和有用物质的合成与积累均有一定的影响,细胞培养时一般采用 25 ℃左右的温度。培养物能与氧气接触,有利于细胞的代谢和次生物质的合成。

4.6　原生质体培养

植物原生质体是指去掉纤维素外壁具有生活力的裸细胞。原生质体仍然具有全能性,在适宜的条件下,可经过离体培养得到再生植株。至今已从烟草、胡萝卜、矮牵牛、茄子、番茄等 70 多种植物的原生质体再生成完整的植株。

原生质体培养在应用研究和基础研究上具有重要意义。第一,与完整植物细胞相比,原生质体易于摄取外来的物质(如 DNA 和染色体)、细胞器、病毒、细菌等,因此可利用其作为理想的受体系统进行各种遗传操作,在植物遗传育种实践方面意义重大。第二,由于没有细胞壁,有利于进行体细胞杂交和单细胞培养。第三,可用于细胞表面的结构与功能的研究,细胞器结构与功能的研究,病毒侵染与复制机理的研究,以及细胞核与细胞质相互关系,植物生长物质的作用、植物代谢等生理问题的研究。

4.6.1　原生质体培养

原生质体培养的基本方法包括：材料的选择与处理、原生质体的分离、纯化、培养、诱导愈伤组织和再生植株(图1.14)。

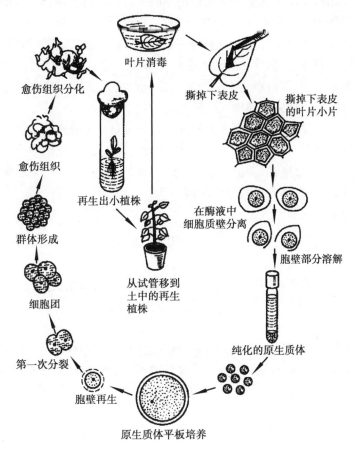

图1.14　植物原生质体培养与植株再生

(引自《生物工程与生命》,罗琛,2000)

1)材料的选择与处理

(1)材料选择　目前,人们已从多种植物材料中成功地分离出植物的原生质体,如叶片、花瓣、子叶、下胚轴、幼根、茎叶、愈伤组织、悬浮细胞和花粉等,其中叶片是植物原生质体最方便和最普遍的来源,叶片中的叶肉组织是游离原生质体的一种经典材料。它来源方便,供应及时,当有明显的叶绿体存在时也便于在细胞融合中识别。

(2)材料预处理　预处理不仅可以提高植物细胞的渗透压,以减少高渗环境的影响,还可以使分离的原生质体适应培养条件,提高原生质体的产量和代谢活性等。材料预处理的方法主要有黑暗培养、低温处理、预质壁分离等。

2）原生质体的分离

（1）机械分离法　首先使细胞发生质壁分离，然后用利刃切开细胞壁释放出原生质体的方法称为机械分离法。此法的主要缺点是：一是原生质体的产量很低、方法烦琐费力；二是对分生组织和液泡化程度不高的细胞不适用。其优点是可避免酶制剂对原生质体的有害影响。

（2）酶解分离法　植物细胞壁的主要成分为纤维素、半纤维素、果胶质和少量蛋白质等，细胞之间通过果胶质相连接。酶解法分离就是用相应的酶制剂将上述物质分解，以达到分离原生质体的目的。常用的酶有纤维素酶、半纤维素酶、果胶酶、崩溃酶、蜗牛酶等。

①配制酶液。在原生质体分离时细胞壁一旦去除，裸露的原生质体若处于内外渗透压不同的条件下，就可能立即破裂。因此在酶液中必须加渗透压稳定剂，常用的渗透压稳定剂有糖溶液系统和盐溶液系统两种，以前者为主。糖溶液系统可用甘露醇、山梨醇、蔗糖或葡萄糖；盐溶液系统有氯化钙、磷酸二氢钙、葡萄糖硫酸钾等。

②分离原生质体。原生质体分离有两种方法。一种是两步分离法，首先把植物材料在果胶酶或离析酶内处理一定时间，使单个细胞分离出来，然后再在纤维素酶中除去细胞壁，最后获得原生质体；另一种是一步分离法，即把一定量的纤维素酶、果胶酶和半纤维素酶组成混合酶液，对材料进行一次性处理，得到分离的原生质体。

3）原生质体的纯化

经酶解处理后得到一个由原生质体、细胞团与细胞碎片组成的混合液，需要进一步纯化。常用的纯化方法有：

（1）离心沉淀法　利用密度原理，在具有一定渗透压的溶液中，先行过滤再低速离心，使原生质体沉积于试管底部。该方法比较简单，由于原生质体沉淀在一起相互挤压，常引起原生质体破碎。

经酶液处理的原生质体悬浮液用 400 目网筛过滤后，滤液经 $500 \sim 1\,000$ r/min 离心 $5 \sim 6$ min，吸去上清液，用一般洗涤液（如一定浓度的甘露醇）或专用洗涤液（0.45 mol/L 甘露醇，10 mmol/L，0.7 mmol/L KH_2PO_4，pH 值为 5.6）重新悬浮离心，如此重复 $2 \sim 3$ 次。最后收集沉积于试管底部的原生质体。

（2）漂浮法　应用渗透剂含量较高的高渗溶液使原生质体漂浮于液面。该方法能够获得比较纯净的原生质体；由于存在高渗溶液对原生质体的破坏作用，仅能获得少量的完好原生质体。

首先依照离心沉淀法收集原生质体，之后将沉淀用洗涤液（3% 蔗糖、0.4 mol/L 甘露醇、1 480 mg/L $CaCl_2 \cdot 2H_2O$）或用 11% ~23% 蔗糖液洗涤离心（$400 \sim 800$ r/min，$3 \sim 10$ min）$2 \sim 3$ 次，收集漂浮在溶液表面的原生质体，最后用培养液洗涤一次。

（3）界面法　采用两种比重不同的溶液，其中一种溶液的密度大于原生质体的密度，另一种溶液的密度小于原生质体的密度，原生质体即处于两种溶液界面之间。该方法可防止因挤压引起原生质体破碎，原生质体收获量较大。

首先依沉淀法收集原生质体，再用培养液离心沉淀一次，将沉淀置于 $2 \sim 3$ mL 培养液中悬浮。取 10 mL 离心管加入 8 mL 18% 的蔗糖溶液，再取 2 mL 原生质体悬浮液铺于其上，以 700 r/min 离心 2 min，此时大量原生质体集中于培养液与蔗糖溶液之间，轻轻吸取原生质体，再用培养液离心洗涤一次，即可获得纯净的原生质体。

4) 原生质体的活力鉴定

分离纯化后的原生质体需要检查活力并调整好起始密度后才能进行培养。对于新分离出来的原生质体的活力有以下几种测定方法。

①形态识别。形态上完整，富含细胞质，颜色新鲜的原生质体有活力。若将形态上正常的原生质体放入低渗洗液或培养基中，可见到分离时缩小的原生质体又恢复原态。一般正常膨大的原生质体都是有活力的原生质体。

②活体染色。用0.1%酚番红或Evans蓝进行染色后即进行观察，有活力而质膜完整的原生质体对染料有排斥作用而不被染色，死亡的原生质体能立即被染上色。

③荧光染料活体染色。用荧光素二乙酸酯（FAD）对原生质体进行染色，染料可自由透过原生质体质膜进入内部，进入后由于受到原生质体内酯酶的分解，而产生有荧光的极性物质荧光素，它不能自由出入质膜，并在膜内堆积。在荧光显微镜下可根据产生的荧光，判断原生质体的活力。

5) 原生质体的培养

（1）浅层液体培养　此法是将一定密度（约2×10^5个/mL）的原生质体悬浮液移到培养皿或三角瓶中使之形成一个浅层（1 mm）并进行培养。注意液层不宜太厚，否则不利于细胞对氧的吸收。培养期间每日需轻轻摇动2～3次，避免分布不均匀并帮助通气。本法的优点是培养基与空气接触面大、通气好，原生质体的代谢物易扩散，防止了有害物质积累过多而造成毒害。此外，转移培养物或添加新鲜培养基也方便，并便于观察和照相。

（2）平板法培养　将1 mL原生质体密度为4×10^5个/mL的悬浮液，与等体积已溶解的含有1.4%琼脂糖的培养基（40～45 ℃）均匀混合后，置于直径为6 cm培养皿中，此时密度为2×10^5个/mL，待凝固后，将培养皿翻转，置于四周垫有保湿材料的直径为9 cm的培养皿内。此法得到的原生质体分布均匀，有利于进行定点观察原生质体形成细胞壁和细胞团的全过程。

（3）双层培养法　该法为固体培养和液体浅层培养相结合的培养方法。在培养皿内注入适量的固体培养基，再加入与原生质体混合均匀的培养液。此法既具有较丰富的培养基，又不易干涸，并且细胞分裂后可在固体培养基上生长和繁殖。

6) 原生质体的生长发育和植株再生

（1）细胞壁的再生　分离的健康原生质体在各方面条件都合适的时候，会很快再生出新的细胞壁。因植物种类、取材的器官或组织的不同，细胞壁开始再生的时间也不同。一般情况下，由培养细胞和幼嫩组织分离的原生质体，再生壁开始得比较早，而对于叶肉原生质体，则需要较长的时间才能再生出新的细胞壁。

（2）植株再生　当原生质体形成新细胞壁后，就进入细胞分裂阶段，持续分裂的结果就形成细胞团或愈伤组织。由细胞团或愈伤组织再生成完整植株可以通过两条途径来完成，一是愈伤组织诱导形态发生；另一途径是由植株原生质体细胞系在培养过程中直接诱导形成胚状体，并且可以继续形成极性，即下端生根、上端分化芽，从而发育成完整植株。

当原生质体再生的愈伤组织长到1～5 mm时，可以转接到分化培养基上。分化培养基与原生质体培养基的区别在于：不加渗透压稳定剂，只加蔗糖做碳源；提高细胞分裂素的浓度，降低生长素浓度。在分化培养基中产生的苗一般没有根，需转接到生根培养基中以促进根的形成。

4.6.2　原生质体融合

　　原生质体融合是指两种异源原生质体,在一定的条件下相互接触,发生膜融合、细胞质融合和核融合并形成杂种细胞,进一步发育成杂种植株的过程,也称体细胞杂交(图1.15)。原生质体融合不仅可以克服植物远缘有性杂交不亲和性障碍,而且为广泛重组遗传物质、形成新的物种、创造细胞质杂种和培养作物新种质开辟了新的途径。此外,原生质体融合技术也为细胞生物学和遗传学研究提供了一个新途径。

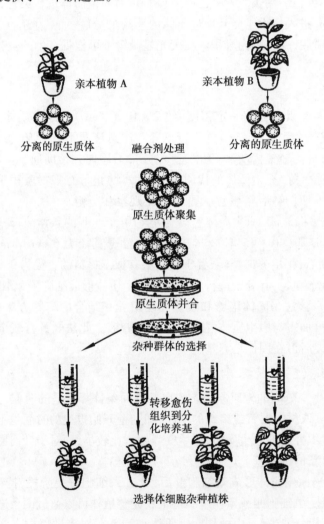

亲本植物 A　　　　　亲本植物 B

分离的原生质体　　融合剂处理　　分离的原生质体

原生质体聚集

原生质体并合

杂种群体的选择

转移愈伤组织到分化培养基

选择体细胞杂种植株

图1.15　植物原生质体融合与植株再生
(引自《生物工程与生命》,罗琛,2000)

1)原生质体融合的方法

　　原生质体的融合方式有自发融合和诱导融合两类。自发融合是种内融合,融合率不高,融合的个体一般不能进一步发育。诱导融合是指加入诱导剂或用其他方法使二亲本原生质体融

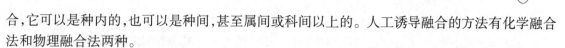

合,它可以是种内的,也可以是种间,甚至属间或科间以上的。人工诱导融合的方法有化学融合法和物理融合法两种。

(1)化学融合法　该方法主要是用各种化学试剂作为诱导剂,常用的方法有高钙高 pH 值法、聚乙二醇(PEG)法。

①高钙高 pH 值法。这是比较早采用的融合方法,它是在较高的 pH 值下以较高浓度的 Ca^{2+} 作为融合剂,诱导原生质体融合的方法。用 pH 值为 10.5、Ca^{2+} 浓度为 50 mmol/L 的溶液,在 37 ℃ 的条件下诱导两个烟草品系叶肉原生质体的融合,获得了种间杂种细胞。

②PEG 法。1974 年高国楠和 Michayluk 用 PEG 诱导融合植物细胞,使原生质体融合的频率明显提高。以后又将 PEG 诱导与高钙高 pH 溶液相结合,可以显著地提高融合率,有的可高达 30% ~40%。具体方法是:首先制备两个不同来源的植物原生质体,按要求的比例 1∶1 到 1∶4 在含渗透稳定剂和钙盐的溶液内相混合,然后加入 23% ~30% PEG,促使原生质体迅速广泛凝聚,形成团块。然后开始洗涤,先加入碱性高钙溶液,接着用培养基洗涤 PEG。当 PEG 被稀释和被洗涤除去时,发生了融合,而融合产物和原生质体又恢复成球形,转移到培养基中培养即可。

(2)物理融合法　该方法主要包括显微操作、离心或振动、电刺激等来促进原生质体融合。如微电极法诱导融合是通过插入微电极接通一定的交变电场,原生质体极化后在电场中顺着电场排列成紧密接触的珍珠串状。此时瞬间施以适当强度的电脉冲,使原生质体膜被击穿而发生融合。此法基本解决了化学诱导融合剂的毒性问题,具有融合效率高,重复性好,方法简单,对原生质体伤害小等特点。

2)杂种细胞的选择与鉴定

双亲原生质体融合时,可分为自体融合和异体融合两大类。自体融合的结果得到同核体,由不同双亲原生质体融合得到异核体。与同核体相比,融合后的异核体在人工培养基上分裂分化并不占优势。通常由于启动分裂和持续分裂缓慢,而受到同核体的抑制,不能发育成为杂种植株。所以必须建立或设计出一套方法,优先选择细胞杂种。目前,细胞杂种选择方法主要有互补选择法、机械分离杂种细胞法和双荧光标记选择法。

(1)互补选择法

①白化互补选择法。该法利用一个叶绿素缺失突变体进行筛选。Cocking(1972)利用白化矮牵牛在限定培养基上细胞分裂、分化成植株,正常矮牵牛在此限定培养基上细胞不能分裂,融合后形成的杂种细胞,在限定培养基上可以通过细胞分裂和分化进行选择。Melchers(1974)将两种突变白化苗的细胞经融合互补后产生绿苗选择到曼陀罗、矮牵牛、烟草等的种间体细胞杂种。此法可以依赖有性杂交知识,可广泛用于不同亲缘关系的融合。

②营养缺陷型互补选择法。借助于营养缺陷突变型进行体细胞杂种的互补选择。有人用烟草抗氯酸盐突变型和不能利用硝酸盐(缺乏硝酸还原酶)的突变型,将两个不同突变型的原生质体融合起来,并把其培养在仅以硝酸盐作氮源的培养基上,选出了大量杂种体细胞。此法简单而准确,但不易找到合适的缺陷型亲本。

③抗性互补选择法。利用原生质体对药物的不同抗性也用于互补选择杂种。例如,爬山虎的原生质体在 MS 培养基上一般不会超过 50 个细胞就停止生长,而矮牵牛的原生质体却能在 MS 培养基上正常分裂分化。但二者对放线菌素 D 的反应又不同,矮牵牛细胞在 10 μg/L 放线菌素 D 即敏感,爬山虎对其则抗性较强。于是在含有 10 μg/L 放线菌素 D 的 MS 培养基中,双方亲本都被抑制生长,而只有杂种细胞能够进行正常的分裂分化。

（2）机械分离杂种细胞法　该法就是通过显微镜操作的手段直接挑取出异核体。常用的是含有叶绿体或其他色素质体的组织细胞，另一方则选用悬浮培养的或固定培养的细胞，不含其他色素。在异源原生质体融合后能明显识别。融合一旦发生便马上可检出其融合产物。具体方法是利用两种原生质体形态色泽上的差异，在融合处理后分别接在带有小格的"Cuprak"培养皿中，每个小格中约有 2～3 个原生质体。在显微镜下可以找出异源融合体，标志位置长大后转移到培养皿中培养，测定染色体的变化，比较同工酶的差异等。此法对原生质体不要求特殊遗传背景，得出的结果可信度最大。但在技术操作上难度很大。

（3）双荧光标记选择法　Patnik 和 Cocking 等 1982 年在进行原生质体融合时，亲本一方是悬浮细胞来的原生质体，因其没有叶绿体，有异硫氰酸荧光素（FITC）标记时会发出"苹果绿"荧光；另一亲本是含有叶绿体的叶肉细胞，会发红光。二者形成的异核体（杂种细胞）在荧光显微镜下会同时发出苹果绿荧光和红色荧光，因此可方便地把杂种细胞分拣出来，加以培养。

3）杂种植株的鉴定

（1）形态学鉴定　杂种植株的表现型特征，如植株的形状、颜色、茸毛、花等，可作为体细胞杂种的标志。因为要在形态上表现出杂种性来，就必须有内部的大量基因的协调活动，而且基因的活动必须和细胞的活动取得协调。但经愈伤组织途径再生植株与原生质融合产生的变异很难区别，因此仅依赖形态特征来判断不太可靠，尚须配合其他方法。

（2）细胞学观察　应用染色体计数方法、核型分析和显带技术以亲本为对照，对杂种细胞的染色体数目、大小与形态的变化等进行观察比较。此法优于形态学鉴定，对亲缘关系远的杂种细胞的判断准确性较好。

（3）同工酶分析　一般以双方亲本的同工酶谱带作为对照，杂种细胞都具有双亲谱带的总和。有时还出现新的谱带，则说明融合产物是异源性的。应用于分析的同工酶很多，已成功使用的有过氧化物酶、乳酸脱氢酶、酯酶、氨肽酶等。由于植物在不同的发育阶段，在不同的组织中，同工酶谱带本身可以有较大的差异，因此进行这方面的比较时，应注意取样的部位和时间要严格一致。

（4）分子标记鉴定　分子生物学技术的进展对于分析体细胞杂种的遗传构成是重大的促进。采用核酸分子杂交、DNA 限制性片段长度多态性（RFLP）和随机扩增多态性 DNA（RAPD）分析，将使鉴定结果更精确。

知识拓展：植物
试管开花技术

技能训练 4.1　胡萝卜离体根培养

1）技能要求

①学习胡萝卜离体根培养的基本方法和步骤。

②掌握愈伤组织培养的基本方法。

2）训练前准备

（1）材料　新鲜胡萝卜。

（2）器具　超净工作台、高压灭菌锅、显微镜、解剖刀、刮皮刀、不锈钢打孔器、长镊子、烧杯、培养皿、移液管、光照培养架。

（3）培养基及药品　愈伤组织诱导培养基：MS + 2,4-D 1.0 mg/L；愈伤组织芽分化培养基：MS + BA 0.1 mg/L + NAA 0.1 mg/L；愈伤组织根分化培养基：MS + NAA 0.5 mg/L，以上培养基均添加蔗糖30 g/L、琼脂7 g/L，pH值5.8。70%乙醇、0.1%升汞、0.05%甲苯胺蓝。

3）方法步骤

（1）配制培养基　按配方提前配制所需培养基，并及时灭菌备用。

（2）外植体消毒　将胡萝卜用自来水冲洗干净，用刮皮刀除去表皮1~2 mm，横切成大约1 cm厚的切片。在超净工作台上，将胡萝卜片用70%乙醇处理15 s后，用无菌水冲洗1次，再用0.1%升汞溶液浸泡6~8 min，无菌水冲洗3~4次。

（3）切块　将胡萝卜片放入培养皿中，一手用镊子固定胡萝卜片，一手用灭过菌的打孔器垂直打孔，每个小孔打在靠近维管形成层的区域，务必打穿组织。然后从组织片中抽出打孔器，将胡萝卜组织片收集在装有无菌水的培养皿中。重复打孔步骤，直至收集到足够数量的组织圆片。

（4）接种　用镊子取出组织圆片，放入培养皿中，用刀片将组织圆片切成2 mm长的小块，放入装有无菌水的培养皿中。将胡萝卜组织小块转移到灭菌过的滤纸上，吸干水分后接种在培养基表面。

（5）培养　将培养物一部分置于25 ℃温箱中暗培养，另一部分到光照培养室中进行培养，比较光培养和暗培养对愈伤组织诱导的反应。

（6）愈伤组织观察　培养约一周后，外植体表面开始变得粗糙，有许多光亮点出现，这是愈伤组织开始形成的症状。大约经3周后，将长大的愈伤组织切成小块转移到新的培养基上。用解剖针挑取一些愈伤组织细胞于玻片上，在显微镜下观察愈伤组织细胞的特征，也可用0.05%甲苯胺蓝染色后再进行观察。

（7）分化　将形成的愈伤组织分别接入胡萝卜愈伤组织芽分化和根分化培养基中，置于温度26 ℃，光照14 h/d，光强2 000 lx条件下培养。观察记录胡萝卜愈伤组织的形态变化，并在3~4周后统计愈伤组织的幼芽分化率和生根率。

4）实训报告

观察并记录胡萝卜根接种后的污染率、愈伤组织诱导率、幼芽分化率和生根率。根据实验结果写出实训报告。

$$愈伤组织诱导率（\%）= \frac{形成愈伤组织的材料数}{总接种材料数} \times 100$$

$$幼芽分化率（\%）= \frac{分化形成芽的愈伤组织块数}{接种的愈伤组织块数} \times 100$$

$$生根率（\%）= \frac{生根的愈伤组织块数}{接种愈伤组织块数} \times 100$$

技能训练4.2　叶片的组织培养

1）技能要求

①掌握叶片愈伤组织的诱导方法。

②熟悉愈伤组织分化方式。

2)训练前准备

(1)材料　长寿花(或其他植物)试管苗叶片。

(2)器具　超净工作台、灭菌锅、解剖刀、长把镊子、烧杯、培养皿、移液管等。

(3)培养基及药品　诱导培养基:MS + BA 1.0 mg/L + 2,4-D 1.0 mg/L;分化培养基:MS + BA 1.0 mg/L + NAA 1.0 mg/L;继代培养基:MS + BA 1.0 mg/L + NAA 0.5 mg/L;生根培养基:1/2 MS + IBA 0.3 mg/L。以上培养基均添加蔗糖30 g/L、琼脂7 g/L,pH 值为5.8。

3)方法步骤

(1)配制培养基　按配方提前配制好各种培养基,并及时灭菌备用。

(2)启动分化培养　用刀片将长寿花试管苗叶片切成长、宽各约为5 mm 的小块,接种到已配制好的诱导培养基上。培养条件为:温度25 ℃,光照强度1 000 lx,光照时间16 h/d。大约1个月后长出淡绿色的愈伤组织,转入分化培养基上培养。1个月左右会分化形成丛生芽。

(3)继代培养　切割丛生芽转移到继代培养基上培养,每隔25 ~ 30 d 就继代培养一次。

(4)生根培养　将2 ~ 3 cm 高壮苗移到生根培养基上,20 ~ 25 d 即可长出3 ~ 6 条根,适当炼苗便可移栽。

4)实训报告

观察叶片生长情况,统计叶片愈伤组织形成率、分化率、增殖系数和生根率。根据结果写出实训报告。

技能训练4.3　百合鳞茎培养

1)技能要求

掌握百合鳞茎培养的基本方法。

2)训练前准备

(1)材料　百合(或其他植物)鳞茎。

(2)器具　光学显微镜、超净工作台、灭菌锅、解剖刀、长镊子、电炉、烧杯、培养皿、移液管等。

(3)培养基及药品　诱导培养基:MS + BA 1.0 mg/L + NAA 0.1 mg/L;继代培养基:MS + BA 0.5 mg/L + NAA 0.5 mg/L;生根培养基:1/2 MS + NAA 0.1 mg/L,70%乙醇、0.1%升汞。

3)方法步骤

(1)配制培养基　按配方提前配制好各种培养基,并及时灭菌备用。

(2)外植体消毒　取健康的百合鳞片,先用洗涤剂清洗干净,再用70%乙醇浸润30 s,然后用0.1%升汞消毒30 min,最后用无菌水冲洗5 ~ 6次。

(3)外植体的接种与培养　将消毒后的鳞片切成小块,在无菌条件下接种于固体培养基上。培养温度为25 ℃左右,光照10 h/d,光强1 000 ~ 1 500 lx。为了促进根系和增加鳞茎重量,可考虑光暗交替培养或适当增加生长素的浓度。

（4）初代培养　将鳞片外植体接种到诱导培养基中，一般5~10 d于鳞片基部出现圆锥形白色小突起，15 d左右分化出绿叶和小鳞茎。

（5）继代培养　将诱导出的小鳞茎（小芽体），转接到继代培养基中，小鳞茎有所增殖，并抽出叶片，成为丛生幼苗。

（6）生根培养　将长2.0~3.0 cm的无根苗切下，除去愈伤组织，接种到生根培养基中，10~15 d即可诱导出健康的根系。

（7）驯化移栽　驯化基质选用蛭石与草炭等体积混合，无须瓶苗的过渡，可直接移栽进入温室管理，加强病虫害预防，驯化成活率可达90%以上。

4）实训报告

观察鳞茎的生长情况，根据结果写出实训报告。

技能训练4.4　小麦胚培养

1）技能要求

①学会种子胚的剥离方法。

②掌握胚培养的基本过程。

2）训练前准备

（1）材料　取腊熟期小麦种子。

（2）器具　超净工作台、烧杯、剪刀、镊子、解剖刀、光照培养架。

（3）培养基及药品　培养基：MS+BA 0.1 mg/L，无菌水、0.1%升汞、70%乙醇。

3）方法步骤

（1）配制培养基　按照配方提前配制所需培养基，并及时灭菌备用。

（2）取材　取腊熟期小麦种子用自来水冲洗干净，在超净工作台上，用70%乙醇消毒1 min，无菌水冲洗1次，再用0.1%升汞消毒15 min，经无菌水冲洗6~8次。

（3）接种　在无菌条件下，用镊子夹出种子，用解剖刀将种皮划破，再用另一把镊子轻轻剥去种皮和胚乳，挑出胚，接种在培养基上。

（4）培养　培养温度25 ℃，暗培养3~4 d后，转入光下培养，光照强度1 500~2 000 lx，光照10 h/d。

4）实训报告

（1）观察小麦胚的生长变化，并做好记录。

（2）写出实训报告。

技能训练4.5　植物细胞的分离和悬浮培养

1）技能要求

①熟悉植物细胞分离方法。

②掌握细胞液体悬浮培养方法。

2) **训练前准备**

(1)材料　胡萝卜愈伤组织。

(2)器具　过滤除菌器、无菌注射器、离心机、摇床、天平、培养箱、超净工作台。

(3)培养基　悬浮培养液:MS 无机盐 + 盐酸吡哆醇 0.01 mg/L + 盐酸硫胺素 0.01 mg/L + 烟酸 0.05 mg/L + 甘氨酸 3 mg/L + 肌醇 100 mg/L + KT 0.2 mg/L + 2,4-D 0.1 mg/L + 蔗糖 20 g/L,pH 值为 5.8;果胶酶。

3) **方法步骤**

(1)培养基及酶液制备　按照培养基配方配制液体培养基,分装于 200 mL 三角瓶中,每瓶 30 ~ 50 mL 培养基,及时灭菌备用。用 MS 培养基配制 2% 果胶酶,用过滤法除菌。

(2)愈伤组织固体培养　将胡萝卜在黑暗条件下培养形成的愈伤组织转移到固体培养基上,再经过 1 ~ 2 次继代培养,以获得生长好、质地疏松的愈伤组织。

(3)愈伤组织液体培养　在超净工作台上,用无菌注射器将果胶酶 1 mL 加入到已灭菌含有液体培养基的三角瓶中,轻轻摇匀。将符合要求的松散愈伤组织用细胞铲接种到液体培养基中,接种量为培养基体积的 1/10。将接种后的三角瓶置于转速 100 r/min 的摇床上,在 25 ℃黑暗条件中培养 24 h。

(4)细胞分离　将三角瓶中的培养物收集到离心管中,在 800 r/min 下离心 5 min,去除含有果胶酶的培养基,加入新鲜培养基,摇匀再离心 1 次,去除上清液即可获得细胞悬浮液。

(5)细胞培养　用感量为 0.001 g 的天平称量初始接种细胞重量,然后按照细胞与培养基 1:10 的比例接种到三角瓶中。将接种后的三角瓶置于摇床上,在转速 100 r/min,温度 25 ℃黑暗条件下培养。

(6)测定生长量　培养 7 d 后取一部分三角瓶,在 800 r/min 下离心 5 min 收集瓶中的培养物,称量培养后的细胞重量。

4) **实训报告**

采用重量法测定细胞生长量。

技能训练 4.6　设计一种植物组培快繁的实验方案

1) **技能要求**

①熟悉植物组培快繁实验方案的制订过程。

②巩固植物组织培养的一般技术。

2) **方法步骤**

(1)查阅资料　通过图书馆、互联网等途径查阅相关资料。

(2)编写实验方案　根据查阅到的资料,独立编写实验方案。

方案应包括以下内容:

①快繁的意义:组培快繁该植物的意义,目前该植物组培快繁技术的研究进展。

②组培快繁需要的条件：包括设施、仪器、器皿、药品等。

③确定技术路线：培养方法、分化途径、实验方法。

④外植体的选择与消毒：外植体的种类、预处理、消毒剂种类、消毒时间。

⑤初代培养：基本培养基、生长调节剂组合实验设计。

⑥培养条件的控制：温度、光照时间、光照强度。

⑦继代增殖和生根培养：基本培养基和生长调节剂组合实验设计。

⑧异常情况的处理：污染、褐变、玻璃化、增殖率低、不生根等异常情况的处理方法。

（3）分组讨论各实验方案的可行性

复习思考题

1. 从培养的植物材料到获得愈伤组织可分为几个时期，各有何特点？

2. 简述茎尖微繁殖技术的一般方法。

3. 离体叶组织的器官发生途径有哪些？

4. 花药培养产生的植株染色体倍性如何？其产生的原因是什么？

5. 简述单倍体植株染色体加倍方法。

6. 比较胚培养、胚乳培养和子房培养的异同。

7. 为什么幼胚比成熟胚培养要求的培养基成分复杂？

8. 单细胞的分离和基本培养方法有哪些？

9. 什么是植板率？

10. 什么是细胞悬浮培养？简述成批培养和连续培养的特点。

11. 简述酶解法分离原生质体的原理和步骤。

12. 如何纯化分离植物原生质体并鉴定其活力？

13. 原生质体融合有哪几种主要的方法？

单元5 植物脱毒技术

【知识目标】

(1)掌握植物茎尖培养脱毒的原理、方法。

(2)熟悉脱毒苗鉴定、繁殖和保存方法。

(3)了解植物病毒病及其危害。

【技能目标】

(1)能正确剥离植物茎尖,培养出无菌组培苗。

(2)会进行脱毒苗的鉴定。

　　植物病毒病严重地影响果树、蔬菜、花卉、林木等植物的生长,造成产量降低,品质变劣,其危害程度仅次于真菌病害。受病毒侵染的植物终身带毒,目前尚无药物可以治愈,植物脱毒技术是解决植物病毒病的有效方法。所谓脱毒就是采用一定的方法除去植物体内病毒的方法。脱毒后的植物恢复原有特性,生长旺盛,产量大幅度提高,品质得到改善。

5.1 植物病毒病及其危害

5.1.1 植物病毒的危害

1)危害植物的病毒种类

　　早在 15 世纪以前人们发现了马铃薯的"退化"问题,直到 18 世纪美国学者 Orton 研究确认病毒是导致退化的主要因素。病毒是至今人们所知道的最小生物体之一,它具有严格的寄生性,只有在特定的宿主细胞内才能表现出生长、繁殖等生命现象。

　　感染植物的病毒种类繁多,截至 1995 年,为国际病毒分类委员会(ICTV)所承认的植物病毒已有 11 科、47 属共 788 种,并且随着栽培时间的延长,病毒的种类和数量都在呈逐年上升的趋势。在自然界中,植物病毒侵染植物的现象非常普遍,一种病毒可以侵染多种植物,同种植物又可被多种病毒侵染(表1.7)。

表1.7 危害一些植物的病毒数目

植物种类	感染病毒种类	植物种类	感染病毒种类	植物种类	感染病毒种类
菊花	19	矮牵牛	5	苹果	36
康乃馨	11	百合	6	柑橘	23
水仙	4	马铃薯	27	葡萄	40
唐菖蒲	5	大蒜	24	草莓	24
风信子	3	豌豆	15	桃	23
月季	10	樱桃	44	梨	11

2)植物病毒病的主要症状

植物感染病毒后的症状分为内部症状和外部症状。内部症状主要是指植物组织和细胞的病变,如组织和细胞的增生,肥大细胞和筛管坏死及形成各种类型的内含体。

外部症状是指植物本身正常的生理代谢受到干扰,使植株表现出异常状态。如地黄受到病毒的侵染后,叶形变小,叶面产生黄白色不规则斑点,叶脉隆起;人参感染病毒后,叶片皱缩,植株矮小,茎高仅为正常植株的17%,结实率降低;草莓感染皱缩病毒后,叶片急性扭曲,叶面有褪绿斑,叶小,叶柄短等。

植物被两种或两种以上病毒混合感染后,有时还可以产生与单独感染完全不同的症状。如马铃薯单独感染 X 病毒时表现轻微花叶,单独感染 Y 病毒时在有些品种上可引起枯斑,而当 X 病毒和 Y 病毒同时感染时,马铃薯则发生显著的皱缩花叶症状,严重者甚至死亡。虽然植物感染病毒后多会有病症,但已发现很多病毒侵入到植物体后,植株并不会表现出明显症状,如草莓单独感染斑驳病毒、轻型黄边病毒或镶脉病毒均无明显症状表现。

3)植物感染病毒后对其生长和经济性状的影响

对于有性繁殖的植物来讲,除豆科植物外,种子是不传播病毒的,可以通过世代的交替而脱除病毒。对于繁殖方式主要是无性繁殖的植物,如葡萄、草莓、百合、郁金香、马铃薯和生姜等,由于病毒可以从母株一代代传递给后代并累积下来,因此一旦群体遭到病毒危害,就会造成整个产区毁灭性的破坏。

植物感染病毒后生理代谢受阻,出现花叶、黄花等症状,影响植株光合作用和其他生理功能,导致减产。如1955年,遍布欧美的马铃薯退化病病毒被带入我国薯区后,仅河北省中部地区就减产50% ~70%,造成当地马铃薯不能留种,产量很低,给当地农民带来巨大损失;另外,我国葡萄每年因扇叶病毒减产近10% ~18%,草莓皱缩病毒使草莓减产35% ~40%;花卉病毒一般会影响花卉的观赏价值,其表现是花少而小,产生畸形、变色等。

5.1.2 植物脱毒的意义

为了提高作物产量,改善作物品质,根除病毒病是十分必要的。但目前生产中还没有有效的化学药物可以杀死植物体内病毒,治疗受到病毒侵染的植物。如果病毒危害程度轻,范围小,可以通过拔除病株控制病毒蔓延。如果整个无性系的繁殖群体都受到了感染,那么获得脱毒植株唯一办法就是利用植物组织培养技术除去植物体内的病毒,并由这些组织再生出完整植株。一旦获得了一个不带特定病毒的植株,就可以一步一步地对它进行扩大繁殖。

应用脱毒技术可使植物恢复原来优良特性,生长势增强,明显提高产量、改善品质,产量的提高幅度最高可达300%。如桃、李、杏、樱桃等脱毒苗在生产上表现出生长健壮整齐、结果早、果实个头大、可溶性固形物含量高等特点,总产量可提高20%~60%,经济效益增加1倍以上;大蒜脱毒后植株生长繁茂,株高、茎粗、叶面积也比未脱毒对照明显增加,蒜头增产32.3%~114.3%,直径大于5 cm大蒜头率增加25%~50%,蒜薹增产65.9%~175.4%,并消除了病毒感染引起的褪绿斑点;甘薯脱毒后增产幅度达30%~50%,且脱毒甘薯表皮光滑、颜色鲜艳、薯形整齐、商品性状好;脱毒马铃薯可增产50%~100%;脱毒生姜比未脱毒生姜平均增产20%~30%,并具有出苗快、长势旺、抗病能力强、姜块色泽黄、品质优等特点;菊花、百合、风信子等花卉脱毒后,叶片浓绿,茎秆粗壮、挺拔,花朵变大,花色变艳,观赏价值大大提高。

植物脱毒技术不仅脱除了病毒,还可以去除真菌、细菌及线虫病害,使种性得以恢复,植株生长健壮,需肥量减少,抗逆性增强,减少肥料和农药施用量,降低生产成本,保护了环境,形成良性生态循环。

5.2　植物脱毒方法

5.2.1　茎尖分生组织培养脱毒

茎尖培养脱毒(微课)

1)茎尖分生组织培养脱毒原理

茎尖是植物顶端的原生分生组织(图1.16),细胞分裂旺盛,有很强的生命力。感染病毒植株的体内病毒分布并不均匀,病毒的数量因植株部位及年龄而异,成熟的组织和器官中病毒含量较高,越靠近茎顶端区域的病毒含量越低,生长点0.1~1 mm的区域则几乎不含或含病毒很少。在无菌条件下将茎尖分生组织切割下来进行培养,可以获得脱病毒植株。茎尖组织培养脱毒效果好,后代稳定,是目前培育脱毒苗最广泛和最重要的一个途径。

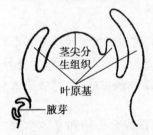

图1.16　植物茎尖分生组织

茎尖分生组织中没有病毒或病毒浓度很低的原因是:

①病毒颗粒在寄主体内主要通过维管组织转移,而茎尖分生组织中没有维管系统,病毒转移困难。

②病毒可以通过细胞间的胞间连丝移动,但移动的速度远远落后于分生组织中细胞的分裂速度,导致分生组织中不存在病毒或浓度很低。

③茎尖分生组织中存在高浓度的生长素抑制病毒的增殖。

所以,病毒在植物茎尖中是呈梯度分布的。

2)茎尖分生组织培养方法

茎尖分生组织脱毒一般包括以下几个环节:取材与表面消毒、茎尖剥离与接种、芽的分化与增殖及生根培养等(图1.17)。

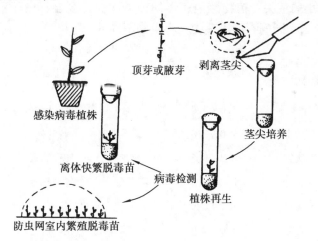

图1.17　茎尖培养生产脱毒苗的流程图

(1)外植体的选择与消毒　为了降低外植体表面自然带菌量,选取茎尖前可把取材植株种在无菌的盆土中,放在温室中进行栽培,并采取相应的保护栽培管理措施。如浇水时要直接浇在土壤中而不要浇在叶片上,定期给植株喷施多菌灵等内吸杀菌剂。对于某些田间种植的材料,可以剪取插条,在营养液中培养,由腋芽长成的枝条比田间植株上直接取来的枝条污染少得多。

茎尖分生组织由于有彼此重叠的叶原基严密保护,内部是无菌的。但为了保险起见,一般在解剖前还是要进行表面消毒。常用的消毒方法是流水冲洗后,叶片包被严紧的芽,如菊花、兰花和姜等只需在70%乙醇中浸蘸一下,而叶片包被松散的芽,如香石竹、蒜和马铃薯等,则要用0.1%次氯酸钠表面消毒10 min。在大蒜茎尖培养时,可将小鳞茎在70%乙醇中蘸一下,然后烧去鳞茎表面的乙醇即可。

(2)茎尖剥离与接种　由于要剥离的茎尖分生组织非常小,肉眼几乎看不到。需要在超净工作台上放置一台双筒解剖镜,将消毒后的外植体放到铺有灭菌滤纸的培养皿中,置于物镜下进行解剖。解剖时,左手拿镊子固定住茎尖,右手握解剖针,逐层剥离叶原基,待露出一个呈闪亮半圆球形的茎尖分生组织时,用灼烧冷却后的长柄解剖刀或解剖针小心将其切下来,可以带有1~2个叶原基,也可以不带,注意不要损伤生长点,然后接种到培养基中培养。在这个过程当中,为了防止茎尖分生组织由于工作台面上气流和解剖镜光源散发的热而变干死亡,茎尖暴露的时间越短越好。另外,可以用无菌水把培养皿中的灭菌滤纸湿润后解剖,有助于提高茎尖的成活率。

3)茎尖分生组织培养的关键技术环节

(1)选用正确的培养基　一般以White和MS培养基作为基本培养基,尤其是提高钾盐和铵盐的含量会有利于茎尖的生长。较大的茎尖在不含生长调节剂的培养基中也能形成完整植株,但加入0.1~0.5 mg/L的生长素或细胞分裂素或两者兼有常常是有利的。2,4-D常能诱导外植体形成愈伤组织,应避免使用。

在茎尖培养中,一般都使用固体培养基。不过,在固体培养基能诱导外植体愈伤组织化的情况下,也可使用液体培养基。在进行液体培养时,须制作一个滤纸桥,把桥的两臂浸入试管内的培养基中,桥面悬于培养基上,外植体放在桥面上。

(2)剥取适当大小的茎尖 植物感染病毒的种类往往是复合感染而不是单一感染。不同植物或同一植物要脱去不同病毒所需茎尖大小也是不同的(表1.8)。

表1.8 用于脱毒的适宜茎尖大小

植 物	病毒名称	剥离茎尖大小/mm	植 物	病毒名称	剥离茎尖大小/mm
马铃薯	马铃薯卷叶病毒	1.0~3.0	百合	花叶病	0.2~1.0
	马铃薯 Y 病毒	1.0~3.0	鸢尾	花叶病	0.2~0.5
	马铃薯 X 病毒	0.2~0.5	菊花	各种病毒	0.2~1.0
	马铃薯 G 病毒	0.2~0.3	康乃馨	各种病毒	0.2~0.8
	马铃薯 S 病毒	0.2 以下	大丽花	花叶病	0.6
甘薯	斑纹花叶病毒	1.0~2.0	大蒜	花叶病毒	0.3~1.0
	缩叶花叶病毒	1.0~2.0	甘蔗	花叶病	0.7~3.0
	羽毛状花叶病毒	0.3~1.0	草莓	各种病毒	0.2~1.0

通常茎尖培养脱毒效果与茎尖的大小负相关,茎尖越小,脱毒效果越好。曹为玉(1993)在对葡萄进行茎尖脱毒,切取的茎尖大小为 0.2~0.3 mm 时,脱毒率为 91.4%~97%;当茎尖在 0.5 mm 以上时,脱毒率仅为 70.6%~76.5%。付宏岐(2005)等以甜樱桃嫩梢芽为外植体进行的茎尖脱毒研究中,0.5~0.8 mm 大小茎尖培养对苹果褪绿叶斑病毒和李矮缩病毒的脱毒率是 39.4% 和 48.1%;0.5 mm 以下的茎尖培养对二者的脱毒率分别达 75.8% 和 78.6%。

但是培养茎尖的成活率则与茎尖的大小正相关,茎尖越小,茎尖内营养、水分越难长时间维持,成功率越低,对剥离技术要求也越高。在实际应用中既要考虑到脱毒效果,又要提高其成活率,一般切取 0.2~0.5 mm,带 1~2 个叶原基的茎尖作为培养材料。叶原基的存在与否也影响分生组织形成植株的能力,一般认为,叶原基能向分生组织提供生长和分化所必需的生长素和细胞分裂素。当然,对于每一种具体的植物来讲,生产上脱毒适宜的茎尖大小常常是不一样的。

(3)适宜的培养条件 在茎尖培养过程中,培养温度一般为 23~27 ℃,不同植物茎尖培养适宜的光强与光周期不同,但一般光培养效果通常比暗培养效果好。在培养初期,茎尖非常小,光照应弱一些,随着茎尖的生长和叶片的开展,光照强度应逐渐增大,以利于展开的叶片充分地进行光合作用,合成有机物质。如马铃薯茎尖培养初期适宜的光照强度仅为 100 lx,4 周后应增加到 200 lx,当茎尖长至 1 cm 高时,光照强度还应进一步增强到 4 000 lx,光照时间也随之延长。

(4)茎尖接种后的生长及调节方法 茎尖接种后的生长情况主要有 4 种:

①生长正常。生长点伸长,基本无愈伤组织形成,叶原基的发育扩大与生长点的伸长同时进行,1~3 周内形成小芽,4~6 周长成小植株。

②生长停止。接种物不扩大,渐变褐色至枯死。此情况多因剥离操作过程中茎尖受伤。

③生长缓慢。茎尖虽然成活,也逐渐转绿,但体积增大缓慢,不见伸长,表面看起来是一个绿色小点。这说明培养条件不合适,要迅速调整培养基,将茎尖转移到 NAA 高于 0.1 mg/L 的

培养基上,并适当提高培养温度。

④生长过速。接种后茎尖生长点不伸长或略为伸长,而在茎尖基部产生大量疏松半透明的愈伤组织。这就必须及时转入无生长素的培养基上,降低培养温度,抑制愈伤组织继续生长,促进其分化。

热处理及其他
脱毒方法(微课)

5.2.2　热处理脱毒

1)热处理脱毒原理

热处理脱毒又称温热疗法。早在1889年,印度尼西亚爪哇人就把繁殖用的甘蔗切断,放在50~52 ℃的热水中浸泡30 min来防止枯萎病的发生。1954年,Kassanis应用热处理的方法成功地脱除了马铃薯卷叶病毒(PLRV),之后,这一技术被广泛用于防治许多种植物的病毒病。热处理脱毒的基本原理是利用病毒和寄主植物对高温忍耐性的差异,将植株置于高于正常环境的温度(35~40 ℃)中,使植株内的病毒全部或部分钝化,而寄主植物基本不受到伤害,达到脱毒的目的。

2)脱毒方法

(1)温汤浸渍处理脱毒法　将要脱毒的材料置于50 ℃左右的热水中浸渍几十分钟到数小时,即可使病毒失活。这种方法简单易行,成本低。适合于甘蔗、木本植物和休眠器官的处理,但易使材料受伤,到55 ℃时大部分植物会被杀死。

(2)热空气处理脱毒法　热空气处理即是将受病毒感染的植物用35~40 ℃的热空气处理2~4周或更长时间来脱除病毒的方法。这个过程一般在光照培养箱中进行。处理时,最重要的影响因素是处理的温度和时间。通常情况下,处理温度越高,时间越长,脱毒效果就越好,植株的存活率却呈现下降的趋势。对于不同的植物和病毒种类来讲,热处理的温度和时间都有所差异。香石竹于38 ℃下处理两个月,茎尖所含病毒才能被脱除,马铃薯在37 ℃的温度下处理20 d就可脱除卷叶病毒。

在热处理时,连续的高温处理往往会使寄主植物受到伤害,研究者经过长期摸索发现,变温热处理不仅能降低植株的死亡率,脱毒效果也要比恒温热处理好。洪霓(1995)在梨病毒的脱毒研究中采用两种处理,一种是恒温处理,温度控制在(37±1)℃,另一种是变温处理,温度为32 ℃和38 ℃每隔8 h交替一次,结果表明,变温处理比恒温处理植株死亡率低,脱毒效率高。

热处理脱毒对设备要求不高,操作简单,应用广泛,但存在脱毒时间长,脱毒不彻底等缺点,一般只能脱除球状病毒(如葡萄扇叶病毒、苹果花叶病毒)和类菌质体等,而无法脱除杆状病毒(如烟草花叶病毒)和线状病毒。所以热处理具有一定的局限性,并不能除去所有病毒。

(3)热处理结合茎尖培养脱毒　为了克服茎尖分生组织脱毒存活率低和热处理脱毒不彻底的缺点,目前生产中常采用将热处理和茎尖分生组织培养结合起来的方法脱毒。二者结合之所以能提高脱毒效果,主要是由于热处理可以使植物生长本身所具有的顶端免疫区扩大,有利于切取较大茎尖(1 mm左右),从而能提高茎尖培养或嫁接的成活率。

该法既可缩短热处理时间,提高植株成活率,又可剥离较大的茎尖,提高茎尖培养的成活率和脱毒率。如矮牵牛变温热处理16 d后,再剥取0.3~0.5 mm茎尖培养的脱毒方式优于直接剥取 0.10 ~ 0.25 mm 茎尖培养。用 40 ℃ 高温处理康乃馨 6 ~ 8 周,以后再分离 1 mm 长的茎尖进行培养,成功地去除了病毒。采用此法还可以去除茎尖培养不能去除的病毒,如将马铃薯块茎放在 35 ℃ 条件下培养 4 ~ 8 周,然后进行茎尖培养,可除去一般培养难以去除的纺锤块茎类病毒。

5.2.3　其他脱毒方法

1)微茎尖嫁接脱毒

微茎尖嫁接脱毒即是在无菌条件下,把直径为 0.14 ~ 1.0 mm 的无病毒茎尖嫁接于培养基中生长的实生砧木上以培养脱毒苗的方法。待茎尖发育后,即可获得具有茎尖母本性状的脱毒植株。这种脱毒方法主要适用于那些在离体条件下难生根的木本植物,以得到完整植株。无病毒茎尖包括解剖镜下剥离的感病植株茎尖和热处理后植株的茎尖,其中以热处理植株的茎尖嫁接脱毒应用最多。

1972 年 Murashige 等最早将几种柑橘的茎尖嫁接在砧木苗上获得了成功。1975 年,Navarro 详细研究了柑橘的茎尖嫁接技术,嫁接成功率为 30% ~ 50%,嫁接苗从室内移植到大田的存活率超过了 95%。目前微茎尖嫁接成功的植物还有杏、葡萄、桉树、山茶、桃和苹果等。微茎尖嫁接的基本步骤是:

①砧木准备。无菌条件下,将砧木种子常规消毒后接种于 MS 或 B_5 的基本培养基中培养。

②微茎尖准备。采集经过热处理之后的茎尖,消毒后备用。

③嫁接。以微茎尖为接穗,在解剖镜下嫁接到试管中培养出来的脱毒实生砧木上。并放入有滤纸桥的液体培养基中培养,茎尖愈合后开始生长,然后切除砧木上发生的萌蘖,存活后移栽到蛭石、珍珠岩和泥炭土的混合基质中。最后对植株进行脱毒鉴定。

2)愈伤组织培养脱毒

在由受病毒感染组织所诱导形成的愈伤组织中,并非所有的细胞都均匀一致地带有该种病原体,因此从愈伤组织再分化产生的小植株中,可以得到一定比例的脱毒苗。这在天竺葵、马铃薯、大蒜、草莓、枸杞等植物上已先后有所体现。此外,对感染烟草花叶病毒的愈伤组织进行机械分离,结果显示仅有 40% 的单个细胞含有病毒。由愈伤组织培养可以获得脱毒植株的原因可能有:第一,病毒在植株体内不同的器官或组织中分布不均匀;第二,愈伤组织细胞分裂速度快,而病毒粒子复制速度慢,赶不上细胞的增殖速度;第三,在愈伤组织诱导和增殖过程中,有部分细胞发生了突变,产生了对病毒的抗性。

但是,愈伤组织培养脱毒也存在一些缺陷,如再分化植株的遗传性状不稳定,与亲本植株相比可能会发生变异,并且一些植物的愈伤组织再分化困难,尚不能产生再生植株等。

3)珠心胚培养脱毒

珠心胚培养脱毒是柑橘类植物所特有的一种脱毒方法。柑橘类植物中温州蜜柑、甜橙、柠檬等 80% 以上的种类具有多胚现象,即种子中除含有受精卵发育形成的合子胚之外,还含有由多个珠心细胞发育形成的无性胚,称为珠心胚。病毒常通过维管束的韧皮组织传播,而珠心胚与维管组织没有直接联系,因此,用组织培养的方法培养珠心胚,可得到脱除病毒的植株。而且由于珠心胚来源于母本体细胞,用珠心胚培养得到的脱毒苗还可以保持母体植株的遗传特性。珠心胚培养技术对除去柑橘主要病毒,如引起银屑病、叶脉突出病、柑橘裂皮病、柑橘速衰病等的病毒都十分有效。

珠心胚大多不育,必须经分离培养才能发育成正常的幼苗,而且常常会发生20%~30%的变异,童期长,要6~8年才能结果,所以可将珠心胚培养获得的脱毒植株嫁接到3年生砧木上,以促使其提早结果。

4)花药培养脱毒

花药培养获得脱毒苗是大泽胜次(1982)在花药培养以得到单倍体时发现的。虽然在进行花药培养时未能检测出单倍体植株,但发现得到的再生植株比母株生长更旺盛,后经鉴定,花药培养植株均为脱毒苗,脱毒效率达100%。因此,他认为花药培养的脱毒苗可省略病毒检测手续,从而建立花药培养生产草莓脱毒苗的培养程序。乔奇(2003)利用草莓花药培养脱毒技术,获得了"日本1号"和"星都2号"两个草莓品种的脱毒苗,田间试验表明,脱毒苗产量分别比对照提高30.3%和34.3%。所以,草莓花药培养获得脱毒苗是切实可行的,并且操作较茎尖分生组织脱毒更为简单。目前花药培养已成为生产草莓脱毒苗的主要途径。

花药培养脱毒的原理目前还不太清楚,可能是花药脱分化形成愈伤组织的某一过程中脱掉了病毒或者是病毒的复制速度赶不上愈伤组织的增殖速度而脱掉了病毒。

5.3　脱毒苗的鉴定和保存

5.3.1　脱毒苗的鉴定

脱毒苗的鉴定(微课)

经过脱毒处理的植株是否真正地脱除了病毒,还必须经过鉴定才能够确定。传统的鉴定方法有直接观察法和指示植物法。近年来,随着生物科学的迅猛发展,免疫学、分子生物学和电子显微镜等先进理化技术的应用,极大地推动了病毒检测技术的改进与发展。

1)直接观察法

病毒侵入到植物体内后,植物会表现出相应的症状,如变色、坏死、萎蔫、畸形等。所以确定植物脱毒后组织中是否还存在病毒最简单的方法,就是观察植株有无病毒感染所表现出的可见症状。然而,寄主植株感染病毒后需要较长的时间才出现症状,并且有的病毒并不能使寄主植物表现出明显的可见症状,因此需要更敏感的测定方法。

2)指示植物法

当原始寄主的症状不明显时,可用指示植物法。指示植物是指对某种或几种病毒及类似病原物或株系具有敏感反应并表现出明显症状的植物,也就是说,指示植物比原始寄主植物更容易表现出症状。由于病毒的寄生范围不同,所以应根据不同的病毒选择适合的指示植物。指示植物有草本和木本,对于草本指示植物,一般用汁液涂抹鉴定,木本指示植物由于采用汁液接种比较困难,通常采用嫁接接种的方法。

(1)草本指示植物鉴定　汁液涂抹产生病症的现象最早是美国病毒学家Holmes(1929)发现的。他用感染TMV普通烟叶的粗汁液和少许金刚砂混合,然后在烟叶上摩擦,2~3 d后,叶片上出现了局部坏死斑,在一定范围内,枯斑与侵染性病毒的浓度成正比。这种方法条件简单,操作方便,故一直沿用至今。

草本指示植物鉴定的具体做法是取待测植物的幼叶,加少量水及等量 0.1 mol/L 磷酸缓冲液(pH 值为 7.0)磨成匀浆,如大量接种,可使用匀浆机。取少量浆液涂抹在事先涂有 500～600 目金刚砂或硅藻土的叶片部分,轻轻摩擦使浆液能侵入表皮细胞但又不损伤叶片,5 min 后用水冲洗叶面。将被接种的指示植物置于有防蚜虫网罩的温室内,温度 15～25 ℃,如接种植物的浆液含有病毒,数天至几周后,指示植物即出现可见的症状。较常用的指示植物有苋色藜、昆诺阿藜、千日红和曼陀罗等(表 1.9)。

表 1.9　几种马铃薯病毒的指示植物及表现症状

病毒种类	指示植物	表现症状
马铃薯 X 病毒(PVX)	千日红、曼陀罗、辣椒、心叶烟	脉间花叶
马铃薯 S 病毒(PVS)	苋色藜、千日红、曼陀罗、昆诺阿藜	叶脉深陷,粗缩
马铃薯 Y 病毒(PVY)	野生马铃薯、洋酸菜、曼陀罗	随品种而异,有些轻微花叶或粗缩,敏感品种反应为坏死
马铃薯卷叶病毒(PLRV)	洋酸菜	叶尖呈浅黄色,有些品种呈紫色或红色

(2)木本指示植物鉴定　当指示植物为木本时,一般均采用嫁接法鉴定植株的脱毒情况,当接穗带毒时,嫁接后病毒能从带毒部位进入健康部位而使全株发病。试验可在大田中进行,也可在温室中进行。

①大田检测法。挑选生长整齐一致的砧木实生苗,定植于大田中。从待检样本树或待检苗上剪取一年生枝条,作为待检接穗,从指示植物母本树上剪取当年生枝条,作为检测接穗,嫁接采用二重芽接法,即先把待检接穗的芽片嫁接在砧木基部,每株嫁接 1～2 个待检芽。再削取指示植物的芽片嫁接在待检芽的上方,两芽相距 1.0～2.0 cm,嫁接后,在指示植物接芽的上方 1.0～1.5 cm 处剪除砧木的茎干。加强肥水管理,每周定期观察指示植物的症状表现,做好观察记录。根据指示植物的症状反应,明确待检样品是否还带有病毒。

②温室检测法。取砧木实生苗栽植于花盆移入温室内,作为鉴定用砧木。将待检植株芽片嫁接在砧木基部,待砧木开始萌发生长后,用芽接法在待检芽片上方嫁接指示植物接穗。嫁接后待指示植物发芽长出嫩叶后,即可观察记录。

上述两种方法均采用双芽接法,检测所需时间较短。而以指示植物作砧木,被检测植物作接穗的单芽接法往往需要几年才能观察结果,检测所需时间相对较长。表 1.10 列举了部分苹果病毒的木本指示植物及相应症状。

表 1.10　五种苹果病毒的木本指示植物及相应症状

(引自 NY 329—2006 标准)

病毒种类	木本指示植物	指示植物症状
苹果褪绿叶斑病毒 (ACLSV)	苏俄苹果 (R12740-7A)	指示植物长出 3～5 枚叶片后,叶片上出现褪绿斑点,多发生于叶片一侧,病株叶片较健株叶片小,有的向一侧弯曲呈舟形叶。植株矮化,生长衰弱

续表

病毒种类	木本指示植物	指示植物症状
苹果茎痘病毒（ASPV）	光辉（Radiant）	指示植物长出 2～3 枚叶片后,出现叶片反卷,并引起植株矮化
苹果茎沟病毒（ASGV）	弗吉尼亚小苹果（Virginia crab）	病株较健株矮小,叶片小而色淡,有的病株嫁接口周围肿胀,接合部内有深褐色坏死斑纹。木质部产生深褐色纵向凹陷条沟,严重时从外部即可辨认。在温室检测中,还可表现叶部黄斑或坏死斑,叶片扭曲变形
苹果花叶病毒（ApMV）	兰蓬王（Lord lambourne）	叶片上产生黄斑、沿叶脉条斑
苹果锈果类病毒（ASSV）	国光（Ralls）	茎中上部叶片向背面反卷、弯曲,导致叶片脱落,并在茎上产生不规则的木栓化锈斑

3）抗血清鉴定法

（1）基本原理　植物病毒是由核酸和蛋白质组成的核蛋白复合体,因而是一种抗原（Ag）,注射到动物体内后会产生相应的抗体（Ab）,抗体存在于血清之中,称这种血清为抗血清。由于不同病毒会产生特异性不同的抗血清,用特定病毒的抗血清来鉴定该种病毒,具有高度专一性,几分钟至几小时即可完成,方法简便,所以抗血清鉴定法已经成为植物病毒鉴定中很有效的方法之一。

（2）抗原、抗体的制备　抗血清鉴定首先要进行抗原的制备,即病叶的研磨、过滤、澄清和纯化等,以获得较高纯度的毒源,然后将毒源注射到免疫动物中,通常注射 4～6 次,最后一次注射 10～14 d 后采血。采血后,使血液 4 ℃过夜,然后分离出抗血清,分装到小玻璃瓶中,与甘油等比例混合后置于 -20 ℃冰箱中贮存待用。

（3）鉴定方法　抗血清鉴定法可分为酶联免疫吸附法（ELISA）、沉淀反应、凝胶单向扩散试验等,以 ELISA 最为常用。

ELISA 是把抗原、抗体的免疫反应和酶的高效催化反应结合起来,形成酶标记抗原（抗体）复合物,当这些酶标记抗原（抗体）复合物遇到酶的底物时,结合在免疫复合物上的酶即会催化无色的底物水解,降解形成有色产物或沉淀物,如抗原量多,结合上的酶标记抗体也多,则降解底物量大而颜色深;反之抗原量少则颜色浅,根据有色产物的有无及其浓度,即可推测被检抗原是否存在及其数量,从而达到定性或定量的目的。标记抗原或抗体常见的酶有辣根过氧化物酶和碱性磷酸酶。该方法具有灵敏度高、特异性强和操作简便等优点,适合于大量田间样品的检测,目前已广泛应用于植物病毒的诊断与测定。

ELISA 测定抗原的主要技术类型有直接法、竞争法、双抗体夹心法和硝化纤维素膜法,但使用最多的是双抗体夹心法和硝化纤维素膜法。

①双抗体夹心 ELISA（DAS-ELISA）。该检测技术以聚苯乙烯塑料管或血凝滴定板为支持物,基本步骤是先将免疫第一种动物获得的抗体吸附于固相表面,再依次加入病毒提取液、抗原免疫第二种动物获得的抗体、酶标抗体、底物,所以叫做双抗体夹心。最后进行酶联检测,用酶标检测仪测定 405 nm 处的光吸收值（OD_{405}）,如果检测样品 OD_{405} 与阴性对照 OD_{405} 比值≥2,则

说明为阳性,即检测样品中含有病毒,脱毒不彻底。仲乃琴等利用此技术对马铃薯的脱毒试管苗和引进品种等进行了检测,结果表明 DAS-ELISA 方法检测病毒,特异性强,非常适合于大规模的检测,该方法可检测出 $1 \sim 10$ ng/mL 的抗原,通过分光光度计可测定出病毒含量,对脱毒苗的确认极具应用价值。

②硝化纤维素膜 ELISA(NCM-ELISA),又称斑点免疫测定技术(Dot-ELISA)。该方法是以硝化纤维素膜为固相载体,是一种利用硝化纤维素膜为支持物来支持血清反应试剂的免疫酶促反应检测法,基本步骤是首先将待测样品点在硝化纤维素膜上,然后依次加入病毒第一抗体、第二抗体、底物。同 DAS-ELISA 相比较,更易于操作,节约时间。另外一个重要的优点是样品点在硝化纤维素膜上可保存数周,以待进一步实验或送往其他地方作显色处理,显色程度与病毒浓度成正比,且能长时间保持稳定,易于保存。

近年来研制成功了很多种病毒检测试剂盒,如 DAS-ELISA 试剂盒,主要检测马铃薯卷叶病毒、马铃薯 X 病毒、马铃薯 Y 病毒、马铃薯 S 病毒等;NCM-ELISA 试剂盒,可用于检测甘薯羽状斑驳病毒、甘薯轻斑驳病毒、甘薯潜隐病毒、甘薯褪绿斑病毒。这些病毒检测试剂盒使植物病毒鉴定时间从几十天缩短到几小时,性能稳定,重复性、特异性良好,解决了病毒快速检测技术应用问题。

4)分子生物学鉴定法

血清学方法检测病毒的基础是利用病毒外壳蛋白的抗原性,然而,有些植物病毒在某些情况下缺乏外壳蛋白,类病毒等本身则没有外壳蛋白,且目前很多种植物病毒未能制备出特异抗血清,因此血清学检测方法在应用范围上有很大的局限性。而正在进行广泛应用的分子生物学技术则克服了血清学技术的局限性。与血清学技术相比,其灵敏度更高、特异性更强、适用范围更广,并且更加快速、简便。在植物病毒检测与鉴定方面应用的分子生物学技术主要包括双链RNA 技术、核酸斑点杂交技术和聚合酶链式反应等。

(1)双链 RNA(dsRNA)技术 植物的 RNA 是由 DNA 转录而来的,植物体内一般不存在双链 RNA(dsRNA),如果在植物中检测到了双链 RNA,它只能是植物病毒和类病毒以单链 RNA(ssRNA)为模板合成的,是病毒侵入宿主植物后产生的病理产物。因此,双链 RNA 可作为病毒检测的标志。其检测的主要过程是在高 pH 高盐溶液中用去污剂和有机溶剂将植物中的总核酸提取出来,然后在 15% ~18% 的乙醇缓冲液中用 CF-11 纤维素膜吸附,只有双链 RNA 能特异性地吸附到纤维素膜上,而 DNA 和单链 RNA 都不吸附,再用缓冲液将它们洗脱掉,从而得到纯化的双链 RNA,经电泳检测,与已知病毒的电泳图谱相比较,即可作为病毒鉴定和分类的依据。

(2)核酸斑点杂交(NASH)技术 近年来,核酸斑点杂交技术已广泛用于植物病毒检测。NASH 是根据具有一定同源性的两条核酸单链在一定的条件下(适宜的温度和离子强度等)可按碱基互补原则退火形成双链的原理,将一段人工合成的核酸单链(互补 DNA,cDNA)以某种方式加以标记,制成探针,与待测病原核酸杂交,带探针的杂交物放射自显影后可以指示病原的存在。根据核酸与探针杂交的位置不同,核酸分子杂交可分为膜上印迹杂交和细胞原位杂交两种。

Singh 等(1998)利用此技术检测了马铃薯休眠块茎中的 PVY 病毒,发现 NASH 比 ELISA 法更灵敏,更可靠。但是此法的灵敏度和特异性与 PCR 相比要差一些,并且存在检测大量样品时,探针分离比较困难的缺点。

(3)聚合酶链式反应(PCR)技术 PCR 是一种特定的 DNA 片段扩增技术,近年来国内外许多学者将这一技术应用于植物病毒检测方面。PCR 技术检测的优点之一是灵敏度高,其灵敏度达到 pg(10^{-12})级甚至 fg(10^{-15})级水平。由于 PCR 技术能将极微量的核酸快速扩增到检测量,因此在样品量极少或病毒在组织中含量很低,用血清学方法也无法检测的情况下,采用 PCR 技术就能正常地进行病毒检测。此外,PCR 检测还具有特异性强,不受植物体内杂蛋白干扰的优点,克服了血清学检测中过氧化物酶产生的背景误差,而且研究表明其产物的碱基错配率非常低,因而可用于株系鉴定。

5)电子显微镜观察法

采用电子显微镜既可以直接观察病毒,检查有无病毒存在,又能够通过观察病毒生物大分子的亚基单位,了解病毒颗粒的大小、形状和结构,尤其是对于一些未知病毒和难以提纯的病毒材料都可用此方法得以解决,在病毒检测中有着特殊的重要性和不可取代的作用。但是由于电子穿透力弱,样品必须制备成超薄切片,技术难度较高,并且电子显微镜价格昂贵,操作技术不易掌握,在实际的检测中应用较少。

5.3.2 脱毒苗的保存和繁殖

1)脱毒苗的保存

经不同脱毒方法脱毒后的试管苗,经检测确定无特定病毒后,还需要对部分脱毒苗进行保存,以防止其再次受到病毒的侵染。脱毒苗保存常用的方法有隔离保存和离体保存两种。

(1)隔离保存 病毒的传播途径有昆虫媒介、直接接触和寄生植物传播等,其中昆虫传播的植物病毒种类占绝大多数。据统计,全世界传播病毒的昆虫约 465 种,主要为同翅目的蚜科(如蚜虫)和叶蝉科(如叶蝉),其次为飞虱、粉虱、粉蚧,其他昆虫包括甲虫和蓟马。所以,脱毒苗还需要很好地隔离保存,以防再次感染。通常是将其种植在隔离网室中,隔离网以 35~60 目尼龙网为好,主要是防止昆虫进入隔离室传播病毒。栽培土壤要严格消毒,并保证材料在与病毒隔离的条件下栽培。有时还将脱毒原种保存在气候凉爽、虫害少的海岛或高岭山地,以利于脱毒材料的严格保存。

(2)离体保存 采用隔离保存方法,占地面积大,要花费大量的人力、物力。而低温保存不仅成本低,而且能长期保存。低温保存是指把离体培育的茎尖或试管苗保存在 1~9 ℃低温、低光照下培养,在这样的条件下,材料生长非常缓慢,只需半年或一年更换一次培养基。具体保存措施参照本书单元 6 内容。

2)脱毒苗的繁殖

除了对检测无特定病毒的脱毒苗保存一部分之外,还要进行田间繁殖,以满足生产的实际需要。田间繁殖是将脱毒的原原种苗在隔离或防虫网室内扩繁即为原种苗,原种苗可进一步的扩大繁殖,供生产上利用。以苗繁苗,可在短时间内繁育出大量脱毒苗,如甘薯采用剪秧扦插法、草莓采用匍匐茎繁殖法、马铃薯采用茎节扩繁及微型薯诱导等繁殖方法。

在脱毒苗繁殖过程中,最重要的是防止再感染病毒,生产中应当注意以下问题:

①在脱毒苗移植前,要对基质进行消毒,以防治土壤病菌和线虫传播病毒。

②对于原种苗繁殖要防止蚜虫和叶蝉传播病毒,需要在网室内进行繁殖。

③二级种苗要在隔离条件下的专用苗圃内进行繁殖,避免在重茬地繁殖脱毒苗。

④脱毒苗的繁殖可以采用扦插、嫁接、压条和匍匐茎等无性繁殖方式,培养土及繁殖用的器具和设施使用前均要经严格消毒,灌溉水也须达标,砧木种子不带有病毒,接穗的母株也必须是经过鉴定或注册的脱毒植株。

⑤在脱毒苗生长期内定期地喷洒农药,及时杀灭蚜虫和其他昆虫,避免咬食而传播病毒。

⑥在田间要注意观察,及时去除病株或弱株,避免病毒的传播。

技能训练 5.1　马铃薯茎尖培养

1)技能要求

①掌握茎尖分生组织脱毒方法。

②熟练茎尖的剥离方法。

2)训练前准备

(1)植物材料　马铃薯块茎或幼嫩枝条。

(2)器具　超净工作台、解剖镜、烧杯、剪刀、镊子、解剖针、解剖刀、光照培养架。

(3)培养基及药品　诱导培养基:MS + KT 0.05 mg/L + IAA 0.5 mg/L;继代培养基:MS + NAA 0.1 mg/L;生根培养基:1/2MS + NAA 0.1 mg/L;无菌水、2%次氯酸钠、70%乙醇。

3)方法步骤

(1)配制培养基　按照配方配制所需培养基,并及时灭菌备用。

(2)取材　将欲脱毒的马铃薯块茎栽在经高压灭菌的湿沙中催芽,当芽长到4~5 cm时,可用于剥取茎尖。也可从田间剪取健壮的顶芽(6~8 cm长的茎段),在室内插入营养液中培养,2~3周后除去顶芽,促使腋芽生长。当腋芽长至1~2 cm时即可剪下剥离茎尖。

(3)消毒　除去枝条上较大的叶片,自来水下冲洗20~30 min,剪成单芽茎段。将顶芽或侧芽连同部分叶柄和茎段用70%乙醇浸泡5~10 s,无菌水冲洗1次,再经2%次氯酸钠处理8~10 min,用无菌水冲洗3~5次。

(4)茎尖剥离　在超净工作台上,于解剖镜下剥取茎尖,剥离时一手用镊子将茎芽按住,另一只手用解剖针将叶片和叶原基仔细剥掉。当圆亮半球形的茎尖生长点充分暴露出来时,用锋利的刀片切下大小0.1~0.25 mm,带1~2个叶原基的茎尖,迅速接种到诱导培养基上。培养茎尖的容器以20 mm×150 mm的平底试管为宜,每管接1个茎尖。

(5)培养　茎尖培养温度为23~26 ℃,光照16 h/d,最适宜光照强度随茎尖发育应有所增加,起始培养的光照强度是1 000 lx,4周后要增加至2 000 lx,当茎尖长到1 cm高,光照应增加至4 000 lx。1个月可看到明显伸长的小茎,两个月则长成3~4片叶的小植株。这时可将茎切段转入扩繁培养基增殖,每20~25 d增殖一代。当试管苗扩繁到一定数量后,一部分苗用于病毒检测,另一部分先保存起来,经病毒检测确定脱毒后,再进行大量扩繁用于生产。

(6)生根　马铃薯试管苗在继代培养基上也能生根,为更好促进生根,可将茎段转入生根培养基中培养。

4)实训报告

①观察马铃薯茎尖的生长和分化情况,并做好记录。

②写出马铃薯茎尖培养的方法。

技能训练5.2　草莓花药培养

1）技能要求

①掌握草莓花药培养脱毒的方法。

②掌握草莓脱毒苗的移栽及管理方法。

2）训练前准备

（1）材料　草莓花蕾。

（2）器具　超净工作台、解剖镜、烧杯、剪刀、镊子、光照培养架。

（3）培养基及药品　诱导培养基：MS + BA 1.0 mg/L + IBA 0.2 mg/L + NAA 0.2 mg/L；芽分化及继代培养基：MS + BA 0.5 mg/L + IBA 0.05 mg/L；生根培养基：1/2MS + IBA 0.2 mg/L；无菌水、2%次氯酸钠、70%乙醇、醋酸洋红。

3）方法步骤

（1）培养基配制、灭菌　按照配方提前配制所需培养基，并及时灭菌备用。

（2）取材　在草莓现蕾时，取直径约4 mm花蕾，镜检花药生育期为单核靠边期。花蕾用湿润纱布包好放入塑料袋中，扎好口袋，置于4～5 ℃低温下处理3 d。

检查花粉发育时期的方法是：从田间采集花蕾数个，从每个花蕾取花药1～2枚置载玻片上，加醋酸洋红1～2滴，用镊子压碎花药，剔除碎片，加上盖玻片，显微镜下检查。观察几个视野，处于单核期的花粉尚未积累淀粉，被碘染成黄色，并且多数花粉细胞只有一个核，被挤向一侧，即为单核靠边期。外观上处于单核靠边期的草莓花蕾未开放，花萼略长于花冠或花冠刚露出，花冠白色或淡绿色且不松动，花药微黄而充实。

（3）消毒　将低温处理后的花蕾用70%乙醇浸泡10～15 s，无菌水冲洗1次，再用2%次氯酸钠浸泡5～8 min，用无菌水冲洗3～5次。

（4）接种　用镊子剥开花冠，取下不带花丝的花药接入诱导培养基中。培养条件为：温度25～30 ℃，光照强度1 500～2 000 lx，光照10 h/d。一般花药培养20 d后即可诱导出米粒状乳白色的愈伤组织，愈伤组织形成后可转入分化培养基中，诱导再生植株。

（5）继代培养　花药培养出的草莓苗是脱毒苗，不需要病毒检测，可直接接种到继代培养基扩繁，培养20～30 d可继代一次。

（6）生根培养　生根过程既可在培养基上进行，又可在瓶外进行。为了获得整齐健壮的生根苗，最好将芽丛切割成单个芽转接到生根培养基中生根，当苗长至4～5 cm高，并有5～6条根可驯化移栽。

4）实训报告

①观察草莓花药的生长情况，记录材料生长、分化及污染情况。

②写出草莓花药培养的过程。

技能训练 5.3　脱毒苗的鉴定

1）技能要求

①掌握脱毒苗指示植物的鉴定方法。

②熟悉 ELISA 法检测植物病毒。

2）训练前准备

（1）材料　感染病毒马铃薯植株、脱病毒马铃薯植株、指示植物千日红、烟草、金刚砂。

（2）器具　光照培养箱、研钵、防虫网室、微量移液器、恒温培养箱、酶标仪。

（3）药品　0.1 mol/L 磷酸缓冲液、酶标抗体、NaCl、KH_2PO_4、$Na_2HPO_4 \cdot 12H_2O$、KCl、Tween-20、Na_2CO_3、$NaHCO_3$、NaN_3、脱脂奶粉、聚乙烯吡咯烷酮（PVP，相对分子质量 24 000 ~ 40 000）、二乙醇胺、4-硝基苯酚磷酸盐。

3）方法步骤

（1）指示植物法

①取样。在马铃薯苗上取 8 ~ 10 片叶片，置于等容积（W/V）0.1 mol/L 磷酸缓冲液中，用研钵将叶片研碎。

②接种。在千日红、烟草等指示植物的叶片上撒少许 600 号金刚砂，同时将受检植物的叶汁涂于其上，然后适当用力摩擦，以使指示植物的叶片表面细胞受到感染，但又不要损伤叶片。大约 5 min 后，用水轻轻冲去接种叶片上的残余液汁。

③培养。把接种后植物放在温室或者防虫网室内，株间与其他植物间都要离开一定距离。

④观察。每天仔细观察指示植物的变化情况，症状的表现取决于病毒性质和汁液中病毒的数量，一般 6 ~ 8 d 或是几周，指示植物可表现出症状。凡是出现枯斑、花叶等病毒症状的为未脱毒苗，应予以淘汰。

（2）双夹心酶联免疫吸附法（DAS-ELISA）

①实验试剂及溶液的配制。所用试剂为分析纯，用水为蒸馏水。

a. 洗涤缓冲液（PBST，pH 值为 7.4）：

| NaCl | 8.00 g | KH_2PO_4 | 0.20 g | $Na_2HPO_4 \cdot 12H_2O$ | 2.93 g |
| KCl | 0.20 g | Tween-20 | 0.50 mL | | |

溶于蒸馏水中，定容至 1 000 mL，4 ℃保存。

b. 抽提缓冲液（pH 值为 7.4）：称取 20.0 g PVP 溶于 PBST 中，定容至 1 000 mL，4 ℃保存。

c. 包被缓冲液（pH 值为 9.6）：

| Na_2CO_3 | 1.59 g | $NaHCO_3$ | 2.93 g | NaN_3 | 0.20 g |

溶于蒸馏水中，定容至 1 000 mL，4 ℃保存。

d. 封板液：

| 脱脂奶粉 | 2.0 g | PVP | 2.0 g |

溶于 PBST 中，定容至 100 mL，4 ℃保存。

e. 酶标抗体稀释缓冲液：

脱脂奶粉　0.1 g　　　　　NaN$_3$　0.1 g　　　　PVP　1.0 g

溶于 PBST 中,定容至 100 mL,4 ℃保存。

f.底物缓冲液:

二乙醇胺　97 mL　　　　NaN$_3$　0.2 g

溶于 800 mL 蒸馏水中,用 2 mol/L 盐酸调 pH 值至 9.8,定容至 1 000 mL,4 ℃保存。

g.底物溶液:

称取 0.05 g 4-硝基苯酚磷酸盐溶于 50 mL 底物缓冲液中,现配现用。

②样品制备。取待检马铃薯嫩叶 0.5 ~ 1.0 g,加入 5 mL 抽提缓冲液,研磨,4 000 r/min 离心 5 min,取上清液备用。

③操作程序:

a.包被抗体。取酶标板,每个酶标孔加 100 μL 用包被缓冲液按要求工作浓度稀释的抗体,37 ℃保湿孵育 2 ~ 4 h 或 4 ℃保湿过夜。

b.洗板。用洗涤缓冲液冲洗板 4 次,每次 3 ~ 5 min。

c.封板。每孔加 200 μL 封板液,34 ℃保湿孵育 1 ~ 2 h。

d.洗板。用洗涤缓冲液冲洗板 4 次,每次 3 ~ 5 min。

e.加样。每孔加样 100 μL,34 ℃保湿孵育 2 ~ 4 h 或 4 ℃保湿过夜。同时设阴性、阳性和空白对照,并根据需要设置重复。

f.洗板。用洗涤缓冲液冲洗板 4 次,每次 3 ~ 5 min。

g.加酶标抗体。每孔加 100 μL 用抗体缓冲液稀释到要求浓度的碱性磷酸酯酶标抗体,34 ℃保湿孵育 2 ~ 4 h。

h.洗板。用洗涤缓冲液冲洗板 4 次,每次 3 ~ 5 min。

i.加底物溶液。每孔加样 100 μL,37 ℃保湿反应 1 h。

j.测定 OD 值。将酶标板置于酶标仪中,在 405 nm 下测定光吸收值(OD$_{405}$)。

当 $\dfrac{检测样品\ OD\ 值}{阴性对照\ OD\ 值} \geq 2$ 时,可判定此样品带有病毒。

4)实训报告

①观察指示植物的生长情况。

②报告 ELISA 法检测结果。

复习思考题

1.感染病毒的植株为什么要进行病毒的脱除?

2.植物脱毒的主要方法有哪些? 各有何特点?

3.草本指示植物与木本指示植物鉴定脱毒苗时,在操作方法上有何不同?

4.利用植物病毒抗血清鉴定脱毒苗的具体方法有哪些?

5.应用分子生物学方法如何鉴定植物是否已脱除了特定病毒?

6.怎样保存和利用脱毒苗?

7.查阅相关资料,简述植物脱毒技术在生产中的应用。

单元 6 植物种质资源离体保存

【知识目标】

(1)掌握植物种植资源离体保存方法。

(2)理解植物种植资源离体保存原理。

【能力目标】

会保存离体植物种质资源。

种质资源离体保存是指在离体条件下,将单细胞、原生质体、愈伤组织、悬浮细胞、体细胞胚、试管苗等植物组织培养物,置于抑制其生长的无菌条件下,达到长期保存的方法。与传统方法相比,离体保存具有省时、省地、省力,不受环境因素的影响,便于植物资源的交换等优点。

离体保存的目的是保持培养物不死亡、不变异、不被污染,在需要时可重新恢复其生长,并可再生植株。目前主要采取降低温度、改变培养基成分、添加生长抑制剂等措施抑制培养物的生长,降低其代谢强度,从而达到延长保存时间的目的。离体保存常用的方法有常温保存、低温保存和超低温保存。

6.1 常温保存

在常温条件下保存种质,主要通过改变培养基中某些营养物质的浓度和培养条件,抑制培养物的生长,从而达到延长继代培养间隔期的目的。

一般通过减少培养基中的无机盐含量,或者去掉培养基中关键的一两种元素等,可以提高保存效果。如菠萝试管苗在1/4 MS 培养基中保存 1 年,仍生长良好。另外提高培养基的渗透压,降低培养物的吸收作用,也可降低培养物生长速度。通常将培养基中蔗糖浓度由2%~4%提高到10%,或者添加2%~5%甘露醇,还可以将琼脂的浓度提高到0.8%~0.9%。

在培养基中添加 ABA、CCC、B₉、多效唑和青鲜素等植物生长延缓剂或抑制剂效果也很明显。这在甘薯、马铃薯、魔芋等多种植物的保存中都取得了良好的效果,例如,在添加 5~10 mg/L 多效唑的培养基中常温保存马铃薯试管苗,保存时间可由 2~3 月延长到 1 年半,而且恢复生长快。但是在选择生长延缓剂时,首先要考虑它对材料遗传稳定性的影响。

降低培养环境的氧含量也能达到降低培养物生长的目的,一般在保存材料上覆盖一层灭过菌的液体石蜡、硅酮油等矿物油,或是降低培养容器内的氧分压。

从理论上讲,常温保存可以使一种种质永久地保存下去,但事实上随继代次数的增加,培养的植物材料再生植株的能力会逐渐降低,直至不能再生。据有关研究,继代 20 次的培养材料(含愈伤组织),其再生能力下降达 70%~80%,而且还会发生微生物污染和选择性地遗传变异,使培养材料丧失种质原来的遗传特性,实践中应尽量减少继代次数。因此常温保存适合短期保存。

6.2 低温保存

低温保存是最常用的植物种质保存方法,主要是通过降低培养温度,将培养物生长速度降低到最低限度,从而达到延长保存时间的目的。这种方法简单易行,需要设备少,投资小,技术成熟,适合植物种质资源的中长期保存。

低温保存的基本措施是控制保存材料所处的温度和光照。在一定温度范围内,材料的寿命随保存温度的降低而延长,但要注意各种植物对低温忍受程度的差异。0~6 ℃适宜保存温带起源植物的试管苗,15~20 ℃可用于热带植物试管苗的保存,在这种条件下,种质材料继代周期可延长到半年至一年或更长。除温度控制外,适当缩短光照时间,降低光照强度,也能减缓材料的生长速度,延长保存时间。但此时要注意防止光照过弱,使材料生长纤细,造成弱苗,以致到保存的后期材料不能维持自身生长,这样会不利于材料的低温保存。

在低温保存时还可辅以改变培养基成分和改变培养条件等措施延长保存时间,如降低无机盐浓度、提高渗透压、加植物生长延缓剂或抑制剂、降低氧分压等。

6.3 超低温保存

超低温保存也叫冷冻保存,是将植物的离体材料经过一定的方法处理后,在超低温(-196 ℃液态氮)条件下进行保存的方法。

6.3.1 超低温保存的原理

保存在液氮中的植物细胞代谢活动、生长基本停止,因而排除了遗传性状的变异,同时保存细胞的活力和形态发生潜能。此法不仅能达到长期保存生物材料的目的,而且植物材料处于相当稳定的生物学状态,不会产生遗传变异。

超低温保存种质要使用冷冻保护剂,冷冻防护剂具备下列作用:a. 降低冰点,促进过冷却和"玻璃态化"的形成;b. 提高溶液的黏滞性,阻止冰晶形成;c. 可使膜物质分子重新分布,增加细胞膜的透性,在温度降低时,加速细胞内的水流往细胞外结冰,防止细胞内结冰产生伤害;d. 稳定细胞内的大分子正常结构,特别是膜结构,阻止低温对膜的伤害。因此冷冻防护剂对超低温保存植物材料的存活率至关重要。否则植物材料在冷冻前或冷冻期间细胞脱水,会使原生质体浓度增加,导致细胞发生"溶液效应"的毒害。

迄今采用过的冰冻保护剂有二甲亚砜(DMSO)、PEG、甘油及各种糖类等,使用浓度为5%~10%。采用复合冰冻保护剂比单一成分的冰冻保护剂要好。

6.3.2　超低温保存的基本程序

超低温有一套比较复杂的技术程序,基本程序包括培养物的选取、材料预培养、冷冻、贮存、解冻、再培养等(图1.18)。

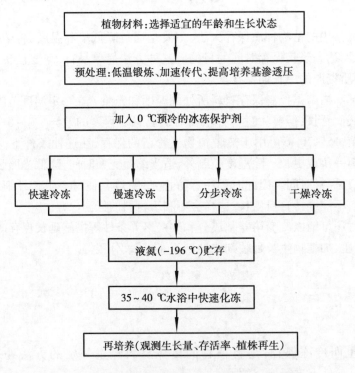

图1.18　植物组织和细胞超低温保存程序图解

1)培养物的选取

应选择遗传稳定性好、容易再生和抗冻性强的离体培养物作为保存材料,茎尖、腋芽原基、胚、幼龄植株等培养物细胞体积小、液泡小,含水量低,细胞质较浓,比含有大液泡的愈伤组织细胞更抗冻,因此是理想的保存材料。

2)材料预培养

冷冻前对植物材料进行的预培养,主要是为了减少细胞内自由水含量,增强细胞的抗冻力

和提高处理后植物材料的存活率。在预培养基中加入一些诱导抗寒能力提高的物质,如山梨醇、脱落酸和二甲基亚砜等,或将培养基的糖浓度提高,再对植物材料进行培养,以提高其存活率。例如,马铃薯的某些品种,为保证其茎尖经液氮冻存后存活率高而稳定,必须在有5% DMSO存在的情况下,将它们预培养48 h。

3）冷冻

由于材料生理状态的不同和植物种质的差异,同样的冷冻方法会导致不同的效果,而且它是影响超低温保存效果的关键因素之一。冷冻的原则是尽量保持细胞和组织的自然状态,同时又能迅速停止各种酶的活动和细胞的各种生命活动。为此,在冷冻材料的选择、冷冻前的预处理、冷冻防护剂的选择和使用,冷冻程序的选择等方面都有一些值得注意的问题。目前主要有以下4种冷冻方法。

(1)快速冷冻法　将植物材料从0 ℃或者其他预处理温度直接投入液氮。其降温速度在1 000 ℃/min以上。在降温冷冻过程中,植物体内的水从 −10 ~ −140 ℃,是冰晶形成和增长的危险温度区,在 −140 ℃以下,冰晶不再增生。因此,快速冷冻成功的关键在于利用超速冷冻,使细胞内的水迅速越过冰晶生长的危险温度区,形成"玻璃化"状态。玻璃化状态对细胞结构不会产生破坏作用。

采用快速冷冻方法,要求细胞体积小,细胞质浓厚,含水量低,液泡化程度低的材料。例如,高度脱水的种子、花粉、球茎或块根,经过冬季结冰后又充分脱水的抗寒性强的木本植物的枝条或冬芽,以及茎尖分生组织等。

(2)慢速冷冻法　本法适宜不抗寒植物。其方法是采用电子计算机控制的程序降温仪,降温速度为 0.1 ~ 10 ℃/min,使材料从0 ℃降至 −10 ℃左右,随即浸入液氮,或者以此降温速度降至 −196 ℃。当温度下降至 −30 ~ −40 ℃或 −100 ℃时,平衡一段时间,使细胞内的水有充分的时间不断地转移到细胞外结冰,从而使细胞内的水分减少到最低程度,避免细胞内结冰造成对植物细胞的伤害。

慢速冷冻法适用于成熟的、含有大液泡和含水量高的细胞,如悬浮培养中的细胞和愈伤组织等。

(3)分步冷冻法　即将待保存的植物组织或细胞在放入液氮前,经过一个短时间的低温锻炼阶段,然后再采用两步冷冻法和逐级冷冻法完成冷冻过程。

①两步冷冻法。此法是慢速冷冻和快速冷冻的结合。第一步是采用 0.5 ~ 4 ℃/min 的慢速降温法,使温度从0 ℃降至 −30 ~ −50 ℃;第二步是投入液氮中迅速冷冻。植物材料在第一步冷冻后,必须停留一段时间,使细胞达到适当的保护性脱水,以避免因内部结冰而导致的不可逆伤害。此法适宜保存烟草、胡萝卜、甘蔗、杨树、枣、椰树等植物的悬浮培养细胞和愈伤组织。

②逐级冷冻法。此法是在程序降温仪或连续降温冷冻设备条件下所采用的一种种质保存方法。它的实施过程是:先制备不同等级温度的溶液,如 −10, −15, −23, −35, −40 ℃等。植物材料经冷冻保护剂在0 ℃处理后,逐级通过这些温度。材料在每级温度中停留一定时间(4 ~ 6 min),最后浸入液氮。该方法的特点是细胞在解冻后呈现较高活力。

(4)干燥冷冻法　将植物材料置于 27 ~ 29 ℃烘箱内,使其含水量由72% ~ 77%下降到27% ~ 40%后,再浸入液氮,可使植物材料免遭冻死。如果采用真空干燥法进行植物细胞脱水,植物器官经 −196 ℃冷冻后,存活率会更高。注意不同植物材料和同一植物不同部位其最适脱水程度不同。

4）贮存

植物材料在液氮中长期存放，究竟能存放多长时间仍保持生活力，目前还没有上限的记录，理论上此法可以无限期的保存下去。贮存期间应十分注意液氮量的变化，一般说来只要材料能浸泡在液氮中即可，但随着贮存时间的延长，近液氮液体面的温度会发生变化，如长时间不加液氮或不移动液氮容器，则液氮交界处温度会升高，若温度高于 $-130\ ℃$ 细胞内的冰晶就可能生长，细胞生活力会因此而下降。长期完好地在 $-196\ ℃$ 下保存材料，所需主要设备是液氮冰箱，将安瓿瓶有序的放在里面，贴上标签和必要的说明（如材料、日期、存放人等），并不时地补充液氮以保持恒温状态。一般一个可容纳 4 000 个 2 mL 安瓿瓶的液氮冰箱，每周要消耗 20～25 L 液氮，应根据这样一个参考数字来及时补充液氮。

在贮存过程中，经常使用的材料和准备长期贮存不用或专门用做研究贮存时间长短的材料一般应分开存放，以防止过多地让不该暴露的植物材料暴露在周围环境温度中。

5）解冻

解冻是一个比较简单的过程，但也有些技术问题值得注意。为了保持材料的生活力，需要进行一些特别的操作过程。应采取合适的解冻方法以防止解冻过程中冻害现象发生。目前有快速解冻和慢速解冻两种方法。

（1）快速解冻法　把冷冻材料直接投入到 37～40 ℃ 的温水中，解冻速度为 500～700 ℃/min。将化冻后的材料转入冰槽中保存，直到进行重新培养或生活力测定时，才能从冰槽中取出。注意，在解冻时，材料再次结冰的危险区域是 -50～-10 ℃。采用本法可使植物材料尽快越过这一危险区域，使细胞免受损伤。

（2）慢速解冻法　将冷冻材料置于 0 ℃ 低温下，然后逐渐升至室温，让其慢慢解冻。慢速解冻法主要适合细胞含水较低的植物材料。例如木本植物的冬芽，经冬季低温锻炼及慢速冷冻处理后，细胞内的水已最大限度地流到细胞外结冰。采用慢速解冻，可使水分缓慢地流回至细胞内，避免因强烈渗透而引起对细胞膜的破坏。解冻操作中还应尽量避免对冷冻组织的机械损伤，一旦试管内的冰融解，就应该将试管转移至 20 ℃ 的水浴中，并尽快进行洗涤和再培养，避免热伤害发生。

6）再培养

由于冷冻防护剂对植物细胞可能有一定的毒害作用，如二甲亚砜就有轻度的毒害作用，因此在培养前应把已解冻的材料清洗若干次，以避免毒害作用的发生。然后将已解冻的植物材料，重新置于培养基上使其恢复生长。同时为避免质壁分离复原过程中对植物细胞造成伤害，冷冻防护剂的清除要逐步进行。但不同的植物材料对冷冻防护剂的反应不一，有些植物材料在带有少量防护剂时仍生长良好，例如，在胡萝卜体细胞胚和试管苗中就没有必要逐渐稀释；玉米细胞重新培养时带有少量冷冻防护剂比清除的存活率要高。其可能的原因是冲洗时细胞在冷冻过程中渗漏出来的某些重要物质也被冲洗掉了的缘故。冲洗防护剂的方法是用准备使用的液体培养基逐渐加到解冻的冷冻液中，使冷冻防护剂浓度逐渐降低，然后再更换新的无防护剂的培养基。

此外，再培养的早期一般都有一个生长停滞期。停滞期的出现可能是修复冷冻保存期间细胞结构的损伤，也可能是受残留保护剂的抑制。因此停滞期的长短可能取决于细胞的损伤程度、保护剂的浓度，也可能与植物材料和其基因型有关。

7）保存材料生活力和存活率的检测

（1）再培养 此法为检测冷冻保存后细胞和器官生活力的最根本的方法。在解冻后重新培养过程中，要观测组织细胞的复活程度、存活率、生长速度、组织快的大小和重量的变化，以及分化产生植株的能力和各种遗传性状表达。其中，测定存活率是这项工作的一个重要程序。

（2）细胞染色方法 TTC 法和 FDA 染色法等都可以测定细胞的存活力，然而，染色法并不能说明哪些活细胞能够重新生长。在一个经染色被证明是活细胞的群体中，只有一小部分能完全恢复生长，进行分裂。如果冷冻保存的植物材料只是为了今后培养繁殖之用，则无须做一些详细的测定细胞生活力或存活率的实验，因为最终目的是用保存的材料获得新的后代。

> **延伸阅读：保护植物种质资源**
>
> 　　由于人口剧增、工业发展、城镇建设迅速扩大、人类对植物资源不合理的利用，许多植物生存受到威胁或处于濒临绝灭的境地。
>
> 　　2019 年世界自然保护联盟（IUCN）公布的《濒危物种红色名录》中，濒危物种达到 105 732 个。2013 年我国生态环境部（原环境保护部）和中国科学院联合发布的《中国生物多样性红色名录—高等植物卷》中，对 34 450 种高等植物进行了评估，结果显示我国高等植物受威胁的物种共计 3 767 种，约占评估物种总数的 10.9%。其中极危等级 583 种，濒危等级 1 297 种，易危等级 1 887 种。一个物种的消失，常常还会导致另外 10～30 种生物的生存危机。植物是生命的源泉，保护植物就是保护人类自己。

复习思考题

1. 简述进行植物材料预处理的方法与作用。
2. 根据低温保存的原理，设计一种植物试管苗的低温保存方案。
3. 低温保存与超低温保存有何异同？
4. 进行种质超低温保存时，采用哪些措施可以尽量避免植物材料的伤害？

单元 7 植物组培苗工厂化生产与管理

【知识目标】

(1)掌握植物组培苗工厂化生产的技术。

(2)理解提高组培苗工厂化生产效益的措施。

(3)了解组培苗工厂化生产的管理与经营。

【技能目标】

(1)能制订组培苗工厂化工艺流程和生产计划。

(2)会核算组培苗生产成本,分析经济效益。

植物组培苗工厂化生产是在人工控制的最佳环境条件下充分利用自然资源和社会资源,采用标准化、机械化、自动化技术,高效优质地按计划批量生产健康植物苗木。组织培养工厂化育苗主要应用于快速繁殖、生产脱毒苗木,目前已有不少花卉、果树、蔬菜等经济作物逐步采用组织培养技术,利用具有规模生产条件的组培苗生产线进行大规模工厂化生产。

7.1 组培苗生产工厂的设计及设施、设备

7.1.1 生产工厂的设计

(1)厂址选择 在进行植物组织培养大规模育苗生产时,单靠小的组培室是远远不够的,需要建立组培苗生产工厂。建厂时要考虑周到,否则会对以后的生产和管理造成不良影响。一般首先应利用现有条件,选择比较清洁、安静的地方,重新兴建或将原办公室、会议室、仓库等房屋改建成组织培养生产工厂。新建组培生产工厂应选择建立在周边环境无污染源,交通运输方便的地区,并要求在该地常年主风向的上风方向,有排灌水设施,用电线路畅通。

(2)厂区规划 在建立植物组织培养生产工厂时,首先要根据预期的生产量和投资规模确定所需土地面积和基建规模,按照组织培养的目的和规模进行车间的设计。工厂的布局要合

理,应根据生产工艺流程和工作程序先后,把各车间安排成一条连续的生产流水线。组培生产车间一般由洗涤灭菌车间、化学实验车间(化学实验室、培养基制备室)、接种车间、培养车间和移栽车间(包括温室和苗圃)5 个部分组成。如果有条件还可以建办公室、仓库、会议室、冷藏室、产品展示厅等。

为了扩大工厂化生产的规模,减少投资,增加效益,合理配置资源,近年来出现了合作经营、分段生产的经营模式,即拥有较强科技力量并建有完备的植物组织培养实验室的科研单位或高等院校与拥有一定生产能力的园林生产单位、苗圃或农场、林场,以及拥有各种销售渠道和网络的花木公司、种苗公司联合经营,充分利用各自的资源优势,避免重复投资建设、盲目生产造成的资金、人力、物力的浪费。

7.1.2　生产工厂的配套设施、设备

(1)洗涤灭菌车间　各种玻璃器皿、培养瓶和各种用具的洗涤、干燥,植物材料的洗涤和消毒等预处理,培养基的高压灭菌等工作均在洗涤灭菌车间进行。本车间需配有高压蒸汽灭菌锅、烘箱、蒸馏水发生器、洗瓶机、培养器皿等。

(2)化学实验车间　化学实验车间主要承担化学试剂的称量、溶解,培养基的配制、分装、包扎和植物材料的预处理,以及培养物的观察分析等操作工作。本车间需配有冰箱、恒温箱、天平、酸度计、培养基分装机、计量器皿、盛装器皿、培养器皿、细菌过滤器械、医用小平车等。

(3)接种车间　接种车间主要承担植物材料的接种、培养物的转移等工作,这些工作要求在无菌环境中进行。无菌条件的好坏、持续时间的长短对减少培养基的污染关系重大,是组培苗生产的关键所在。接种车间要求地面、墙壁及天花板光洁,易于清洗和消毒。本车间需配备超净工作台、无菌操作器具、培养瓶放置架、培养皿等。

(4)培养车间　培养车间主要承担培养物和组培苗在人工控制温度、湿度和光照等条件下的培养和生长。培养车间要有保温隔热性能,并尽量利用自然光照、最大限度增加采光面积,除必要的承重墙结构外,全部安装落地式双层保温大玻璃窗。车间墙壁可选白色防霉油漆涂层或涂料等,地面最好是白色水磨石面、天花板宜白色,增强反光,提高室内亮度。本车间需配备培养架、空调机、温湿度观测记录仪、振荡培养机等。

(5)移栽车间　移栽车间包括炼苗室、温室和苗圃,它的主要任务是进行组培苗清洗、整理、炼苗、移栽和培育,可结合常规无性繁殖方法对组织培养成苗进行常规繁殖,以便节省投资,降低生产成本。

(6)仓库　选择背阳的房间作仓库,把暂时不用的玻璃器皿、器械及备用的试剂、药品等存放在内,便于随时取用。其中药品仓库要求干燥、通风、避免光照,备有存放各种药品试剂的药品柜、冰箱等设施、设备。

(7)冷藏室　将一些组培苗放在冷藏室低温处理,可以控制其分化和生长速度。另外,有些球根花卉如唐菖蒲的小球茎在冷藏室 3~5 ℃下冷藏 1 个月打破休眠。冷藏室对于组培工厂按计划生产和按时供应大量种苗,起着重要的调节及贮备作用。

总之,组培苗生产工厂的基础设施建设和主要设备可以根据具体的生产任务要求和投资规模以及当地条件加以必要的变动和选择。可以因地制宜、因陋就简,创造性地进行组培苗生产,而不必花太大的投资。但是,基础设施和设备过于简单,存在工作效率低、污染率高的问题,浪费时间,增加无效的劳动。

7.2　组培苗工厂化生产技术

7.2.1　组培苗工厂化生产工艺流程

植物组培苗工厂化生产工艺流程是根据植物培养的技术路线拟定的,图1.19为葡萄工厂化生产工艺流程。

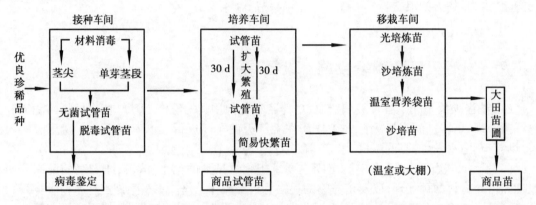

图1.19　葡萄脱毒苗工厂化生产工艺流程

7.2.2　组培苗工厂化生产技术

植物组培苗工厂化生产是在植物快速繁殖技术的基础上建立起来的,主要包括培养材料的选择、培养基制备、组培苗快速繁殖、炼苗移栽和成苗管理5个阶段。

1)培养材料的选择

种源是组培苗工厂化生产首先要考虑的问题。选择的植物种类既要适应市场的需求,又要考虑适应当地的环境条件,以便简化生产条件,降低生产成本。

种源主要有两个途径:一是从外地引进无菌原种苗。此法方便、快捷、节省时间、繁殖速度快,如果市场前景好,需求量大,要求在极短的时间内形成规模,采用这种方法最好。另一条途径是自己动手从外植体培养建立起无菌培养体系,这往往需要较长时间。从理论上来说,植物所有的器官和组织都可以作为外植体,具体选取什么做外植体取决于培养目的及植物的种类。根据需要选择有市场发展潜力或生产需要的品种,植株要求纯度高,无病虫害,最好在保护设施下培育健壮母株。不同的植物种类以及同种植物的不同器官和组织再生能力都有很大的差异,常用的外植体有茎段、顶芽、叶片、腋芽、叶柄、花柄、花瓣、鳞片等。

2)培养基的制备

植物组织培养的成功与否,除植物材料本身的因素外,培养基是关键。应根据培养植物的种类及取材部位选择适宜的培养基。在进行工厂化生产之前,应做前期的试验研究工作,筛选出最优的培养基。生产一般先配制10~1 000倍高浓度母液和植物生长调节剂原液,低温下储

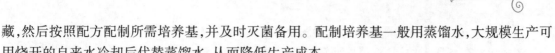

藏,然后按照配方配制所需培养基,并及时灭菌备用。配制培养基一般用蒸馏水,大规模生产可用烧开的自来水冷却后代替蒸馏水,从而降低生产成本。

3)组培苗快速繁殖

组培苗快速繁殖是工厂化生产的重要环节,主要在接种车间和培养车间完成,其培养方法与实验室组培苗的生产流程基本相同,只是生产规模更大一些。

(1)初代培养　选取生长健壮、无病虫害的植株,剪取较幼嫩、生长能力强的部位。选用适当的消毒剂进行表面消毒,及时用无菌水冲洗,尽量减少残留在材料上的消毒剂。然后接种到适宜的初代培养基上培养,给予合适的培养条件,通过初代培养,就可获得无菌材料。

(2)继代培养　继代培养是植物种苗快繁的重要过程,要注意将增殖率和苗的质量统一起来,及时调整植物生长调节剂的配比、浓度以及培养条件,适应苗的分化和生长,产出高质量的组培苗。

(3)生根培养　当苗木数量增殖到预期数量后,将无根苗切割成单株,根据苗木芽的大小强弱,分别进行壮苗培养和生根培养。

4)组培苗移栽

组培苗在培养车间长出一定数量的根或根原基后,要及时转移到移栽车间炼苗移栽。

(1)准备工作

①选择育苗容器。育苗容器有育苗筒、育苗钵、育苗盘。育苗盘易搬运,适于工厂化育苗,可随时移到不同温度、光照的地方。

②基质选配。基质的作用是固定幼苗,吸附营养液、水分,改善根际透气性。基质需具有良好的物理特性,通气性好;对盐类要有良好的缓冲能力,维持稳定、适宜植物生长的 pH 值;需具有良好的化学特性,不含有对植物有害的成分;来源广泛,价格低廉。

基质按种类分为有机基质和无机基质。有机基质主要有腐殖质、泥炭、干燥苔藓、炭化稻壳、锯木屑等;无机基质有炉渣、沙、蛭石、珍珠岩等。基质除了单独应用外,还可多种基质混合应用,以取长补短,不同植物组培苗应选用不同种类的栽培基质,一般采用泥炭、珍珠岩、蛭石、沙及少量有机质、复合肥混合调配为好。

③场地、工具及基质消毒。移栽场地及所有工具用10%漂白粉溶液或0.1%高锰酸钾液泡10~15 min。基质均匀混合,用1 000 倍百菌清喷雾、搅拌。基质内的土壤消毒要更严格,可应用下列消毒方法:

a.65%的代森锌粉剂消毒。每立方米苗床土用药60 g,药土混拌均匀后用塑料薄膜盖2~3 d,然后撤掉塑料薄膜,待药味散后可以使用。

b.甲醛消毒。用0.5%甲醛喷洒床上,混拌均匀,然后堆放并用塑料薄膜封闭5~7 d,揭开塑料薄膜使药味彻底挥发后方可使用。

c.蒸气消毒。用蒸气把土温提高到90~100 ℃,处理30 min。蒸气消毒的床土待土温降下去后就可使用,消毒快,又没有残毒,是良好的消毒方法。

(2)组培苗炼苗移栽

①炼苗。组培苗由培养室转入温室,暴露于空气中,环境差异大,需逐步适应。一般要求从培养室内将培养瓶拿到室温下先放置3~7 d,再打开瓶盖。

②清洗。将苗瓶置水中,用小竹签伸入瓶中轻轻将苗带出,尽量不要伤及根和嫩芽,在

18～25 ℃温水中漂洗,将基部培养基全部洗净。

③移栽。在基质上插洞,将苗根部轻轻植入洞内,撒上营养土,将苗盘轻放入洇苗池中,待水漫上洇。洇透后,将苗盘放在传送带上,送入缓苗室。无根苗需先蘸生根液再行移植。

(3)组培苗移栽后的管理　组培苗移栽后1～2周为关键管理阶段,主要是要控制好光照、湿度、水分、通风等条件。高温季节应注意遮阳、保温、保湿、通风透气,并经常进行人工喷雾。温度以18～20 ℃,空气相对湿度保持在70%～85%为宜。弱光、适当低温和较高的空气相对湿度有利于提高成活率。为促进苗木生长,结合喷水喷施3～5倍MS大量元素液。1周后每隔3 d叶面喷施营养液1次。由于空气湿度高,气温低,幼苗易感病,要及时喷药防治病虫害。

温室组培苗移栽4～6周后,可逐渐移至遮阳大棚下移栽。此时组培幼苗根系刚恢复生长,幼叶长大,嫩芽抽梢,肥水管理非常重要。首先,要结合浇水浇灌营养液,一般每3～5 d应供给营养液1次。在施用营养液时,应根据不同的植物种类,采用不同的配方。前期秧苗较小,营养液的浓度应低一些,一般为0.15%～0.2%;随着秧苗长大,营养液浓度可逐渐加大到0.3%左右,使幼苗顺利实现从异养生长向自养生长的移栽。其次,要逐渐延长光照时间,增加光照强度。光照强度应由弱到强,循序渐进,否则会因光强增加过快而导致幼苗的灼伤。其三,由于苗木密集,空气湿度大,病害易发生,每隔7～10 d需交替喷1 000倍百菌清或灭枯净。

(4)配制营养液

①营养液配方。不同植物种类所需营养液配方有所不同,介绍几个配方供参考(表1.11)。

表1.11　营养液配方

单位:mg/L

配方一		配方二		配方三		配方四	
药品名称	用量	药品名称	用量	药品名称	用量	药品名称	用量
尿素	450	硝酸钙	950	硫酸钾	200	硝酸钙	950
磷酸二氢钾	500	磷酸二氢铵	155	复合肥($N_{15}P_{15}K_{12}$)	1 000	磷酸二氢钾	360
硫酸钙	700	硫酸镁	500	硫酸镁	500	硫酸镁	500
硼酸	3	硝酸钾	810	过磷酸钙	800	硼酸	3
硫酸锰	2	硼酸	3	硼酸	3	硫酸锰	2
钼酸钠	3	硫酸锰	2	硫酸锰	2	钼酸钠	3
硫酸铜	0.05	钼酸钠	3	钼酸钠	3	硫酸铜	0.05
硫酸锌	0.22	硫酸铜	0.05	硫酸铜	0.05	硫酸锌	0.22
螯合铁	40	硫酸锌	0.22	硫酸锌	0.22	螯合铁	40
		螯合铁	40	螯合铁			

②营养液配制方法。根据营养液配方和实际配液量算出各种化学物质具体用量,称取配制。在配制过程中要防止沉淀的发生,如硫酸镁和硝酸钙,硝酸钙和磷酸铵在高浓度原液混合时,很容易产生硫酸钙及磷酸钙沉淀。因此,最好先将各种肥料分别溶解,再加入盛水容器中,充分搅拌。尿素、硫酸镁、磷酸二氢钾等易溶,而硝酸钾、硝酸钙溶解需要一定时间。常用的几种钙肥除硝酸钙外溶解度都比较低,溶解时应加一定量的水。微量元素用量低,一般先配成高浓度原液,在暗处保存,使用时按一定比例取出原液加入营养液中。

大部分营养液的 pH 要求在 4.5 ~ 6.5,以 5.5 ~ 6.5 为最适。如需降低 pH,可加入硫酸或盐酸,如需提高 pH 加入氢氧化钾。配制营养液的水质一般问题不大,但在沿海或盐碱地区的地下水有的含盐量较高。用这种水配营养液经过一段时间后,盐分浓度容易超过允许界限,导致苗受害。所以使用前应进行测定,盐分以不超过 200 ~ 400 mg/L 为限。

5)成苗管理

(1)及时供水　成苗期苗木较大,需水量大。气温升高,通风多,失水快,要注意及时供水。特别是利用营养钵育苗或电热温床育苗,更应经常浇水,保持育苗基质湿润。

(2)苗床的温度　开始时苗床的温度可稍高些,以后逐渐降低温度,要根据不同植物进行温度控制。一般白天可控制在 20 ~ 30 ℃,夜间 10 ~ 20 ℃,以促进生根缓苗。这一时期的苗床温度主要是利用太阳能和保温、通风措施来调节。

(3)追肥　在育苗基质肥料充足的情况下,可不追肥,如有条件可每隔 3 ~ 5 d 根外追施 0.2% 磷酸二氢钾液,也可随水追施复合肥,施用量为 10 ~ 20 g/m²。追肥后一定及时浇水,防止烧苗。此期间还应注意防治苗期病、虫害。

7.3　组培苗生产计划的制订与实施

7.3.1　组培苗增殖率的估算

组培苗在接近理想的条件下生长分化,不受季节限制,有外源植物生长调节剂的促进,增殖的速度是很快的,每个培养周期可以增殖几倍、十几倍甚至几十倍。通常按接种的中间繁殖体块数,或按瓶计算都可以,经过几个周期的培养,看能得到多少块中间繁殖体,或得到了多少瓶繁殖体,这两种方法都比较准确。但不能简单地按接种 1 个芽,培养后能数出多少个芽来计算,应按能再切出多少块供再接种的材料来计算。年生产量理论值的计算公式为:

$$Y = mX^n$$

Y:年生产量;m:无菌母株苗数;X:每周期增殖倍数;n:年增殖周期数,$n =$ 365/每周期天数。

从 1 瓶材料开始计算,如果一种植物每 45 d 繁殖 1 代,每瓶培养 10 株苗,每次增殖 4 倍。则 1 年可增殖 8 次,年生产量(Y) = 10×4^8 = 655 360 株苗。

这是一理论数值,在实际生产过程中会受到污染率、组培苗生长异常、移栽成活率、设备生产能力和工作人员的配备等许多因素的制约。

7.3.2　生产计划的制订

1)生产计划制订的依据

生产计划是根据市场需求和经营决策对未来一定时期的生产目标和生产活动所做的事前安排。生产计划的制订是进行组培苗规范化生产的关键,生产量不足或过剩,都会带来直接的经济损失。生产计划制订的依据是市场需求组培苗的种类、数量、质量,工厂的生产条件和规模等因素。以用户为中心,以市场为导向来编制生产计划,同时也要尽量避免高温季节与寒冬季节大批量供货。

制订生产计划必须注意以下几点:

①对各种植物的增殖率应作出切合实际的估算;

②要熟练掌握需培养植物的组织培养技术环节;

③要掌握各种组培苗的定植时间和生长条件。

2)生产计划的制订

(1)繁殖品种　生产品种来源可以是通过引种试种,筛选出适宜本地发展的新品种;也可以是通过市场调查,确定将在市场上流行的当家品种,然后在主栽区进行生产性跟踪调查和比较筛选,选出该品种最优良的单株进行取芽,具有条件的企业和单位还应通过开展新品种选育,培育出具有自主知识产权的新品种。

(2)计划数量　具体到每个品种什么时候开始进行生产前的预准备,需要多少顶芽或其他材料作外植体,须依据计划的生产数量来考虑,一般至少应提前在生产季节前6~8个月开始准备。生产工厂要根据各个种类及品种的诱导时间、繁殖系数、继代增殖及生根周期、不同季节移栽培养所需的时间、估计污染率,还要考虑瓶苗质量及有效成苗数、移栽成活率等因素,来计划确保一定生产量所需的繁殖苗基数。确定组培苗的生产量应考虑在生产过程中不可避免的污染损耗、变异畸形苗淘汰、移栽成活率等因素。组培苗的生产数量一般比计划销售量高20%~30%。

(3)出苗时间　出苗时间参照销售计划和销售时期拟订,同时要考虑植物的种类及品种生长周期,并结合种植地的环境和气候条件。一般情况下刚出瓶的组培苗不能成为商品苗出售,需进行室外壮苗、炼苗,原则上组培种苗的出瓶日期应根据生产品种的不同比销售日期提前40~60 d。为了提高移栽成活率,一般应避免在夏季和冬季出苗。

(4)销售策略　由销售部门密切注视市场变化,及时将市场走势情况反馈给生产部门,以便根据需要及时调整生产计划和种苗上市时间。销售部门还要经常与生产部门进行沟通,及时统计和掌握各种可出售种苗的动态数量,了解它们的质量状况,进行统筹销售。尽量减少不必要的成本浪费,提高产品的有效销售率,才能在市场中占有较大份额,并赢得较高的信誉,使企业产品具有竞争力。

生产计划是根据市场需求情况制订的,有一定的预见性,不一定完全准确。在生产过程中,还应根据市场的变化,及时反馈信息进行相应的适度调整,才能更好地促进种苗的适时生产和有效销售。

3)生产计划的实施

(1)存架增殖总瓶数(T)的控制　存架增殖总瓶数不应过多过少,如盲目增殖,一段时间后就会因缺乏人力或设备,处理不了后续的工作,使增殖材料积压,一部分苗老化,超过最佳接转继代的时期,造成生根不良、生长势减弱、增殖倍率降低等不利后果。增殖瓶数不足,会造成母株数量不够,也会延误产苗。

存架增殖总瓶数(T)=增殖周期内工作日天数(W)×每工作日需用的母株瓶数(S)

按公式计算的数字控制增殖总瓶数,可以使处于增殖阶段的苗子在一个周期内全部更新一次培养基,使苗子全部都处于不同生长阶段的最佳状态。

（2）增殖与生根的比例　需按实际情况确定,增殖倍率高的,生根的比例大,每个工作日需用的母株瓶数较少,产苗数(即生根的瓶数×每瓶植株数)较多,反之,增殖倍率低,因需要维持原增殖瓶数,就占用了较多的材料,用于生根的材料就少。生产上也可以通过改变培养基中植物生长调节剂的用量、糖浓度和培养条件等加以调整。

（3）全年实际生产量的估算

$$每个工人的全年实际生产量 = 全年总工作日 × 平均每个工作日出瓶苗数 ×$$
$$(1 - 损耗率) × 移栽成活率$$

如果某一种植物平均35 d为1个增殖周期,每次增殖4倍,全年可繁殖10代。每名工人在1个增殖周期内有30个工作日,平均每天接种100瓶,每瓶10株,其中30瓶为增殖用,70瓶用于生根。假若组培苗损耗率为10%,移栽成活率为85%。那么每个工人全年实际生产量 = 300（工作日）×700×(1 - 10%)×85% = 160 650（株）

组培苗繁殖是一个不断运行、流动着的体系,同工业生产流水线一样,不允许任何环节的半成品堆积。最有效率的管理,要求各环节都处于力所能及的负荷条件下运转,首先注意质量,出苗实绩,每天均衡出苗,按部就班,工作有节奏感,不紊乱,不积压。

7.4　组培苗的质量鉴定与运输

苗木质量鉴定是保证苗木质量和保护种植者利益的重要环节,是确定苗木价格的重要依据,必须重视。随着组培技术的推广应用,越来越多的组培苗进入商业化生产和流通。由于其生产方式的创新性和产品的先进性,要求质量检验尤其严格。

7.4.1　组培苗的质量鉴定

组培瓶苗的质量影响到组培苗的移栽成活率,甚至影响到出圃种苗的质量。根据种苗的用途不同,其质量标准也不同。

1）生产性组培瓶苗的质量标准

对仅用于生产的组培瓶苗,主要依据苗的根系状况、整体感、出瓶苗高、叶片数四个方面进行判定。

（1）根系状况　根系状况是指种苗在瓶内的生根情况,包括根的有无、长势和色泽。一般通过目测评定,合格的组培瓶苗必须有根,并且长势好、色白健壮。

根的有无直接影响到移栽成活率。有根容易成活,无根的不仅要求管理水平非常高,而且成活率也比有根的大幅度降低,如非洲菊组培苗有根的成活率可达95%以上,而无根的仅能达到40%左右。

根在瓶内的长势包括根的长度和均匀性,根过长的瓶苗为超期苗,原有的根生活力下降,需要新根萌发才能恢复生长,因此缓苗期长。而根过短,说明苗龄短,比较幼嫩,抗逆性差,易受到病虫害的侵染,管理困难。所以根的适宜长度需根据不同品种的需求特性而定。根的均匀性是指根的分布情况,因为一边有根、一边无根的半边苗,或仅有极少根的组培苗的移栽非常困难,成活率也很低。

根的色泽是组培苗在培养过程中是否受到潜在性细菌污染的反应,根色泽白亮、长有根毛的组培苗移栽容易成活,后期苗的长势旺盛。而根发黄,甚至于发黑的组培苗移栽困难。

(2)整体感　整体感是指种苗在瓶内的长势和整体感观,包括长势是否旺盛、种苗是否粗壮挺直、叶色是否符合本品种的特性等。此项指标是一个综合的感观评判项目,靠目测评定,应由熟悉组培生产及各种类组培瓶苗形态特征的人员进行检测。

长势旺盛、健壮、叶色绿的瓶苗,抵抗不良因素的能力较强,移栽容易成活,且后期长势旺盛、健壮。而生长瘦弱、叶色发黄或发白,整体感差的瓶苗,在条件很好的培养环境中尚生长不好,到了条件粗放的移栽环境中,往往会因不适应而死亡。

(3)出瓶苗高　出瓶苗高是指出瓶时组培苗的高度。组培苗过矮过小,移栽难以成活。但并不是说苗高度越高越好,多数种类组培苗的高度超过指标后,都说明组培瓶苗的质量下降了,继续生长会变成徒长、瘦弱的超期苗,降低移栽成活率。即使能勉强成活,也会成为质量低的高脚苗或瘦弱苗。如满天星高于3 cm组培瓶苗,一般茎秆呈抽细状况,移栽成活后新长出部分茎叶繁茂,而原来细弱的茎秆不能长粗,结果形成质量很差的"高脚苗",栽种后易倒伏,发生茎腐而死亡。

(4)叶片数　叶片数是指植株进行光合作用的有效叶片数。通常目测评定,适当数量和形态正常的叶片表明植株生长健壮。但要注意识别莲座化现象和已发生变异的组培苗,莲座化苗后期无法抽苔开花,而变异苗会引起产量下降或品质变劣,影响产品的商品价值。如满天星组培苗的出苗高度2~3 cm,叶片数却达到了10片以上,就很可能是莲座化苗。

生产性组培苗的质量标准根据根系状况、整体感、出瓶苗高和叶片数4项指标进行判定。其中,根系状况对瓶苗质量影响最大,也是最重要的指标,其次是整体感和出瓶苗高度,叶片数是影响较小的指标。换句话说,根系状况是一票否决的指标,对于无根、长势不好、色黑的瓶苗,不必考虑其他几项指标,就可算为质量不合格。只有在根系状况达到要求后,才能进行以下指标的综合评定,几种植物组培苗的出瓶质量标准如表1.12所示。

表1.12　几种组培苗的出瓶标准

植物品种		根系状况	整体感	出瓶苗高/cm	叶片数/片	苗龄/d
非洲菊	1级	有根	苗直立单生,叶色绿,有心	2~4	≥3	15~20
	2级	有根	苗略小,部分叶形不周正,有心	1~3	≥3	
满天星	1级	有根	粗壮硬直,叶色深绿	2~3	4~8	10~13
	2级	根原基		1.5~3	4~8	
菊花	1级	有根	苗粗壮硬直,叶色灰绿	2~4	≥4	15~25
	2级	有根		1~2	≥4	
马蹄莲	1级	有根	苗单生,叶色绿	3~5	≥3	15~25
	2级	根少或无	苗单生,苗色稍浅	2~4	≥3	
勿忘我	1级	有根或无	苗单生,有心,叶色绿	2~3	≥3	15~20
	2级	有根		2~4	≥3	
龙胆草	1级	有根	苗单生,叶色绿	3~4	≥6	15~25
	2级	有根		1.5~3	4~6	
百合	亚洲	有根	叶色不定,基部有小球	不定	有叶或枯黄	15~25
	东方	有根	叶色正常,基部有小球	不定	2~5	

2）原种组培苗的质量标准

原种组培苗是指不直接用于生产，而是用于扩繁生产种苗的组培苗。它是种苗生产的源头与基础，原种组培苗的质量标准，不仅需要对以上阐述过的组培瓶苗质量标准进行检测，同时还需要在生产过程中进行健康状况和品种纯度的检测，只有通过这两项指标的严格检测，才能从源头上真正保证组培瓶苗的质量。

（1）品种纯度　品种纯度是原种组培苗非常重要的一个质量指标。因为一旦原种苗发生混杂，则用其生产的种苗也会发生大规模的混杂。在生产过程中对品种纯度的检测方法及监控措施如下：

外植体接入组培室后，在扩繁前须对每个材料进行编号，生产中所有的材料在转接后要及时作好标记，分类存放。若发现可能有材料混杂，须全部丢弃或利用分子检测技术进行纯度鉴定。只有在证明了品种纯度与原品种一致的前提下，才能继续进行扩繁生产。

（2）健康状况　在原种组培苗的生产过程中，其健康状况的检测步骤如下：

首先对需繁殖的外植体材料进行病毒和病原物检测，若为带毒植株，可通过茎尖培养、热处理等方法脱除病毒，并经鉴定脱毒后，再大量扩繁。

组培苗出瓶后需在防虫温室中繁殖，在此期间对多发性病原菌要进行两次或两次以上的检测，当检测出染有病原物的株系时，须连同其室内扩繁的无性系同时销毁，以保证原种组培苗处于安全的健康状况条件。

3）出圃苗的质量标准

组培苗移栽成活后可出圃种植进行商品生产，出圃种苗的质量影响到种植后的成活率、长势、产量和病虫害的防治。组培出圃苗的质量标准很难统一，主要原因是由于植物产品特殊性决定，现阶段不同植物组培出圃苗的质量标准参考实生苗质量的标准进行。主要考虑以下几个方面：

①商品特性：苗高、地径、冠幅、叶片、芽数、主根长、侧根条数；
②健康状况：抗病性、抗虫性、是否去除目的病毒、抗逆性；
③遗传稳定性：品种典型性状、是否整齐一致、遗传稳定性。

7.4.2　组培苗的运输

异地培育组培苗可发挥技术优势，在技术优势较强的地区培育质优、价廉的苗木，然后运输到生产区，有广阔的市场空间，也会有较大的经济效益和社会效益。此外，可利用纬度差、海拔高度差或地区间小气候差异进行育苗，节约育苗能耗，降低苗木成本。异地培育组培苗、运输还应掌握以下技术环节：

1）育苗方法及苗龄

为便于运输，育苗方法必须注意。无土育苗一般水培及基质培（砂砾、炉渣等作基质）都可以应用，但起苗后根系全部裸露，根系须采取保湿及保护等措施，否则经长途运输后成活率会受到影响。采用岩棉、草炭作为基质，重量轻，保湿及有利于护根，效果较好。穴盘育苗法基质使用量少，护根效果好，便于装箱运输，近些年来推广应用较多，适合苗木运输。一般远距离运输应以小苗为宜,尤其是带土的秧苗。小苗龄植株苗小,叶片少,运输过程中不易受损,单株运输成本低。

2)组培苗的包装

包装前注意天气情况,做好运前的防护准备,特别在冬春季,应做好秧苗防寒防冻准备。起苗前几天应进行秧苗锻炼,逐渐降温,适当少浇或不浇营养液,以增强秧苗抗逆性。为了保证苗的成活率,应注意根系保护及处理。采用穴盘育的苗运输时带基质,应先振动秧苗,使穴内苗根系与穴盘分离,然后将苗取出,带基质摆放于箱内,以提高定植后的成活率及缓苗速度。水培苗或基质培苗,取苗后基本上不带基质,可由数十株至百株扎成一捆,用水苔或其他保湿包装材料将根部裹好再装箱。

包装箱的质量可因苗木种类、运输距离不同而异。近距离运输,可用简易的纸箱或木条箱,以降低包装成本;远距离运输,要多层摆放,充分利用空间,应考虑箱的容量、箱体强度,以便经受压力和颠簸。

3)运输

(1)运输工具　运输应快速、准时,可根据运输距离选择运输工具,同一城市或同一区、乡内,可用一般汽车运输;远距离用具有调温、调湿装置的汽车最为理想,中途不宜过长时间停留,直接将苗木运至异地定植场所,减少秧苗受损。对于珍贵苗木或有紧急时间要求者也可空运。

(2)运输适温　应注意调节运输车的温湿度,防止过高、过低温湿度损伤幼苗。一般植物苗木运输需 9~18 ℃低温条件,低于 4 ℃或高于 25 ℃均不适宜。但结球莴苣、甘蓝等耐寒叶菜秧苗为 5~6 ℃。

7.5　组培苗的简化培养技术

7.5.1　植物无糖组培技术

1)植物无糖组培技术的概念

植物无糖组培技术是指在组织培养过程中用 CO_2 代替糖作为植物体的碳源,采用人工手段控制环境因子,提供适宜植株生长的光、温、水、气、营养等条件,促进植株的光合作用,从而促进植物的生长发育和快速繁殖。

无糖组培技术与常规组培技术不同之点在于改变了碳源的供给途径,即改变培养基成分,培养基中不再含有糖;组培苗培养容器改为箱式大容器培养;输入可控制量的 CO_2 气体作为碳源,并通过控制培养环境因子,促进植株光合作用速率,使之由异养型转变为自养型。因而可使植株长势良好,生物量较有糖培养的显著增加,污染率明显降低。在传统的组培快繁技术中,培养基中糖的存在容易导致植物的微生物污染,造成植株生根率低、生长发育延缓或死亡、移栽苗成活率低,导致生产成本较高。

1997—2000 年昆明市环境科学研究所对无糖组培技术进行系统的研究,并结合国情开发了大型的培养容器和 CO_2 强制性供气系统。该系统可对 CO_2 浓度进行调配、消毒,并成功地应用于生产。对非洲菊、康乃馨、满天星、勿忘我、彩色马蹄莲、洋桔梗、草莓、马铃薯等多种植物进行了无糖快繁研究,并开展了年产50万株商品苗的技术示范。

2)植物无糖组培技术的原理

植物无糖组培技术是根据植物的生理特性和光合作用原理,采用环境控制的方法,用 CO_2 代替糖作为植物体的碳源,为植株的生长提供充足的 CO_2 和光照,最佳的物理或化学的环境条件,促进植株自身的光合作用(自养)。降低生产成本,在短时间和低成本的条件下快速繁殖遗传优良、生理一致、发育正常、无病无毒的群体植株。

3)植物无糖组培技术的特点

与传统的组培技术相比,无糖组培技术具有以下特点:

(1)缩短培养周期　通过人工控制,动态调整优化植物生长环境,为种苗繁殖生长提供最佳的 CO_2 浓度、光照、湿度、温度等环境条件,促进了植株的生长发育,苗齐、苗壮,培养周期缩短40%。

(2)降低污染率　采取无糖培养技术,大幅度降低了植物组培生产过程中的微生物污染率。

(3)提高种苗质量　无糖培养组培苗生长健壮,植株的生根率、驯化期间的成活率大幅度提高。

(4)简化培养程序　无糖组培工艺的简单化,流程缩短,技术和设备的集成度提高,降低了操作技术难度和劳动作业强度,更易于在工厂化生产上推广应用。

4)植物无糖培养的关键技术

(1)无糖培养室的设计　常规的植物组织培养中培养室有门窗,半开放型,可充分利用自然光。而无糖培养室采用了闭锁型,窗口全封闭,门也尽可能密封,墙内加入保温材料,墙面光滑,防潮反光性好;便于清洁灭菌,进行全方位的人工环境控制,不受由天气变化引来的温度、湿度、气体浓度等变化引起的任何外界干扰,并有效地防止病菌、微生物的进入,为植物生长提供最佳条件。闭锁型苗生产能有效地降低空调的耗电量,对整个培养室的种苗产量和运行成本能进行有效的控制和核算。

(2)无糖培养的容器　在常规的植物组织培养中,由于培养基中糖的存在,为防止微生物的污染,一般是采用小的培养容器。容器中的植株生长在高湿度、低光照强度、 CO_2 浓度稀薄的条件下,而且培养基中高浓度的糖和盐以及植物生长调节剂,有毒物质的累积等,常降低植株的蒸发率、光合能力、水和营养的吸收率;而小植株的暗呼吸却很高,结果引起小植株生长细弱瘦小。

而无糖培养可以使用各种类型的培养容器,小至试管,大至培养室。昆明市环境科学研究所开发了一种大型的培养容器,用有机玻璃制作,尺寸是根据日光灯管的长度和培养架的宽度确定的,体积130 L,培养面积5 610 cm^2,放在培养架上多层立体培养,可有效地利用光源和培养室面积,进一步降低能耗、投资和运行成本。

(3)无糖培养室内的 CO_2 供给系统　无糖组培技术用 CO_2 代替糖作为培养基中植物体的碳源,单靠容器内存留的 CO_2,远远不能满足植株生长的需求,需要人工输入 CO_2。 CO_2 输入的方式有两种:一种是自然换气,培养室的空气通过培养容器的微小缝隙或透气孔进行培养容器内外气体的交换;另一种是强制性换气,利用机械力的作用进行培养容器内外气体的交换。在强制性换气条件下生长的植株,一般都比自然换气条件下生长的要好。

国内现在较为成熟的 CO_2 输入系统是采用箱式无糖培养容器和强制性管道供气系统(图1.20)。供气系统由 CO_2 源、混合配气装置、消毒、干燥、强制性供气装置、供气管道等构成。其运行结果可适合于工厂化生产,CO_2 浓度、混配气体的构成、气体的流速、气体的灭菌都容易控制。至于通入 CO_2 混合气体的次数、流速及浓度等,要根据培养的植物种类、生长状况及其培养周期而定。

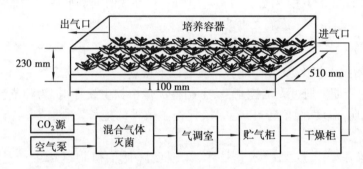

图1.20　箱式无糖培养系统

(4)无糖培养的基质　在常规的植物组培中,琼脂通常被用作组培苗的培养基质。但植株的根系在琼脂中发育一般瘦小且脆弱,移栽时容易被损坏。无糖培养主要是采用塑料泡沫、蛭石、珍珠岩、岩棉、陶粒、纤维素等无机材料。这些基质多孔,空气扩散系数高,植株的根区环境中有较高的氧浓度,从而促进小植物的生长。与价格昂贵的琼脂相比,生长量增加而生产成本降低。

(5)植物生长调节剂　在无糖培养中,由于植株生长健壮,在生根培养阶段,加入生长调节剂和不加生长调节剂对植株的生根率没有显著的影响。但在增殖阶段,由于初期外植体叶面积较小,需加入细胞分裂素以促进细胞的分裂。

5)植物无糖组培技术的成本分析

无糖培养技术改革了传统的用糖作为碳源和瓶子作为培养容器的技术方法,增加了植物生长和生化反应所需的物质流的交换和循环,促进植株的生长和发育,大大降低了优质组培苗生产成本。表1.13是常规组培技术和无糖培养新技术各自生产2万株组培苗的直接成本分析表。

表1.13　组培苗生产成本分析

单位:元/2万株

项　目	常规组培技术	无糖组培技术
培养基	240	100
灭　菌	120	40
透气膜	120	0
劳动力	900	600
照　明	323	192
空　调	43	45
气　泵	0	13
CO_2	0	25
合　计	1 746	1 015
成苗数	13 680 株	16 200 株
每株成本	0.13 元	0.06 元

6）植物无糖组培技术的应用实例

（1）情人草　选取高度为 1.5 cm 左右的情人草组培苗，在无糖培养基上进行生根培养。培养基质为珍珠岩，浸透 MS 营养液后进行灭菌。在转苗之前，首先对培养容器和培养室进行严格的消毒处理，然后将灭菌后的培养基质装入苗盘内进行转苗。每一个大型的培养容器，装入 3 个苗盘，每个培养容器插入情人草无根苗 1 500 株。在整个培养期间，培养室的温度是 $(24 \pm 1)℃$。开始 7 d 内，光照强度 2 700 lx，时间 12 h/d，7 d 后光照强度增加为 8 000 lx，光照时间 14 h/d，补充 CO_2 的时间和光照同步进行，CO_2 浓度为 1 500 mg/L。培养 20 d 后出苗，直接将苗移栽到营养土上，进行移栽炼苗，20 d 后成活率可达到 95%。

（2）非洲菊　切取非洲菊组培苗分单株培养在无糖的 MS 和 Hoagland 培养基质上，通入 CO_2 浓度 1 500 mg/L，光照强度 8 000 lx，培养 23 d 后出瓶。与传统培养方法比较，无糖培养生根率达到 100%，且根系发达呈白色，而对照根系生长相对缓慢，根短且稀少呈黄黑色。叶面积 1.5 cm^2 以上的叶片数比传统培养方法的多，植株健壮，移栽成活率达 91%，较传统培养方法的成活率 78% 提高了 13 个百分点。

（3）甘薯　剪取带一个节和一个叶的甘薯茎段，以蛭石作为培养基质，培养在除去所有有机物和生长调节剂的 MS 培养基上，强制换气，CO_2 浓度 1 500 mg/L，补充 CO_2 的时间和光照同步，光照强度 8 000 lx，温度 $(28 \pm 1)℃$，光照 16 h/d。培养 22 d 后，甘薯单株平均鲜重、叶面积、展开叶片数分别是常规有糖培养的 5 倍、7 倍和 1.6 倍。

7.5.2　液体培养技术

在工厂化生产中改变培养方式、更换用水、碳源将可以大幅度的降低培养基成本。据分析，在 MS + IBA 0.1mg/L 固体培养基中，母液及生长调节剂在培养基中只占 8.2%，而琼脂、蔗糖、蒸馏水分别占 39.3%，44.3%，8.2%。如果改固体培养为液体培养，用白糖代替蔗糖，凉开水代替蒸馏水分别可降低培养基成本 39.3%，38.1%，6.1%，同时替代则可降低培养基成本 83.6%。液体培养技术已广泛应用于兰花、马铃薯、草莓等组培苗增殖和生根培养。

1）液体培养的特点

与传统的固体培养方法相比，液体培养具有以下优点：

①降低培养成本。省去琼脂，可降低组培苗培养基成本 40%。

②简化培养基制作。配制固体培养基需要加热融化琼脂，且要趁热分装，而液体培养基无需熬制，分装方便，可节省时间和能源。

③充分利用营养。液体培养基中营养物质处于流动状态，养分吸收面积大，养分交流补充快，植物组织排出的代谢产物分散，自体抑制效应较弱，充分利用了培养基中的营养成分。

④培养壮苗。液体培养的苗粗壮，生根早，根多且粗壮，移栽容易成活。

⑤移栽简便。移栽固体培养的组培苗需用水多次清洗苗根部附着琼脂和营养物质，根系容易受到损伤。而液体培养的组培苗用清水冲洗一次即可，大大提高工作效率。

2）液体培养的方法

液体培养分为液体振荡培养和液体浅层静置培养两种。液体振荡培养需要摇床，使培养液摇动、转动或震荡。这样不但增加了成本，而且影响了设备的容量，只适用研究或组培苗的继代培养。

液体浅层静置培养技术是在培养基中除去琼脂，植物生长调节剂使用量增加 50% ~ 100%，以适应植物生长快所需的植物生长调节剂数量，否则增殖阶段促进生长的效应大于促进苗芽分化的效应，会造成苗高，芽相对较少的情况。液体浅层静置培养技术的关键是培养液放得要少，培养材料的一半浸泡在培养液中，另一半暴露在空气中，一般 250 mL 的培养瓶加培养液 25 mL。由于植物生长速度快，培养液少，继代一定要及时，否则培养物会因为养分缺乏而停止生长，甚至因培养液全部利用完而死亡。

7.6　组培苗生产成本核算与效益分析

7.6.1　成本核算的方法

1)成本核算的意义

成本核算是制定产品价格的依据，是了解生产过程中各项消耗、改进工艺流程、改善薄弱环节的依据，是反映经营管理工作质量的一个综合指标。通过成本核算可以有效地防止各种不必要的浪费，是全面改善经营管理的一个非常重要的环节，是提高效益、节省投资的必要措施。

2)成本核算的方法

植物组培苗工厂化生产既有工业特征，又有农业特征，成本核算一般包括直接生产成本、固定资产折旧、市场营销和经营管理开支四方面。组培苗生产经营的费用如表1.14所示。

表 1.14　组培苗生产经营成本

项　目	内　容
直接生产成本	生产人工费：工人工资、劳动保险 生产原料：化学试剂、有机成分、植物生长调节剂、蔗糖、琼脂、农药、化肥等 其他：水电费、燃料费、种苗(引种)费等
固定资产折旧	生产设备折旧、维修费、玻璃及其他器皿损耗等
市场营销	销售人员工资、包装费、运费、保险费、广告费、展销费
经营管理	管理人员工资、保险费、管理人员及技术人员培训费、办公费等

(1)直接生产成本　按生产 50 万株苗的全过程中(包括继代接种、生根诱导等)耗用 7 500 ~ 10 000 L 培养基计算，制备培养基药品、人工工资、电耗及各种消耗品(如酒精、刀具、纸张、记号笔等)约需直接生产成本 20 万元。其中，培养间的电耗占极大比重，如果能充分利用自然光，减少人工光照，将大大地降低成本。此外，随着各项生产技术的改进、提高和自动化设备的引进，扩大生产规模也可以有效地降低直接生产成本。一般情况下每株组培苗的直接成本可控制在 0.4 元以内。

(2)固定资产折旧　按年产 50 万株苗的组培工厂规模，需厂房和基本设备投资 140 万元左右计，如果按每年 5% 折旧推算，即 7 万元的折旧费，则每株组培苗将增加成本费 0.14 元左右。

（3）市场营销和经营管理开支　如果市场营销和各项经营管理费用的开支按苗木原始成本的30%运作计算，每株组培苗的成本增加0.1～0.13元。

从以上各项成本费合计计算，每株组培幼苗的生产成本在0.35～0.7元。因此，组培育苗工厂在选择投产植物品种时必须慎重。要选择有市场前景、售价高的品种进行规模生产。否则，可能造成亏损。表1.15为北京某公司年产130万株安祖花商品组培苗的成本核算。

表1.15　安祖花商品组培苗的成本核算表

培养月份	培养植株数	培养基费用/元	人工费/元	水电费取暖费/元	设备折旧/元	合计/元	单价/元
3	5	0.9	600	1 350	0	1 951	
4	20	0.9	600	600	0	1 201	
5	80	4	600	600	0	1 204	15.05
6	320	15	600	600	5	1 220	3.81
7	1 280	55	600	1 170	20	1 845	1.44
8	5 120	221	1 200	1 360	80	2 861	0.56
9	20 480	887	1 800	2 110	320	5 117	0.25
10	81 920	3 538	6 750	5 200	1 278	16 766	0.20
11	327 680	14 155	27 000	17 680	5 119	63 954	0.20
12	1 310 720	56 622	108 000	67 500	20 880	253 002	0.19

从表中可看出，年产130余万株安祖花商品组培苗的生产成本中（直接费用和部分间接费用），培养基费用、生产人员工资、水电费和设备折旧（包括维修和损耗）费分别占生产成本的22.38%、42.69%、26.68%和8.25%（管理费用、销售费用及财务费用等不包括在内），生产产量越高，单株成本越低。

7.6.2　提高效益的措施

1）降低生产成本，提高经济效益

（1）提高劳动生产率　组培苗生产中的人工费用是一项很大的开支，如国外人工费用占组培苗总成本的70%左右，国内占25%～40%。利用经济欠发达地区的廉价劳动力，加强竞争力，降低劳动成本。我国生产国际市场需要的优良品质的组培苗，无疑具有较大的价格优势。

（2）严格管理制度　实行经济责任制，生产分段承包，责任到人，定额管理，计件工资，效益与工资挂钩，奖优罚劣是提高劳动生产率的有效措施。

（3）加强技术培训　加强工人技术培训，达到操作熟练、既快又准确，污染率低的要求，这样既提高了劳动生产效率，又减少了材料和时间的浪费，提高了投资的经济效益。

（4）正确使用仪器设备　仪器设备和固定资产折旧费在组培苗生产成本中少则占10%，多则占25%。应正确使用各种仪器设备，及时检修、保养，避免损坏，延长使用寿命。

（5）节省水电开支　水电费在组培苗的生产成本中占 20% ～40%，因此节省水电开支是降低生产成本的重要措施。一般采用以下办法：

①尽量利用自然能源。培养室可建成自然采光性能好、利用太阳能加温的节能培养室，在组培苗增殖和生根过程中应尽量利用自然光照和自然温度。

②充分利用培养室空间。合理安排培养架和培养瓶，充分利用空间。

③减少蒸馏水的消耗。用自来水、井水、泉水等代替价格较高的无离子水或蒸馏水。

④节约电能。电费价格高的地区可改用锅炉蒸汽、煤炉、煤气炉或柴炉等进行高压蒸汽灭菌。

（6）降低污染率　污染不仅影响繁殖速度和时间，而且增加生产成本，一般进行正式生产时污染率都应控制在 5% 以内。否则，会因污染率高而引起企业亏损，甚至倒闭。

（7）提高设施、设备的使用效率　改进生产工艺流程，加快生产周转，提高繁殖系数是降低生产成本的一条有效措施。

（8）简化培养基和培养程序　因地制宜，采取液体浅层培养、无糖组培和试管外生根等技术，用白糖代替蔗糖、用自来水代替蒸馏水，有的甚至省去有机成分和微量元素。减少药品消耗，缩短培养周期。

（9）降低器皿消耗　工厂化生产中必须使用大量的培养器皿，如三角瓶价格高、易损耗，在生产季节每月按 5% 损耗，无疑会加大生产成本。生产上可用耐高温高压的专用塑料组培瓶或果酱瓶作为培养器皿。

（10）提高繁殖系数和移栽成活率　在保证原有品种优良特性的前提下，尽可能提高繁殖系数，提高移栽成活率。

（11）周年生产　利用各种植物的生长习性，错开休眠期和迅速生长期，使一年四季工作均衡，减少季节性的停工损失。

2）组培苗的增值

随着生产技术、经营管理水平的提高和扩大规模提高生产效益，可使生产成本进一步降低。此外，还可以考虑从以下途径使组培苗增值，提高工厂总体的经济效益。

①销售移栽成活小苗。刚刚出瓶的组培苗，由于移栽成活较为困难，常常销售不畅，价格也难以提高。因此，组培工厂除直接销售刚出瓶的组培生根苗外，可以扩大移入营养土中的组培苗的销售。这时组培苗已移栽入土，成活有保障，不但农民易于接受，而且价格也较易提高，一般可增值 30% ～50% 甚至更多。如果再进一步在田间苗圃培养 1 ～2 年，按成苗出售则常可增值 1 ～2 倍，甚至更多。尤其是一些名贵花卉，开花成苗的增值更为可观。

②培养珍稀名贵植物和脱毒种苗。对某些珍稀名贵植物和一些脱毒种苗，可以控制一定的生产量，自行建立原种材料圃，按种苗、种条提供市场批量销售，常可获得极高的经济效益。

③培养专利品种组培苗。积极研制和开发有自主知识产权的专利品种的组培苗生产，同时采取品牌经营策略实现名牌效应，将更有利于经济效益的稳定增长。

④利用组培法提高培养物的有效药用成分含量。对于一些药用植物不一定需要培养成苗，可直接利用培养基调节而提高培养物的有效药用成分的含量，从而提高价值。

7.7　组培苗工厂化生产管理与经营

组织培养工厂化生产所具有的技术性、农业性、工业性、规模性决定了其风险性。良好的经营管理是进行组织培养工厂化生产必要条件。

7.7.1　管理制度

工厂化生产管理制度主要采用经济责任制,即以经济利益为中心,责、权、利相结合,劳动报酬同劳动成果相联系的生产管理制度。

1)建立经济责任制应遵循的原则

①经济责任制要全面。企业经营管理的总体目标经过逐级分解,层层落实到各部门,直至每个人。做到任务到人、责任到人,每个人都应十分明确自己的工作任务和应承担的责任。每项工作都有人负责,有人考核。

②经济责任制内容要有较强的可执行性。责任制每条内容都要可以衡量,可以量化,可操作性要强。

③经济责任制中规定的责、权、利要一致,即负相应责任、给予相应权力、获取相应报酬。

④考核手段要有效。实行经济责任制关键的工作是对每个人的工作进行考核,做好原始记录,以保证对每个生产者的劳动成果都能给予公正、合理、正确的评价,给予劳动者相应的报酬。

2)岗位的划分及其职责

如在种苗公司或组培苗工厂可以划分为领导部门岗位、职能部门岗位、基层生产岗位。

(1)领导干部的主要职责　领导干部一般分为三级,即单位领导、职能部门或车间领导、班组长。单位领导的主要职责是贯彻执行董事会或职工代表大会的各项决议,遵守党和国家的各项方针、政策、法律,进行生产经营决策,采取各种措施,充分调动广大职工的生产积极性,努力提高经营管理水平,履行经济合同,完成生产经营计划,完成经济发展目标等。中层领导的主要职责是执行单位领导下达的生产经营计划,并组织实施,同时建立植物组培苗生产质量保证体系,完成组培苗生产的数量和质量指标。班组长是生产一线的负责人,是基层生产人员经济责任制实施的主要组织者和考核者。班组长负责执行中层领导下达的作业计划,协调各生产岗位之间的生产活动,并认真做好原始记录和业务考核工作。

(2)职能部门(车间)的主要职责　按照公司或工厂总体经营目标的要求,承担分解下达的工作(生产)指标,负责检查、监督下级组织执行计划和指示的情况,并进行考核。

(3)班组的主要职责　完成中层领导下达的工作(生产)任务,根据要求完成对其他班组的协作任务。班组是生产任务的主要完成者,完成产品生产任务,遵守操作规程,遵守其他规章制度。

7.7.2　市场营销

1）市场预测与经营预测

生产经营中预测准确会增强竞争能力，减少经营风险，预测不准就会使经营出现问题。进行市场预测必须依靠大量的市场调查资料，市场调查资料反映了市场过去和现在的状况，经营预测是根据这些状况，发现其中的发展规律，做出正确的推测，为经营决策提供依据。随着市场体制的完善，竞争越来越激烈，经营预测在经营管理中的作用越来越重要。

组织培养工厂化生产之前，应首先进行市场调查和预测，进行市场需求预测时要有一定的超前性，以便正确安排生产时间，保证产品准时上市。同时，要不断地根据市场变化和需求，及时调整生产进度和规模。要有多种畅销产品同时上市，这样才能在变幻莫测的市场风云中处于有利地位。另外，还要搞好科研贮备，积极寻找今后有发展希望的新品种，并开发和探索出其工厂化生产的配方及生产流程，贮备技术以适应市场的需求和变化。

2）经营决策

经营决策是对经营的目标和为实现目标所采取的措施而进行的选择和决定。市场调查和预测是决策的前提，也是决策的重要组成部分。

（1）生产决策　生产决策是经营决策的核心部分。经营者在充分考虑企业所具备的资金、技术、劳动力和设施设备等条件后，根据市场调研和预测来确定生产组培苗的品种、数量、上市时间等。在进行生产决策时要有具体的量化目标，一般有产值目标、生产规模目标、产量目标、收入目标和利润目标等。

（2）技术决策　组培苗生产是一项技术含量、生产设施条件要求较高的生产。为达到预期的生产目标，必须采用相应的技术措施。积极选育、引进优良新品种，选择符合当地自然、经济条件，并有良好效益的适用技术和工艺流程，充分发挥组培技术的优势并和传统的繁殖方法结合，进行大规模生产，尽量降低生产成本，提高繁殖系数、缩短育苗时间，保证产品质量，按时供应市场，获取最大的盈利。

（3）生产资料采购决策　当生产项目和技术措施确定以后，应进行生产资料采购决策，要全面安排，按时、按质、按量采购生产所需的生产资料，保证物资供应。特别应注意的是保证质量，如化学试剂、琼脂、蔗糖等的质量关系到组培苗生产的成败。

（4）产品销售决策　经营者应根据企业自身条件、组培苗产品类型、数量、市场供求状况和价格等因素，确定合理的销售范围，选择合适的销售渠道与销售方式，以及合理的价格销售出去，尽快收回资金，降低经营风险。此外，要及时补充和丰富市场紧缺的新品种，只有经常做到不断地推出优、新、特、稀等品种的组培苗，才有可能在市场竞争中立于不败之地。

3）人才决策

组培工厂化育苗是一项高科技产业，它不但需要专业技术人才，要求技术人员掌握组织培养理论和技术，而且要善于经营和管理，不断解决生产中出现的技术问题和管理问题，还要探索开发市场急需的新类型、新品种，积极做好技术贮备工作。同时需要对市场调查、信息反馈结果进行科学分析，生产对路产品，发展多种经营，及时满足社会需求，具有多项技能的管理和决策人才。

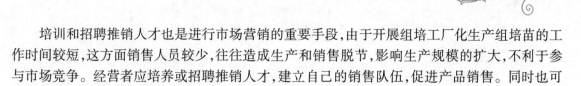

培训和招聘推销人才也是进行市场营销的重要手段,由于开展组培工厂化生产组培苗的工作时间较短,这方面销售人员较少,往往造成生产和销售脱节,影响生产规模的扩大,不利于参与市场竞争。经营者应培养或招聘推销人才,建立自己的销售队伍,促进产品销售。同时也可以运用广告、营业推广及公共关系手段等建立稳定的销售网络。

4)建立组培苗产品示范基地

为了增加用户对一些优良组培苗的感性认识,应把所繁殖的优良、稀缺、名贵品种,从国外新引讲的品种,脱毒苗等尽早定植,建立示范园;或在各地区多点试验、实物展示,加强宣传效果,扩大影响,这对促进组培苗的销售有着积极的作用。

7.8　组培苗工厂化生产的限制

植物组织培养技术在20世纪60年代末期才崭露头角的新技术,在短短几十年里已得到长足的发展,广泛用于花卉、果树、蔬菜等经济植物种苗的生产。但是,就我国实际情况分析起来,建立植物组培苗生产工厂还应注意以下问题。

7.8.1　市场需求状况

组织培养除了获得各级机构公费资助的研究组织或小组以及少数爱好者,可以不计成本,不考虑效益以外,其本质上是一项商业技术,不管最初投资如何筹措,最终它应当从市场上获得生机,依靠销售活动维持生存与发展。因此市场需求现状与趋势是此项技术建立与扩充的主导因素。

7.8.2　新种类植物组培的开发利用

虽然组织培养技术突飞猛进,但是尚有为数不少的植物组织培养没有成功,或没有达到实际应用的程度,如松科、柏科的一些重要经济树种,棕榈科植物及热带的许多奇异植物等。要使它们进入快速繁殖的轨道,还要做许多研究工作。

7.8.3　植物在培养过程中发生变异

组织培养过程中如果采用从芽再长出芽的再生方式,那么出现变异的几率是很低的,一般不超过常规方法中出现的几率。由于不定芽变异的几率有限,生产上应用不定芽进行再生繁殖是可行的。有些植物组织培养育苗要经过愈伤组织才能再生,变异率大大超过常规育苗,应谨慎地试用,尽量免用。

7.8.4　培养技术存在的问题

组织培养技术至今还有一些不尽人意的地方。如一些植物的褐变,尽管做了相当多的努力,提出了不少措施,但至今未获圆满解决;又如一些植物在培养中产生玻璃化现象,也未能很好地克服。此外还有涉及应用基础的研究及理论问题的研究,需要不断深入。

复习思考题

1. 工厂化育苗工艺流程是什么?
2. 怎样制订组织培养育苗生产计划?
3. 怎样进行组培苗成本核算?
4. 如何提高组织培养工厂化育苗效益?

模块 2
综合技能训练

项目 1 花卉的组培快繁技术

【项目说明】

随着我国经济高速持续的发展,人们消费水平的逐步提高,花卉业已成为农业的支柱产业之一。采用常规的种子、扦插、嫁接、分株等方法繁殖花卉种苗,已远远不能满足生产的需要。组织培养技术为花卉种苗快速繁殖和脱毒苗培养提供了一条经济有效的途径,为花卉业走上工厂化创造了有利的条件。本项目利用兰花、非洲菊、安祖花、香石竹、凤梨、一品红等名优花卉进行植物组培快繁技术综合技能训练,使学生能够掌握花卉种苗的组培快繁技术,并可查阅到相关的培养基配方,为名优珍稀花卉的种苗繁育提供技术支持。

任务 1　兰花的组培快繁

1.中国兰的组培快繁

1)无菌体系建立

(1)外植体的选择与消毒　中国兰的侧芽、茎尖、种子等均可作为外植体,应视材料来源难易程度和培养目的来选择。为培育优良品种,多选用茎尖或侧芽,一般茎尖优于侧芽,处于中上部的侧芽又优于基部侧芽。中国兰新芽均长于土中,为便于材料消毒,供接种取材用的兰花最好培养在人工复合基质中,如草炭、苔藓等混合基质,室内或温室内培养,尽可能少带杂菌。

茎尖消毒流程:剪取 6~13 cm 新芽,除去基质、根、外包叶 2~3 片→用洗涤剂溶液清洗→用自来水冲洗干净→将材料截成 3~6 cm 长→0.1% 升汞消毒 5~10 min→无菌水漂洗 3~5次→0.1% 次氯酸钠消毒 3~5 min→无菌水漂洗 5 次→解剖镜下切取 1~5 mm 的茎尖。

种子消毒流程：采集基本成熟的蒴果→用70%乙醇浸泡1 min→无菌水漂洗2次→0.1%升汞消毒15 min→无菌水漂洗5~6次→剖开蒴果，接种到培养基上。

（2）初代培养　随中国兰品种、外植体取材部位、培养基的不同，原球茎诱导成功率差异较大。建兰诱导率较高，春兰诱导比较困难；以种子作为外植体的诱导率功率最高。不同兰花品种的最适基本培养基有所差异，如春兰茎尖培养采用低盐浓度培养基，建兰、惠兰茎尖培养采用高盐浓度培养基。对于多数中国兰而言，MS仍然是茎尖培养的最好基本培养基，几种中国兰原球茎诱导培养基如表2.1所示。

表2.1　几种中国兰原球茎诱导与增殖培养基

品　种	外植体	诱导培养基	增殖培养基
墨兰	种子	1/2 MS + NAA 0.5 mg/L + CM 10%	MS + BA 2.0 mg/L + IBA 1.0 mg/L + AC 0.5%
	茎尖	MS + BA 0.5 mg/L + NAA 0.5 mg/L + AC 0.5%	
春兰	茎尖	White + BA 1.0 mg/L + NAA 5.0 mg/L + CM 8.5%	1/2 MS + BA 1~1.5 mg/L + NAA 1.0 mg/L
惠兰	种子	1/2 MS + BA 0.5 mg/L + IAA 1.5 mg/L	1/2 MS + BA 1.0 mg/L + NAA 0.5 mg/L
建兰	茎尖	MS + BA 3~4 mg/L + NAA 1.5~2 mg/L	MS + BA 2~3 mg/L + NAA 1~2 mg/L

中国兰芽端具有较高的多酚氧化酶，在诱导阶段褐变非常严重，通常需采用较大外植体接种，降低培养温度，避免高温季节取材接种，实行暗培养，以及在培养基中添加抗氧化剂或配合使用AC等综合措施，降低褐变。

培养条件：培养温度25 ℃，春兰、建兰接种后几天内置于黑暗中培养，然后转入光照培养，光强1 000~2 000 lx，光照12~16 h/d。

2）继代增殖培养

原球茎增殖是规模化生产的关键时期，增殖培养基（表2.1）大多与诱导培养基本相同，只是对生长调节剂浓度稍作调整。最佳切割方式是掰开法，即将大丛的原球茎顺势掰成小丛，这样对原球茎损害最小，原球茎恢复生长快，增殖系数更高。原球茎的分割不可太小，继代时间不宜太长，否则原球茎生长不良，甚至死亡。继代间隔时间一般20~30 d，但不同品种有差异，有些需要更长时间。培养条件：温度23~25 ℃，光强1 000~2 000 lx，光照10 h/d。

增殖培养可采用固体培养或液体培养，液体振荡培养通气好，可使原球茎与培养基充分接触，更好地吸收营养，因而有利于原球茎分化，可以缩短培养时间，提高繁殖率；但不利于根状茎分枝、增殖，对培养的无菌条件要求高，污染率较高。固体培养可充分利用培养室空间，但诱导分化成完整小植株的时间较长，分化的整齐度也不如液体培养。目前大规模生产中以固体培养为宜，或者采用固体和液体交替培养。

3）原球茎分化与生根培养

（1）分化培养　原球茎增殖到一定数量，需接种到分化培养基（表2.2）分化成苗，有些兰花品种也不需要经过单独的成苗阶段，如建兰可以直接在诱导增殖的同时分化出完整小苗。诱导原球茎分化时，要选择生长健壮，长度在1 cm以上的较大原球茎进行培养，并适当增强光照或延长光照时间。

表2.2　几种中国兰原球茎分化与生根培养基

品　种	分化培养基	根培养基
墨兰	1/2 MS + BA 5.0 mg/L + NAA 0.5 mg/L + CM 5%	1/2 MS + BA 2.0 mg/L + NAA 1.0 mg/L + AC 0.5%
春兰	B$_5$ + BA 2.0 ~ 3.0 mg/L + NAA 0.2 mg/L	1/2 MS + BA 2.0 mg/L + NAA 1.0 mg/L + AC 0.5%
惠兰	MS + BA 1.0 mg/L + IAA 0.5 mg/L	MS + BA 1.0 mg/L + IAA 0.5 mg/L
建兰	MS + BA 2 ~ 3 mg/L + NAA 1 ~ 2 mg/L	MS + BA 2 ~ 3 mg/L + NAA 1 ~ 2 mg/L

（2）生根培养　待芽长到2 ~ 3 cm时,转移到生根培养基（表2.2）诱导生根,经过20 ~ 40 d培养,苗基部可形成3 ~ 4条根。当生根的小苗长至4 ~ 5片叶、3 ~ 4条根时就可以移栽。

4) 炼苗移栽

移栽前先炼苗2 ~ 3 d,取出试管苗,洗去根部培养基。移栽基质可采用苔藓：腐殖土：红壤土为1∶1∶1的混合基质,移栽后保温保湿,置于散射光下培养,1个月后可转移到光线比较强的地方培养。

延伸阅读　兰科约有450属2 000余种植物,是单子叶植物中最大的一个科,在世界各地均有分布,特别是热带、亚热带地区。兰花花色鲜艳,形态各异,品位优雅,备受人们的喜爱。兰花的传统繁殖方法主要靠分株繁殖,繁殖速度慢,致使许多名贵品种不能大量繁殖以满足市场需求。同时长期采用无性繁殖导致病毒感染,引起品种退化,严重影响了兰花的生长和观赏价值。兰花的种子极小,且胚发育不完全,萌发率极低,也很难满足生产需要。因此利用组织培养技术快速繁殖优良兰花具有重要意义。

自1960年Morel首次成功用茎尖培养方法繁殖兰花以来,目前已有70个属,数百种兰花可用组织培养方法进行繁殖。蝴蝶兰、卡特兰、文心兰等热带兰和一些建兰、墨兰等国兰品种已实现了组织培养规模化生产,其中我国蝴蝶兰试管苗每年产量超过千万株。

中国兰通常是指兰科兰属中的一部分地生兰,如春兰、建兰、惠兰、墨兰、寒兰等,其花朵细小,花葶直立,花色淡雅,有高雅的芳香。极细的叶形构成极其美丽的曲线和丰满的株型,即使不在开花期仍然具有极高的观赏价值。

2.蝴蝶兰的组培快繁

1) 无菌体系建立

蝴蝶兰的种子、花梗侧芽、花梗节间、茎尖、茎段、叶片、根尖等部位均有培养成功的报道,方法各异,难度各有高低。

（1）无菌播种　蝴蝶兰的种子在果荚成熟时,胚未分化,自然发芽率低,利用无菌播种可大幅度提高发芽率。其培养过程为种子→原球茎诱导→原球茎增殖→完整小苗。但播种繁殖实生苗变异极大,适合于较少发生分离的品种或原生种,或应用于育种。

将生长 120 d 以上,未开裂的蝴蝶兰蒴果剪下。在无菌条件下用 70% 乙醇浸泡 20 s,以 0.1% 升汞溶液处理 5 min 后,用无菌水冲洗 5 次,在培养皿中以解剖刀切开果皮使种子散出,直接用解剖刀刮去种子,均匀播在 MS + BA 0.5 mg/L + NAA 0.1 mg/L 种子萌发培养基或 MS 培养基中培养。7 ~ 14 d 胚吸水膨大,逐渐撑破种皮,形成淡黄色的原球茎,30 d 后顶端分生组织突出,原球茎慢慢转成绿色,60 d 后种子萌发并长成约 4 cm 高,具有 2 ~ 3 片真叶的无菌种子苗。在播种后 30 ~ 45 d,即形成原球茎阶段,可转入 MS + BA 3.0 mg/L + NAA 1.0 mg/L 继代培养基上扩大繁殖。

(2)花梗侧芽和顶芽培养　蝴蝶兰是单节性气生兰,只有一个茎尖,如直接从开花植株取茎尖或茎段,就会牺牲整个植株。以花梗侧芽或花梗节间为外植体,就不会牺牲母株,而且消毒也较为容易。一般可先从花梗侧芽得到无菌植株,然后取试管苗的叶片、茎尖、根等器官再培养,易获得成功。

蝴蝶兰为总状花序,近顶端的节着生花蕾,近基部的几个节,常具有苞叶覆盖的腋芽。对于花梗侧芽的切割有两种方法:一是切割芽上 0.5 cm 和芽下 1.0 cm 带腋芽的茎段;另一种是切取不带花梗组织的茎尖。剪下花梗,冲洗干净,以节为单位切成 1.5 cm 长的小段,除去花梗上苞叶,用 0.1% 升汞浸泡 8 ~ 10 min,再用无菌水冲洗 3 ~ 5 次,接种到 MS + BA 3.0 ~ 5.0 mg/L + NAA 1.0 mg/L + CM 15% 培养基或 Kyoto 培养基上。培养条件:温度 24 ~ 26 ℃,光强 1 500 lx,光照 10 ~ 16 h/d。接种到培养基上的外植体 7 d 左右侧芽膨大并向外伸长。在 Kyoto 培养基上,侧芽多长成单株小苗,MS 培养基上侧芽萌发形成丛生芽。根据褐变情况,可附加 AC 或 10% 香蕉等物质,同时根据褐变程度,及时进行转接,抑制褐变所造成的危害。

(3)花梗节间培养　取不同发育阶段的花梗,消毒后斜切成 1.0 ~ 1.5 mm 厚的薄片,接种到 1.2 倍 VW 无机盐 + 肌醇 10 mg/L + 维生素 B_1、B_6 及烟酸各 0.5 mg/L + BA 1.0 mg/L + 蔗糖 2% 的培养基上;培养温度(26 ± 2)℃,光照 16 h/d。发育时间短的花梗其诱导率高,而花梗可见日数在 150 d 以上的其诱导率为零。因此,在花梗培养中,正在迅速伸长的蝴蝶兰花茎是诱导原球茎的最佳材料,当花谢以后花梗不再适合做外植体。

(4)茎尖培养　将除去叶的茎用流水洗干净,用 10% 漂白粉溶液表面消毒 15 min,除去叶原基,再用 5% 漂白粉溶液消毒 10 min,用无菌水冲洗干净。解剖镜下切取大小 2 ~ 3 mm 茎尖或叶基部腋芽。

用于蝴蝶兰茎尖培养的基本培养基最常用的有 VW、KC 和 MS 培养基。古川仁朗等人用 VW 培养基附加 15% 椰汁进行液体或固体培养。液体培养时,置于摇床以 160 r/min 速度振荡培养,10 d 左右换新的培养液,培养温度 25 ℃,光照强度 2 000 lx,光照时间 16 ~ 24 h/d,1 个月左右诱导出原球茎,然后将其转移到固体培养基上继续培养。

也可取试管苗 0.3 mm 的茎尖,不需消毒,接种在 MS + BA 3.0 mg/L 的培养基上进行培养,培养温度(25 ± 2)℃,光照强度 1 500 lx。14 d 后,茎尖膨大、颜色转绿,3 个月后,原球茎直径可达 6 mm。

(5)叶片培养　取试管实生苗叶片为外植体,一般实生苗年龄以 3 ~ 4 个月最好,其诱导率及每个外植体上的原球茎发生的个数最高。对于 120 d 左右苗龄的小苗,可将整个叶片切下直接插入培养基中,效果比将叶片切断好。取自幼叶的外植体,原球茎形成率较老叶好;将叶切断进行培养时,幼叶中间部分原球茎形成率比顶部和基部好,成年植株用叶基较好;叶切断的大小与诱导率也直接相关,切断太小,存活率低,以 0.5 cm 左右为最好。原球茎的诱导培养选用 Kyoto或 MS 培养基 + KT 10 mg/L + NAA 5 mg/L + 苹果汁或椰乳 10%。培养温度 25 ℃,光照强度 500 lx,光照时间 16 h/d。

2)继代增殖培养

不同部位诱导培养所产生的原球茎,均要通过继代培养扩大繁殖,以建立快速无性繁殖系,因而原球茎增殖是实现蝴蝶兰工厂化生产的关键。

基本培养基可采用 MS、1/3 MS、改良 KC 等培养基,生长调节剂组合为 BA 1.0 ~ 5.0 mg/L + NAA 0.2 ~ 0.5 mg/L,BA 的浓度对原球茎的生长和增殖有很大影响,若 BA 的浓度较低时,可以明显促进原球茎的分化;若 BA 的浓度较高时,可以明显促进原球茎的增殖。添加 0.1% ~ 0.3% AC 可减少褐变,有利于原球茎增殖和生长,有机附加物 10% 椰子汁、香蕉汁、苹果汁也可促进原球茎生长,使原球茎生长更饱满、粗壮。

将分化出来的原球茎切割成小块,转入新继代培养基进行培养,培养一段时间后,再进行切割转移。通过不断继代方式,原球茎可成倍增长。切割原球茎团块时不可过小,每块应在 0.5 cm² 以上,过小接种块生长缓慢,甚至死亡。不需继代的原球茎在继代培养基或生根培养基上延长培养时间可分化出芽,并逐渐发育成丛生小植株。切离丛生小植株时,基部未分化的原球茎及刚分化的小芽不要丢弃,收集起来接入另一瓶继代培养基中,一段时间后,将长大的种苗进行生根培养,小苗及原球茎可继续增殖与分化。这样既能得到大量的种苗,又能得到大量不断分化的试管苗。

蝴蝶兰也可以丛生芽方式进行增殖,将无根试管苗接种在 MS + BA 3.0 ~ 5.0 mg/L 培养基中,50 d 左右即可获得 3 ~ 4 个丛生芽。

3)生根培养

将增殖的健壮芽接种到 1/2 MS + IBA 1.5 mg/L + 蔗糖 2% 的生根培养基上,20 d 后芽基部长出小根,40 d 后根变得粗壮,生根率达 95% 以上。生根培养基可选用继代培养基,加入一定量复合添加物促进小植株的生长,如香蕉匀浆或椰子汁等,也可加入少量生长素,以促进根的生长。当试管苗具有 3 ~ 4 条粗壮根时,即可移栽。

4)炼苗移栽

将已生根的试管苗置于炼苗室内自然光下培养 1 周后取出,洗净根部的培养基,移栽到疏松的苔藓或松树皮基质中,注意温度、湿度及光照管理,成活率可达 85% 以上。蝴蝶兰为热带气生兰,喜温,生长适温 18 ~ 28 ℃,绝对温度低于 10 ℃ 时,生长速度降低,容易烂根死亡;夏季温度过高(35 ℃ 以上),通风不良,会对植株有伤害。日常管理注意光照不宜过强,加强通风。随季节、天气及基质的保水情况进行浇水、喷雾;定期进行病虫害的预防。

延伸阅读　蝴蝶兰是兰科蝴蝶兰属植物,属于热带气生兰,附着在树干或树蕨上生长最为适宜。蝴蝶兰花形似蝴蝶,色彩丰富,花期长;茎较短,长 2 ~ 3 cm;叶大;花茎 1 至数枚,拱形,有时有分枝,蜡状;因曾被誉为"热带兰皇后"而蜚声国际。

　　蝴蝶兰属于单茎性气生兰,植株上极少发育侧芽,比其他种类的兰花更难进行常规无性繁殖。关于蝴蝶兰大量的研究始于 20 世纪 60 年代以后,利用不同的外植体如茎尖、茎节、叶片等均可通过诱导原球茎进行快繁。蝴蝶兰的组织培养技术相对较为成熟,许多国家已将此技术用于蝴蝶兰种苗的工业化生产。

3.大花蕙兰的组培快繁

1)无菌体系建立

（1）外植体的选择与消毒　大花蕙兰的种子、茎尖和侧芽都可以作为外植体。种子的萌发率可达90%，但由于种子繁殖会产生变异，一般只用于大花蕙兰的杂交育种，商品化生产主要以茎尖和侧芽作为外植体。

取假鳞茎上新生侧芽，用肥皂粉刷洗表面，并用流水冲洗干净。在无菌条件下，剥去外层苞片，露出芽体，用70%乙醇擦洗3~4 s，然后放入0.1%升汞或8%漂白粉溶液中消毒20 min，再用无菌水冲洗干净。无菌条件下切下1~2 mm的茎尖接种到初代培养基上。

（2）初代培养　大花蕙兰茎尖不易引起褐变，可直接在培养瓶中进行诱导培养，不需要频繁转瓶。用于大花蕙兰培养的常用培养基有MS、1/2 MS、KC、White和VW等，一般采用MS + BA 4.0 mg/L + NAA 2.0 mg/L培养基。外植体接种2周后，略见膨大。1个月后，有的外植体上出现颗粒状物质即原球茎，有的外植体长出小芽。在NAA浓度一定时，随着BA浓度的增加，诱导率逐渐增大，但浓度过大就会抑制原球茎的诱导。

谷祝平等（1987）人用改良VW培养基附加BA 0.4 mg/L，蔗糖20 g，将培养物置于摇床上，进行液体振荡培养，培养温度(25±3)℃，光照强度2 000 lx。2周左右外植体膨大，6周左右形成绿色原球茎。另外，切取试管苗茎段，培养在VW固体培养基上，附加BA 0.4 mg/L，原球茎诱导率达到90%以上。

郑迎冬等人以大花蕙兰试管苗的茎段为外植体，诱导产生原球茎及丛生芽，以1/2 MS + BA 2.0 mg/L + NAA 0.1 mg/L + 香蕉100 g/L为培养基进行培养，1次成苗，在4个月内长成完整植株，为大花蕙兰试管苗的工业化生产提供了新的简便途径。

2)继代增殖培养

将原球茎和小芽丛切割转至MS + BA 0.5~2.0 mg/L + NAA 0.2~1.0 mg/L继代培养基上进行培养。精氨酸、天门冬氨酸、酵母提取物对大花蕙兰原球茎和植株的生长有促进作用。原球茎快速增殖，同时分化出小芽，形成兰花组培中常见的原球茎与丛生芽同时存在的状况。随着BA和NAA浓度提高，原球茎的增殖速度可加快，一般可达到5~7倍。如果在一种培养基上继代多次，原球茎会变硬，分化芽数下降且变异多。添加10%的香蕉泥不仅可提高原球茎的增殖率，而且生长出来的芽苗健壮。另外，分离切割的方法也影响原球茎的增殖，若将成丛的原球茎进行单个分离，原球茎的增殖周期会延长，少数原球茎会死亡；如果用井字形切割法，可缩短继代周期，且增殖率也会提高。

3)生根培养

在熊丽等人的研究中发现，在大花蕙兰瓶苗生长的培养基中附加生长调节剂、有机物质，对其生根、壮苗有促进作用，适量的生长调节剂再加肌醇和水解酪蛋白能提高瓶苗的生根率，良好的根系又促进了茎叶的生长，从而获得根强苗壮的组培植株，为提高大花蕙兰瓶苗的移栽成活打下了基础。

组培植株生长的另一个关键因素是光照强度。大花蕙兰是一种在小苗阶段及开花前均需一定光照的植物,光照强度对组培瓶苗生长影响极大。试验表明,接种后60 d,在2 500 lx光照下培养的组培瓶苗,其生根率高于500 lx光照下培养的。即在强光下培养的瓶苗生根率为92.5% ~100%,而在弱光下培养的瓶苗生根率仅为55% ~65%。从根的生长长度来看,也表现强光下瓶苗长势较强。从整个植株的生长状况也可看出,强光下的瓶苗壮,移栽后成活率高,而在弱光下培养的瓶苗弱且不分化叶片,移栽后成活率低。

4)炼苗移栽

当试管苗生长至15 cm左右、2 ~3条根时即可移植。将试管苗带瓶移入温室数日,打开瓶塞炼苗3 d,取出苗用水冲洗掉琼脂,以免发生霉菌腐烂。将苗吸干水分阴凉1 h后再定植于树皮或水苔育苗盘中。刚定植的植株最好遮光50%,温度20 ℃左右,保持一定湿度,且注意通风。大花蕙兰试管苗对基质的要求不太严格,泥炭土与蛭石的混合物、碎陶粒、水苔等都可作为基质,一般移栽成活率可达到95%以上。

> **延伸阅读** 大花蕙兰为兰科兰属植物,系指原产于喜马拉雅山、印度等地的大花型附生兰原种及以它们为基础杂交而培育出的许多优良品种。大花蕙兰花大,花形规整丰满,色泽鲜艳,花茎直立,花期长,而且每株能开出十朵花,是盆花和切花的良好材料,具有很高观赏价值,是热带兰中非常流行的类型。特别是4倍体植株,花朵大而优美,花瓣肥厚,花色丰富多彩,花期长,具有较强的耐寒性。
>
> 大花蕙兰是最早用茎尖进行组织培养获得再生植株的兰科植物之一。早在1960年,Morel用兰属的显花蕙兰、达氏蕙兰、象牙色蕙兰等几个种为材料,取其茎尖,进行组织培养,成功地获得了脱毒植株,实现兰花的工业化生产。

4.卡特兰的组培快繁

1)无菌体系建立

(1)外植体选择与消毒 将新茎切离母株,经流水冲洗干净或加洗涤剂漂洗,除去侧芽外的苞片,茎尖留一片叶子,然后用70%乙醇擦洗几秒或用纯酒精漂洗几秒,用小刀切取暴露的腋芽及茎尖,放入5%漂白粉溶液中消毒5 ~10 min,用无菌水冲洗干净,在培养皿上切取直径0.5 ~2.0 mm的茎尖,在无菌水中浸泡2 min,注意尽量缩短在空气中的暴露时间,以防止褐变,接种到诱导培养基中。

(2)初代培养 从茎尖、茎段、侧芽以及腋芽均可诱导原球茎,且不同的外植体材料所选用培养基不同,适合叶片诱导原球茎的培养基为MS + BA 5.0 ~6.0 mg/L + NAA 1.0 mg/L,适合茎段诱导原球茎的培养基为MS + BA 5.0 ~6.0 mg/L + NAA 0.5 mg/L,适合茎尖、侧芽、腋芽诱导原球茎的培养基为MS + BA 0.5 ~1.0 mg/L + NAA 0.1 mg/L。在相同培养基配方中,可在一个月的时间里交替进行固体培养和液体培养,即可提高原球茎的诱导率,也可抑制褐变的危害。

卡特兰组织培养的最大问题是外植体在初代培养中易褐变枯死。克服褐变是成功的关键。通过如下措施,可以使褐变得以有效的控制:a.选择采芽的时间和季节,一般在温度较低的秋、冬季采芽,此时茎尖含酚类物质较少,培养成活率较高,且污染率低;b.外植体消毒后用无菌水冲洗干净,并在无菌水中切割,或切割后在无菌水中浸1 ~2 min;c.在培养基中加入抗氧化剂;

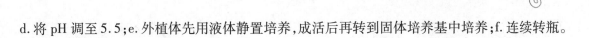

d. 将 pH 调至 5.5；e. 外植体先用液体静置培养，成活后再转到固体培养基中培养；f. 连续转瓶。

2）继代增殖培养

继代培养可选用初代培养基或者对初代培养基的生长调节剂成分做些修改，适当增加某些成分以促进原球茎的生长，楠元(1979)研究发现，在 MS + BA 0.1 ～ 5.0 mg/L + NAA 0.5 ～ 1.0 mg/L 培养基上原球茎增殖和芽的分化效果较好，添加 100 ～ 150 mL/L 椰汁、100 ～ 150 g/L 香蕉泥能明显提高原球茎增殖倍数。但不宜用高浓度的生长调节剂组合，以免原球茎经多代增殖形成异常苗。在固体培养时，须在原球茎未分化出芽时，转入液体培养，抑制芽的分化而促进原球茎增殖。

3）生根培养

原球茎增殖到一定数量，可转入 MS + NAA 0.3 ～ 1.0 mg/L + AC 1.0 g/L + 香蕉汁 100 g/L 成苗培养基中，2 周即可分化出芽，4 周逐渐长出幼叶和根。在卡特兰的生根培养中，常用 KC 培养基或者离子浓度较低的 VW 等培养基，分别附加 10% 椰子汁、10% 香蕉或马铃薯汁等。100 d 左右株高可达 5 cm 左右，有 3 ～ 4 片叶时就可以移栽。在实际生产过程中，尽可能避免在原球茎的诱导、继代、成苗和生根 4 个阶段使用不同的基本培养基，用 1 种或 2 种基本培养基实现 4 个阶段的培养，可简化生产程序，提高效率。

4）驯化移栽

将试管苗在温室中进行 1 周左右的驯化，然后将小苗从瓶中取出，洗净附着的培养基，用水苔将小苗的根包裹好，移栽到珍珠岩和蛭石的混合基质中。刚定植的植株最好遮光 50%，温度 20 ℃左右，保持一定湿度，且注意通风。试管苗对基质的要求不太严格，泥炭土与蛭石的混合物、碎陶粒、水草等都可作为基质。一般移栽成活率可达到 95% 以上。1 个月后，小苗长出新根就可以出圃了。

> **延伸阅读** 卡特兰属热带气生兰，原产中南美洲，约有 65 个原生种，分布于墨西哥、古巴、秘鲁、哥伦比亚、巴西等国，生长于温暖潮湿的生态环境。卡特兰是洋兰中花最大、色彩最艳丽的种类，在热带兰的几大类群中独占鳌头，被称为"热带兰之王"，在许多国家广为栽培，并且培育出许多种间、属间杂交新品种，花色各异，花形千姿百态。快速繁殖卡特兰不仅能加快新品种推广，而且能够获得可观的经济效益。组织培养技术的应用，大大促进了卡特兰的切花生产，在日本、新加坡、澳大利亚、美国利用组织培养技术每年生产大量的卡特兰试管苗及鲜切花，供应本国市场或出口国外。

任务2 非洲菊的组培快繁

1）无菌体系建立

(1) 外植体选择与消毒 在外植体的选择上，应首先选择花大、花色艳丽、市场受欢迎的品种，然后再选择无病虫害、植株生长健壮、花色纯正的优良单株进行取材。一旦选出优良单株后，应进行挂牌标记，并一直在其上采取花蕾。作为外植体的花蕾要选直径在 0.5 ～ 1.0 cm，而且未露心的小花蕾，太大或是太小的花蕾均不能获得满意的效果。

将小花蕾在自来水下冲洗干净，然后到超净工作台上用 70% 乙醇浸泡 20 s，再用 0.1% 升汞附加 0.5% Tween-20 处理 10 ～ 15 min，并不断摇动瓶子，以使消毒剂与幼花托充分接触，最后用无菌水漂洗 4 次以上。在无菌条件下,将幼花托的萼片及表面小花全部剥除,并切割成 0.2~0.3 cm 见方的块状,也可放入稀释的 Vc 溶液中浸泡 1~2 min,减少褐变造成的死亡,再接种于诱导培养基中。

(2)初代培养   初代培养基为 MS + BA 2.0 mg/L + NAA 0.2 mg/L。若在最初的 2~3 d 的时间里选择暗培养,然后在正常的培养条件下进行培养,将减少外植体的褐变死亡。接种 7~10 d 后开始膨大,并在外植体表面产生黄白色愈伤组织。15 d 后,多数愈伤组织逐渐转为绿色,将绿色的愈伤组织块分切成小块,接种到 MS 或 1/2 MS + BA 1.0~5.0 mg/L + NAA 0.2~0.5 mg/L 诱导不定芽的培养基中。根据品种的不同,部分品种可在 1 个月后分化出不定芽,多数品种要经过不断转接 3~5 个月后才会出芽,有少数品种甚至经过半年的不断转接和培养,仍然没有不定芽分化的迹象。由于整个诱导过程长而且复杂,在培养过程中会因培养基和环境条件稍有不适,而出现花芽和愈伤组织褐变死亡和污染,最终导致组培失败。

2)继代增殖培养

由于从花托上分化出不定芽的几率比较小,一旦有芽从花托上产生,就要及时从花托上分割下来转移到 MS + BA 0.2~1.0 mg/L + NAA 0.05~0.1 mg/L 继代培养基中进行快速扩繁。最初的几代中,由于基数较少,可使 BA 的使用浓度提高到 2.0~3.0 mg/L 来尽快增殖,随着基数的不断增多,要逐渐降低 BA 的浓度,否则就会增加玻璃化组培苗的比例。关于非洲菊快繁增殖大多都是以增殖系数为主要或唯一测定指标,并通过生长调节剂浓度和比例来调控的,实际上在高生长调节剂浓度下的高增殖系数会对增殖试管苗的生根、驯化和移栽等生产后续环节产生不利影响,造成玻璃化试管苗增加和驯化移栽成活率低等问题。王春彦等人提出用有效增殖(丛生芽能够继续用于继代或转接的芽即为有效增殖)系数及丛生试管苗的生长状况为主要指标来指导生产进程。连续使用高细胞分裂素浓度,组培苗的叶片又嫩又脆容易脱落,且边缘具有深的锯齿状裂刻,不易转接操作,可用 ZT 或 KT 与 BA 进行一定轮次的交替使用,增加生产的稳定性,降低无效苗消耗。

3)生根培养

不定芽经过扩繁和继代培养后,达到可维持一定生产量的增殖基数时,便可在每次继代时将苗高 2~3 cm 的单株切下,转入 1/2 MS + NAA 0.1 mg/L 或 IBA 0.3 mg/L 生根培养基中进行生根培养。7~8 d 后,小苗基部就会长出 3~5 条不定根,生根率可达到 98% 以上,12~15 d 后,当根长达到 0.8~1.5 cm 时,就可以出瓶驯化;如果根太长,反而不利于驯化移栽。此外生根阶段所用的生长素浓度要低,若生长素浓度高,在 NAA 0.5 mg/L 以上,根系会又短又粗且愈伤化,在移栽的过程中极易脱落和腐烂。生长素浓度在 NAA 0.1 mg/L 以内时为佳。通过对培养瓶透气性、培养环境中 CO_2 浓度、乙烯浓度以及培养温度、光照、光质等环境因素进行调节,对提高组培苗的质量也有很好的作用。

4)驯化移栽

移栽时用镊子将小苗从培养瓶内取出,并在水中洗去琼脂,栽入加有少量珍珠岩与腐叶土的混合基质内。如果有喷灌设施条件,则可以直接将瓶苗种植于成条的苗床上,只要注意遮阴,在喷雾条件下,一般成活率可以达到 95% 以上。在没有自控温室的条件时,可进行人工环境管理,重点是空气相对湿度管理,前期遮阴,后期适当增加光照,同样可以获得 90% 以上的过渡成活率。非洲菊驯化移栽采用的基质可依各地区资源而定,腐叶土、砻糠灰、锯木屑、菌糠、椰子壳等添加一定比例的蛭石均可达到95%以上的驯化成活率。前期可以不用施肥,1个月后可适当进行叶面追肥,在整个过程中都要加强病虫害的防治工作。

> **延伸阅读** 非洲菊又叫扶郎花,是菊科大丁草属多年生宿根草本花卉,与唐菖蒲、康乃馨、月季、菊花同称世界五大切花。原产非洲南部,我国于20世纪80年代开始引种,但栽培品种完全由国外引进,极大地制约了非洲菊作为第5大切花在我国的发展。
>
> 非洲菊传统的繁殖方法是种子繁殖和分株繁殖。种子繁殖过程中由于雌雄蕊成熟期不一致,且雌蕊雄蕊生长高度不同等因素造成自花不孕,必须辅以人工授粉,种子寿命很短,发芽率低,且大丁草属的资源在国外,传统的杂交育种方法受到限制。分株繁殖受季节限制,繁殖系数低,难以满足工厂化生产,且长期的无性繁殖会造成病毒积累,病虫害交叉感染,导致种性退化,花的商品质量下降。

任务3 安祖花的组培快繁

1)无菌体系建立

(1)外植体的选择与消毒 选择品种纯正、花大色艳的单株,刚展开的幼嫩叶片、叶柄、茎尖或带腋芽的茎段均可作为外植体,通常采用刚展开的幼嫩叶片作为外植体效果最好。在无菌条件下,先用70%乙醇消毒30 s,再在0.1%升汞溶液中浸泡8~10 min,无菌水漂洗5~6次,将叶片切成0.4~1.0 cm见方的小块,茎段切成0.5~1.0 cm长,接入诱导培养基中。

(2)初代培养 在MS+BA 0.2~1.0 mg/L+2.4-D 0.1~0.8 mg/L+葡萄糖30 g/L诱导培养基中,30~50 d即可有愈伤组织产生。将愈伤组织切块转入MS+BA 1.0 mg/L+KT 0.1 mg/L+NAA 0.1~0.5 mg/L中,60 d后即可诱导出不定芽,但不定芽诱导率依品种不同而差异较大。

2)继代增殖培养

刚刚诱导出的不定芽数量还不多,需要进一步继代培养进行扩繁,继代培养采用丛生芽增殖方式,使用MS+BA 1.0 mg/L+NAA 0.3 mg/L效果较好,增殖倍数达6~7倍,椰子汁对继代增殖有较好的促进作用。在安祖花的继代培养中,采用浅层液体静置培养,其增殖率远远高于固体培养,且生长周期缩短,成本降低。

3)生根培养

当丛生芽长到2.5~3.0 cm,具有3~4片叶时,可将其切成单株放在1/2 MS+NAA 0.5 mg/L+葡萄糖2%生根培养基上进行生根培养,光照强度为3 000 lx,一般安祖花生根较容易,30 d后即可长出3~4条根,生根率可达100%。生根培养也可采用浅层液体静置培养的方法。

4)驯化移栽

当试管苗长出3~4条根时,即可驯化移栽。试管苗的移栽成活率与移栽环境和基质有很大关系。对苗高4 cm、4片以上叶、3条以上根的健壮试管苗,先将其移出培养室,置于通风明亮的常温房间里,闭瓶炼苗15 d左右,再打开瓶盖,每天早、中、晚各喷水1次,以保持足够的湿度,5 d后将试管苗从瓶中移出,用清水洗净根系上的培养基,进行移栽,成活率可达90%以上。

安祖花喜欢高温高湿环境,最适生长温度为25~30 ℃,相对湿度90%以上,要求移苗室透光度30%~40%,光照强度3 000 lx左右,在日平均温度超过20 ℃、基质温度15 ℃以上时。试管苗恢复生长迅速,平均每2周可萌发展平1片新叶。安祖花原产热带雨林地区,土壤偏酸,通透性强,空隙略大,移栽基质可以是肥沃的腐殖质土,也可以是泥炭土:蛭石:泥沙=1:1:1或珍珠岩:河沙:花泥=1:1:1,pH值可调整到5.8左右,在水中溶解0.2% $FeSO_4$、0.1%$(NH_4)_2SO_4$等酸性肥料,定期浇灌,可有效防止盆土再度碱化。

> **延伸阅读**　安祖花是天南星科花烛属多年生附生常绿草本花卉,又名红掌、大叶花烛、台灯花、火鹤花等。安祖花株高可达1.0 m,节间较短;叶自根茎抽出,具长柄,单生,长圆状心形或卵圆形,鲜绿色,有光泽;花葶自叶腋抽出,其花序为肉穗花序,具有红色、粉红色、白色及五彩色的蜡质佛焰苞,终年开花不断,犹如灯台上点燃的蜡烛,即观叶又赏花,被赋予"富贵、发达"之意,又象征"热情、热心与热血",是当前国际流行的名贵盆花或切花,已成为仅次于热带兰的第2大宗热带花卉商品。

任务4　菊花的组培快繁

1)无菌体系建立

(1)外植体的选择与消毒　用于快繁的外植体很多,如茎段、侧芽、叶、花序梗、花序轴等,但最好采用茎尖或侧芽,其次是花序轴。选取无病虫害、粗壮的茎尖和茎段,要求叶密茎粗,以利于将来分化迅速,无性系后代质量好。如以花序轴为材料,应选取具该品种典型特征、饱满充实的蕾,最好将开放而未开放的花蕾,这时花瓣外有一层薄膜包围,里面洁净无菌,采后便于表面消毒。

切取含顶芽或腋芽的茎段3~5 cm,去掉展开的叶,只留护芽的嫩芽,先用洗涤剂溶液清洗,然后用自来水冲洗干净以备消毒。在无菌条件下,用0.1%升汞或饱和漂白粉上清液对材料进行表面消毒5~12 min,再用无菌水漂洗4~5次,沥干备用。要除去菊花体内的病毒,需在解剖镜下剥离0.5 mm以下,带2个叶原基的茎尖,接种到诱导培养基上。菊花也可采用热处理方法来进行脱毒,在35~36 ℃条件下栽培两个月,可以除去菊花矮缩类病毒和番茄不孕病毒,但不能除去菊花轻斑驳病毒和褪色斑驳病毒,这两种病毒只有通过茎尖培养途径除去。

(2)初代培养　适宜于菊花的培养基很多,如White、B_5、MS等,一般采用MS为基本培养基。茎尖初代培养基为MS+BA 2~3 mg/L+NAA 0.02~0.2 mg/L,pH 5.8。温度23~28 ℃,光强1 000~4 000 lx,光照12~16 h/d。经4~6周,茎尖直接分化出新芽,或经愈伤组织分化出新芽;茎段侧芽萌发,可产生1至数个芽。

2)继代增殖培养

将嫩梢剪成1节带1叶的茎段,然后将切段基部插入MS+BA 0.5 mg/L+NAA 0.1 mg/L培养基中,4周后,腋芽即生长成小植株,再照上述方法切割茎段,重复培养,增殖倍率均在5~10倍及以上。菊花也可以通过丛生芽途径进行繁殖。

3)生根和移栽

菊花无根苗生根一般较容易,通常在继代培养基上久不转瓶,即可生根,但这种根的根毛较

少或无,不利将来移栽和生长,所以常用下列方法处理:

(1)试管内生根与移栽　切取 3 cm 左右无根嫩茎,转插到 1/2 MS + NAA 0 ~ 0.5 mg/L 的培养基中,经两周即可生根,生根率 100%,然后驯化移栽。取出生根的试管苗,洗掉附着在根部的培养基,用竹签在基质上打一小孔,将幼苗插入基质中,移栽初期保持高湿度条件,营养钵基质浇透水。然后加设小拱棚以保湿,随着幼苗的生长,逐渐降低空气湿度和基质含水量,转为正常苗的管理阶段。

(2)试管外扦插生根　利用菊花嫩茎易于生根的特点,可免去试管生根一道之序。剪取 2 ~ 3 cm 无根苗,插植到珍珠岩或蛭石的基质中,基质事先用生根激素溶液浸透,10 d 后生根率可达 95% ~ 100%。

> **延伸阅读**　菊花为菊科菊属多年生宿根草本花卉,在我国已有 3 000 年的栽培历史,现广泛分布于世界,深受人们的喜爱,成为世界栽培面积较大的一种重要花卉。菊花品种繁多,花色丰富,姿态各异,有很高的观赏价值,是世界著名的五大切花之一。

任务 5　月季的组培快繁

1)无菌体系建立

(1)外植体选择与消毒　月季春天芽的萌发及生长能力均较强,容易获得成功。在无病虫害的优良品种单株上,选取生长健壮的当年生枝条,取其饱满未萌发的芽作为外植体。因枝条顶部和基部的侧芽萌发能力较差,取中上部的芽效果最好。将取回的材料用手术刀片切去叶片及叶柄,切成 1 ~ 2 cm 的带节茎段。将清理好的材料在自来水下冲洗干净,然后在无菌条件下先用 70% 乙醇消毒 30 s,再加入 0.1% 升汞溶液消毒 8 ~ 10 min,再用无菌水中清洗 4 ~ 6 次。取出用无菌滤纸吸干水分,切去两端,按枝条生长的方向接入诱导培养基中,放在常规培养室内培养。

(2)初代培养　在 MS + BA 0.5 ~ 1.0 mg/L 诱导培养基上,接种后 7 d 后芽开始萌发,茎尖展叶生长,20 d 后长至 1 ~ 2 cm,诱导芽萌发生长在只加细胞分裂素的 MS 培养基上多数品种都是适用的,只是萌芽时间有所不同。

2)继代增殖培养

萌发的芽会不断长大,并可从茎段上分化出 3 ~ 4 个不定芽,这时可通过侧芽增殖和不定芽再生方式进行继代培养,切割出不定芽或将幼芽分切成每段含 1 ~ 2 个节的茎段,转入 MS + BA 1.0 ~ 2.0 mg/L + NAA 0.1 mg/L 继代培养基中,每隔 4 周继代一次。增殖率根据品种不同有很大的差异,低的有 2 ~ 3 倍,高的如"十全十美"等品种可达 10 多倍。待芽长到一定高度时,可以根据生产计划保留一定的健壮苗作为繁殖基数,其余的可用于生根培养。对于增殖率过高的品种,丛生芽都比较细弱,一般需要转入 MS + BA 0.3 mg/L + NAA 0.1 mg/L 低细胞分裂素培养基中进行壮苗培养,再转入生根培养基中。在工厂化育苗中,大多采用降低增殖系数(有效增殖系数不变)的低细胞分裂素的培养基进行增殖,以减少中间壮苗环节,降低生产成本,同样能起到培养壮苗的目的。

3)生根培养

将继代增殖的丛生苗切成长度为 2.0 ~ 3.0 cm 的单株,转入 1/2 MS + NAA 0.1 ~

0.2 mg/L + IAA 1.0 mg/L 生根培养基中,12 d 后便可生根,当根长至 0.5 cm、有 2~4 条白色的根系时即可出瓶移栽。在生根培养基中加入 300 mg/L 活性炭能提高生根质量。有研究指出,在生根培养基中只长出根原基,而还无可见根系的小苗,可以进行长途运输,且移栽后成活率高。在 MS + NAA 0.5 mg/L 培养基上培养 7~10 d,当根原基形成后即可出瓶。

4)驯化移栽

瓶苗取出后,将基部的琼脂洗净,移栽到锯木屑:园田土 = 1:1 或泥炭土:蛭石 = 1:1 的介质中。在进行移栽和管理时,对有根小苗的移栽,要避免根系受伤。对只有根原基的无根小苗,才移出的几天要特别注意基质中的水分管理和空气相对湿度管理(达 85% 以上),1 周后,根原基生长形成根系,此时新梢也开始生长。在移入基质中以后,要浇足水并用 0.1% 多菌灵、甲基托布津等杀菌剂进行喷苗。试管苗移栽 1 周后,可追施一些稀薄的肥水,施用的种类可用复合肥、尿素、饼肥水、磷酸二氢钾、MS 基本培养液或专用苗期肥,也可结合喷药一同进行。在大规模的生产过程中,将小苗移栽在有喷灌设备的温室内,可以有效地控制温度和湿度,提高小苗移栽的成活率。待小苗成活并开始长新梢以后,肥水浓度可适当提高,并去除遮荫,以使其壮苗和生长。待小苗出瓶后 45~60 d 左右,苗长到 5.0~8.0 cm 时,可移入田间或花盆内种植,并按常规种苗进行水肥的管理。

> **延伸阅读**　月季为蔷薇科蔷薇属常绿或半常绿直立灌木,每年可多次开花。月季不仅是我国十大名花之一,素有"花中皇后"之美誉,同时也是世界五大切花之首,是国际市场上非常流行的切花种类。月季的类型多样,品种繁多,近百年来累积的栽培品种数以万计,而且每年都有新品种不断选育出来。月季的用途也很广泛,除用香水月季作切花外,用藤本月季布置长廊、拱门,灌丛月季作绿篱,聚花月季布置花坛,微型月季作盆花等。现在,许多国家和单位都在用组织培养技术来繁殖月季的优良品种,加速月季品种的更新换代,迅速普及名优品种。

任务 6　百合的组培快繁

1)无菌体系建立

(1)外植体选择与消毒　优选生长健壮、开花性状良好的植株。一般情况下,鳞片、珠芽、鳞茎盘、叶片、茎段、根等先清理干净,并用清水冲洗。然后在无菌条件下,放入 70% 乙醇处理 5~30 s,再转入 0.1% 升汞溶液中 5~15 min,无菌水洗 3~4 次,即可进行无菌操作切块(段)接种;以鳞片做外植体时,将靠近鳞茎盘的一端作为形态学下端插入培养基中,且外层鳞片比内层鳞片更容易培养成功;花器官等培养时,常取未开放的花蕾,消毒后切开,取其内部器官。

(2)初代培养　将鳞片外植体接种到 MS + BA 1.0 mg/L + NAA 0.1 mg/L 诱导培养基中。影响鳞片分化成小鳞茎或小芽的因素有:鳞片的大小、部位、品种差异、培养基及培养的环境条件等。从外植体自身考虑,外层较大的健康鳞片的诱导效果好于中心较小的鳞片及有斑点的外围鳞片,且鳞片基部诱导小鳞茎的效果优于中部,中部优于上部;从生长调节剂浓度和配比上看,无生长调节剂的 MS 培养基对小鳞茎的诱导作用很小,单独使用 BA 和 NAA 的效果不如 BA 和 NAA 配合使用的效果好,且 BA 浓度高于 NAA 浓度;从培养的环境条件来看,黑暗条件下诱导小鳞茎的效率高于光照条件。

2）继代增殖培养

（1）由鳞片切块诱导成苗　鳞片小切块接种后，一般先分化出黄绿色或绿色球形突起的小芽点，继而芽点逐渐增大成小鳞茎，并可长出小叶片，形成苗丛，生根后即可从试管中取出，移栽于营养钵或大田。也可将小鳞茎继代培养扩大繁殖。

（2）由叶片诱导成苗　由鳞片小切块诱导分化出的苗丛，在超净工作台取其无菌叶片，接种于培养基中，培养半个月后即可分化出带根的小鳞茎。培养两个月后，每个单叶片形成的小鳞茎一般又可分化出带有根系的丛生小鳞茎4~6个。叶片培养可直接插入培养基中，但要注意极性，不可倒置，叶片也可平放于培养基中培养。

（3）由愈伤组织诱导成苗　上述外植体在分化成苗的过程中，常常增殖出具有颗粒状、似胚性细胞团的愈伤组织。该愈伤组织在连续不断的继代培养中，一方面继续不断地增殖相似的愈伤组织，另一方面又不断地分化成苗。一般每个试管里的愈伤组织可分化成苗20~40株。

将从各种外植体上诱导出的小鳞茎（小芽体），转接到 MS + BA 0.5 mg/L + NAA 0.5 mg/L 的继代培养基中，小鳞茎有所增殖，并抽出叶片，成为丛生幼苗。

3）生根培养

将长 2.0~3.0 cm 的无根苗切下，除去愈伤组织，接种到 1/2 MS + NAA 0.1 mg/L 的生根培养基中，10~15 d 即可诱导出健康的根系。在继代培养中，若延长继代转接的时间或降低 BA 的使用浓度，可将增殖与生根同时进行，但幼苗根部有肿胀现象。

4）驯化移栽

移栽基质选用蛭石与草炭等体积混合，瓶苗无须炼苗过渡，可直接移栽进入温室管理，加强病虫害预防，移栽成活率可达98%以上。

> **延伸阅读**　百合为百合科百合属球根草本花卉，是世界著名的切花和盆花，全世界的本属植物约有90种，主要分布在北半球的温带和寒带地区。中国是世界百合属植物的主要产地之一，也是世界百合起源的中心，据调查约有47种18个变种，占世界百合总数的一半以上。百合的花色、花型丰富，许多种类还具有芳香，常常被人们视为纯洁和幸福的象征。近几年，百合的生产和消费正在逐年增加。有些种类具有食用价值，因其食用的鳞茎产于地下，受病虫害浸染几率少，是优良的绿色蔬菜和保健食品。

任务7　香石竹的组培快繁

1）无菌体系建立

（1）外植体选择与消毒　香石竹的组培虽然可以通过多种外植体进行，但在扩繁种苗的生产中，常用营养枝的顶芽约 1 cm 长作为外植体。由于香石竹在田间的病害比较严重，特别是香石竹病毒病发生普遍，可通过茎尖培养脱去病毒，生产脱毒组培苗作为母本植株，用于培育扦插苗。由于香石竹本身茎尖较小，太小的茎尖剥离与培养的难度大，若对材料进行 38~40 ℃ 的高温处理，可以扩大茎尖无毒区，提高茎尖培养的成活率。所以在选择材料时，首先要选取品种优良、健康无病虫害、生长势强、叶色浓绿、花色艳丽、商品性状好的优良单株作取芽植株。其次，将植株放在 38~40 ℃温度下进行热处理培养 1~2 个月,即可除去香石竹的大部分病毒。

对于经过热处理的植株,选择基部粗壮、干净的新芽,最好是首次打顶后萌发出来的嫩芽。将取回来的芽逐层剥去叶片,剥到还剩 1~2 对幼叶时,用利刀切去茎段及叶梢,保留顶芽 1.0 cm 左右,并用清水洗净。再在无菌条件下放入 0.1% 升汞溶液中消毒 15~20 min,也可在 2% 次氯酸钠溶液中消毒 15 min,取出后用无菌水中冲洗 3 次。无菌条件下,切取含有 2~3 对叶原基、0.3~0.5 mm 的茎尖接种到诱导培养基上。

(2)初代培养　将茎尖培养在 MS + BA 2.0 mg/L + NAA 0.2 mg/L 的培养基上。茎尖接种后 3~4 d,芽点开始转绿,1 周后膨大,25~40 d 后开始展叶。

通过茎尖培养获得的小苗,受茎尖大小、病毒种类等因素的影响,有的可能仍带有病毒,还需要作病毒检测。香石竹常见的病毒有叶脉斑驳病毒、隐症病毒和斑驳病毒,后两者为线状病毒,比较容易除去。目前香石竹茎尖苗病毒检测时常以叶脉斑驳病毒为主。病毒的检测工作要在 3 个时期分别进行,即试管苗期、生产中期和开花期。其中在试管苗期的检测工作最重要,后期由于园艺作业频繁,昆虫传播途径广,感染病毒的机会仍然很多。

2)继代增殖培养

无论是从经鉴定已经脱去主要病毒的母株上采顶芽扩繁,还是经过成功脱病毒的试管苗,均要通过试管苗增殖,产生大量均一的种苗。香石竹的继代培养采用丛生芽方式进行增殖,将要进行增殖扩繁的试管苗转接到 MS + BA 0.2~0.5 mg/L + NAA 0.1~0.3 mg/L 继代培养基上进行培养。

3)生根培养

待继代增殖苗繁殖够一定的基数后,即可进行生根培养。香石竹的生根培养比较容易,适合的生长素种类和浓度范围广,在含有 1 种或多种生长素的培养基中均会生根。将高度达到 2 cm 左右、生长正常的小芽切下,接种于 1/2 MS + NAA 0~1.0 mg/L 生根培养基中,多数品种 12~15 d 后可长出 3~5 条根,用于移栽。

4)驯化移栽

将生根香石竹小苗经过常规清洗后,放入 800 倍 50% 的多菌灵或甲基托布津溶液中浸泡 2~3 min,移栽到蛭石、河沙、腐殖土混配的基质中。对少数生根不良或无根小苗可用 1 000~2 000 mg/L NAA 蘸基部后再种植,一旦成活很快就会长根。移栽后要及时浇定根水,使苗与基质紧密结合,在小苗移栽最初的 7~10 d 内,要注意温度、湿度和光照度的控制。10 d 后小植株即可生长出新根,结合肥水管理,环境条件可逐渐向生产条件过渡。

延伸阅读　香石竹为石竹科石竹属多年生宿根草本花卉,别名康乃馨。其花色鲜艳,花期长,产量高,是著名的世界五大切花之一,市场需求量很大。长期的大田扦插繁殖造成病毒侵染与积累,严重影响切花的商品价值。通过组织培养方法繁育香石竹,有快速、复壮、脱毒的效果,可使香石竹的切花产量和质量有较大幅度的提高。

香石竹是我国组织培养研究成功并应用较早的切花之一,目前在生产中已经普遍应用,但在种苗工厂化生产过程中,仍然存在很多问题,如玻璃化问题、丛生状变异、增殖系数低及品种差异大等问题仍需要解决。鉴于此,香石竹组培苗一般只作为原原种或原种培养,很少直接用于生产。

任务 8　彩色马蹄莲的组培快繁

1) 无菌体系建立

(1) 外植体选择与消毒　彩色马蹄莲组织培养的外植体主要是芽尖。取块状根茎,刮去芽表面褐色皮层并冲洗干净,在无菌条件下,围绕芽眼切成 1.5 cm 见方的组织块,用 70% 乙醇浸泡 2 min,切除四周少许组织,用 0.1% 升汞消毒 20 min 左右,再用无菌水冲洗 3 次。

(2) 初代培养　将消毒后的芽眼接种到 MS + BA 1.0 ~ 2.0 mg/L + NAA 0.1 mg/L 诱导培养基中。芽眼 30 d 左右便可萌发,并有部分丛生芽分化。继续培养 60 d 后,在部分芽块基部可形成具有许多生长点的愈伤组织块,并有大量不定芽长出,将较大的不定芽转接入继代培养基即可。

2) 继代增殖培养

将分化出来的不定芽切割,并转入 MS + BA 0.2 ~ 0.5 mg/L + NAA 0.2 ~ 0.5 mg/L 继代培养基中,即可在切割基部产生具有大量愈伤组织的丛生芽。将较大的芽转入生根培养基,同时将大量具有芽眼的愈伤组织继代培养,又可获得具有大量愈伤组织的丛生芽,如此反复达到繁殖种苗的目的。

3) 生根培养

将丛生芽中 1.5 cm 以上芽剥离成单芽,转入 1/2 MS + NAA 0.3 mg/L 生根培养基中,10 ~ 15 d 后即可诱导出健康的根系。此时的切割方式影响芽的生长,若将芽转入继代培养,可用基部切割的方式分离,继代后可在基部产生较多的具有芽眼的愈伤组织,利于继代培养;若将芽转入生根培养基,可将较大的芽剥离成单芽,尽量减少切割伤口,否则在生根植株基部产生许多愈伤组织,不利于后期驯化。

4) 驯化移栽

将出瓶后的生根苗按常规方法冲洗处理后,移栽入腐殖土:红土 = 10:1 或草炭:蛭石:沙 = 1:1:1 的基质中,或土质较好的砂壤土上,均可获得良好的生长效果。移栽 1 个月内,注意保水和遮阴。1 个月后,幼苗开始迅速生长,可适当增加光照,并辅助喷施叶面肥。幼苗移栽以春、夏季成活率高,且生长期长,休眠时已形成 2 ~ 3 小块茎;如果移栽迟,则成活率稍低,形成块茎很小,甚至未形成块茎,但到第 2 年春,小苗仍会萌发生长。

> **延伸阅读**　彩色马蹄莲属于天南星科马蹄莲属多年生花卉,包括黄花马蹄莲、红花马蹄莲以及近几年来国外出现的不少杂交品种。其花型为肉穗花序,佛焰苞呈红、黄、粉红、橘红、橙黄或黄红复色等,色彩艳丽。多数彩色马蹄莲的绿叶带有白色斑点或条纹,可作为配叶材料。彩色马蹄莲的花和叶片雅致大方,近几年的国内外花卉市场上,常做为切叶、切花或盆花栽培。

任务 9　凤梨的组培快繁

1）无菌体系建立

（1）外植体选择与消毒　凤梨的吸芽、侧芽和顶芽等嫩芽均可作为外植体。剥去大部分外层叶片，以 1% 次氯酸钠溶液加几滴 Tween-20 做展着剂，消毒 15 min，并用无菌水冲洗 5 ~ 7 次。用刀片切去外层叶片，露出芽尖和小腋芽，分别将其取下，接入初代培养基中。

（2）初代培养　凤梨的嫩芽常采取液体培养，接入 MS + KT 2.5 mg/L + 糖 3% 的液体培养基中，再放置在 20 r/min 的培养器上振荡培养，培养过程中光照 16 h/d，光照强度 1 500 ~ 2 000 lx，经过一个半月左右即可长出丛生的新芽。

在凤梨芽体诱导培养中，经常遇到的问题是一些种类外植体发生褐变而导致死亡。褐变与凤梨的种类、采集的时间等有关。为减轻褐变，首先可以从植物种类和外植体采集时间进行调控，然后通过添加抗坏血酸、聚乙烯吡咯烷酮和活性炭等防止褐变的化学物质以降低褐变程度。

2）继代增殖培养

将 1.0 ~ 2.0 cm 高的侧芽从短缩茎上切下，转接到 MS + BA 0 ~ 3.0 mg/L + NAA 0 ~ 2.0 mg/L 继代培养基上。在继代培养过程中，增殖系数随着细胞分裂素 BA 的浓度升高而增加，但丛生芽越来越弱小，有效增殖系数会降低。在继代培养时，采用机械损伤分生组织的方法，即用手术刀将生长点纵向对切，同样培养条件下芽分化数量显著提高，平均 1 个芽增殖 4 ~ 5 个，这可能是因为生长点分生组织受损伤后，促使细胞分化形成芽原基所致。

3）生根培养

在 1/2 MS + NAA 0.1 mg/L 或 IBA 0.3 ~ 0.5 mg/L 生根培养基上，15 d 左右诱导出健康的根系，1 个月后苗高 3 ~ 6 cm，根长 2 ~ 5 cm，根数 1 ~ 6 条，叶色浓绿、舒展。

4）驯化移栽

生根苗在移苗室闭瓶炼苗 3 d，再打开瓶盖炼苗 2 d，经洗苗、高锰酸钾或多菌灵消毒等环节再移栽于移栽苗床上，移栽基质以珍珠岩和椰壳（或草炭）按体积比各半的比例为主要基质的培养土，或园田土：椰糠：河沙：牛粪 = 4：1：1：1 培养土较好。移栽后适当遮阴，喷雾保湿，移栽试管苗成活率可达 95% ~ 98%。

> **延伸阅读**　凤梨原产于南美洲热带地区，自 20 世纪 80 年代初引入我国。观赏凤梨是集观花、观叶和观果于一身的时尚花卉。生产上无性繁殖多采用分株繁殖，但繁殖系数低，繁殖速度慢，而且种苗生长不均一，不利于工厂化和专业化的生产管理。

任务 10　仙客来的组培快繁

1）无菌体系建立

（1）外植体选择与消毒　仙客来的组织培养以种子或幼嫩的叶片作为外植体效果较好。

在以幼嫩的叶片作为外植体时,需对植株进行预处理,即取材前 2~3 周,将母株置于室内培养,并采用浸盆法给植株补水。接种前采摘健壮无病的嫩叶作为外植体。经常规处理后,用 70% 乙醇处理 1 min,然后经 0.1% 升汞溶液浸泡 10 min,1% 次氯酸钠溶液中浸泡 5 min,无菌水冲洗 3 次,将叶片切成 0.5 cm 见方的小块,接入诱导培养基。

（2）初代培养 在 MS + BA 2.0 mg/L + KT 0.1~0.2 mg/L + NAA 0.1~0.2 mg/L 诱导培养基上,20 d 后叶切块边缘组织膨大,产生浅色愈伤组织,30 d 左右在愈伤组织表面出现淡绿色不定芽丛。

2）继代增殖培养

将不定芽丛切割成单个芽体,转接到 MS + BA 1.0 mg/L + IAA 1.0 mg/L 继代培养基上,20 d 后便可再次分化出丛生苗,如此将丛生苗不断继代,可以得到大量的不定丛生芽,当丛生芽长到一定的高度时可以进行生根培养。

3）生根培养

将丛生苗分切成单株,接种到 1/2 MS + IBA 0.1~0.2 mg/L 的生根培养基上,20 d 后可在苗的基部形成幼根,随着 IBA 浓度的升高,生根率会升高,但当浓度过高,会发生愈伤组织畸形现象。

4）驯化移栽

将出瓶后的组培苗经过常规清洗后,移栽至灭过菌的由腐叶、细沙或珍珠岩按体积以 1∶3 的比例配成的混合基质中,保持空气湿度在 70%~80%,遮光率为 60%~70%,环境温度保持 18~20 ℃。经 1~2 个月的精细管理,即可按照苗期管理。仙客来喜潮湿的土壤环境,并加强通风。当小苗的新叶开始萌动后,可适当追肥。仙客来忌高温,喜凉爽、疏荫的环境,夏季驯化要加强环境条件控制。

> **延伸阅读** 仙客来属报春花科仙客来属多年生草本花卉,原产南欧,目前已广布世界各地。仙客来自然花期在冬季或早春,可通过简单的措施使花期控制在圣诞节、元旦及春节期间开花,花期长达 4~5 个月,是著名的温室盆花,也可做切花应用,是国际花卉市场的主要商品花之一。
>
> 仙客来常规用播种或分切块茎等方法进行繁殖,目前生产上主要采用播种繁殖。但近年新育出的品种因花器变异大,或为重瓣,大多难结种子;常规的无性切块繁殖技术条件要求精细,较难掌握,且增殖速度慢。

任务 11 杜鹃的组培快繁

1）无菌体系建立

（1）外植体的选择与消毒 杜鹃的茎尖、带有侧芽的幼嫩茎段、叶片及种子等均可作为外植体。种子作为外植体易消毒,诱导成功率高,但培养出的新植株易出现分离状况。生产上多选取健壮的杜鹃茎尖或带有侧芽的幼嫩茎段,去掉叶片,先用自来水冲洗 30 min,再用洗洁精水浸泡 7 min,自来水冲洗干净。在无菌条件下,用 75% 酒精消毒 30 s,无菌水冲洗 3~4 次,再用滴加 2~3 滴吐温 -80 的 0.1% 升汞溶液消毒 10 min,无菌水冲洗 6~8 次,用无菌吸水纸吸掉材料表面的水分备用。

（2）初代培养 将消毒后的材料剪成 0.5~1.0 cm 的小段,每段带 1 个顶芽或 1~2 个节,接种在 1/4 MS + ZT 4.0 mg/L + 2,4-D 0.03 mg/L 诱导培养基中。由于杜鹃大多生长在酸性土壤里,有喜酸的习性,因此 pH 值控制在 5.2 左右。

2)继代增殖培养

在 1/4 MS + ZT 1.0 mg/L + NAA 0.1 mg/L 增殖培养基,培养 15 d 后有绿色的丛生芽出现,并且苗健壮,25 ~ 30 d 芽可长高 3 cm,即可进行生根培养。注意继代增殖次数不可过多,一般控制在 4 代以内,这样不会影响以后的生根。另外,有些杜鹃品种可以考虑选择液体培养方式,会取得较好的效果。

3)生根培养

切取 1.5 cm 以上的小苗接入 1/2 MS + NAA 0.1 mg/L + IBA 0.5 mg/L + AC 1 000 mg/L 生根培养基中,10 d 左右植株上长出白色细小的根,培养 30 d 左右,平均产生 4 ~ 5 条根,生根率在 90% 以上。另外,也可以把一部分无根的嫩茎直接放到泥炭、沙的混合基质中,2 ~ 3 个月生根。

4)驯化移栽

选取高度在 2 cm 以上的试管苗,先在室内散射光下炼苗 1 周左右,然后取出小苗,洗净根部附着的培养基,在 1 000 倍多菌灵溶液中浸泡 3 ~ 5 min,移栽到经消毒的微酸性基质中,基质选择苔藓或泥炭、沙、珍珠岩(3∶1∶1)的混合基质。环境湿度维持在 80% 左右,温度 20 ~ 23 ℃,经 1 ~ 2 个月的管理,可定植在排水良好、不含基肥的微酸性沙质壤土中,随着小苗的逐渐长大,可适当追施稀薄的液体肥料。杜鹃耐阴喜凉爽,温度 18 ~ 25 ℃、通风良好的环境生长最佳。

> **延伸阅读** 杜鹃花别名映山红、满江红、野山红、落山红等,是杜鹃花科杜鹃花属的常绿或落叶灌木,少数种类为乔木。杜鹃是世界著名的观赏花卉,也是我国三大名花之一。杜鹃经反复杂交,目前品种繁多,花姿花型花色变化万千,其用途也非常广泛,不论中式或西式庭园,以及公园、道路旁、学校等均适合栽植,并可适于作绿篱、盆栽或盆景。杜鹃通常采用扦插或嫁接法繁殖,但对于一些名贵品种来说,扦插则往往难以生根,并且受季节、母株数量等诸多因素的限制,大量的商业性生产困难不少,嫁接也同样存在一些类似的(如季节、生产数量等)问题。组织培养技术在快速繁殖杜鹃优良品种、保存珍稀品种、增加育种手段、提高选育效率等方面具有很大的作用。

任务 12   花叶芋的组培快繁

1)无菌体系建立

(1)外植体选择与消毒   花叶芋的叶片、叶柄、花瓣、花药等均可作为外植体,一般选择刚长出的嫩叶较好,污染率较低。取材后,先把材料用自来水清洗干净,再放入适量的洗衣粉水中浸摇 3 min,自来水冲洗干净,然后在无菌条件下用 75% 酒精消毒 15 s,再用 2% 次氯酸钠消毒 15 min,无菌水冲洗 4 ~ 6 次,或用 0.1% 升汞处理 5 ~ 10 min,无菌水冲洗 7 ~ 8 次。消毒后,可将叶片切成 5 ~ 8 mm 大小的切块,接种到 MS + 6-BA 2.0 ~ 4.0 mg/L + NAA 0.5 ~ 1.0 mg/L 诱导培养基上。

(2)初代培养   在诱导培养基中,经过两周左右的培养,叶片切块上可见愈伤组织出现,约

3周后,可将愈伤组织进行继代增殖培养,经过 6～8 周的培养后,转接到 MS + 6-BA 1.0～2.0 mg/L + NAA 0.1～0.5 mg/L 的芽诱导培养基上,4～6 周后便会产生大量的不定芽。

2）继代增殖培养

继代增殖可在 MS + 6-BA 4.0 mg/L + NAA 0.5 mg/L 的液体培养基或固体培养基上进行,二者均能长出大量的芽。利用液体培养基进行液体静置培养,出苗数和苗高均比固体高,苗的质量普遍表现良好,移栽后生长较快。但在培养基的分装时应注意保证形成浅层液体,使培养材料放在瓶底也能有约一半的部分露出液面,否则将会影响培养效果。

3）生根培养

生根诱导培养基可选用 MS + NAA 0.1～0.5 mg/L + 适量活性炭。花叶芋较易生根,继代增殖培养中,在生长的同时可自行出根。

4）驯化移栽

当试管苗长出 2～3 片叶子,并生有较多的新根时,即可出瓶进行移栽。基质可采用不同比例的泥炭、蛭石、珍珠岩、河沙等的混合基质。移栽前期,要将环境温度控制在 25～28 ℃,环境的空气湿度保持在 90% 以上,遮光率为 50%～60%。经过 1～2 月的常规管理,即可定植在排水良好、富含腐殖质的沙质土壤中。

> **延伸阅读** 花叶芋又名彩叶芋、五彩芋,是天南星科花叶芋属球根观叶植物。花叶芋叶面色彩变化丰富,泛布各种斑点或斑纹,极为亮丽明艳雅致,是夏季出色的盆栽或地栽观叶植物,也是近年来室内装饰优良种类。应用组织培养法繁殖的花叶芋在生长的前期各品种几乎都是绿色,叶片上并没有该品种所特有的斑纹和色彩,但随着植株的不断长大,各品种所具备的独特的观赏特征就会逐渐呈现出来。

任务 13　新几内亚凤仙的组培快繁

1）无菌体系建立

(1)外植体的选择与消毒　新几内亚凤仙组织培养所选择的外植体一般是叶片、叶柄、幼嫩的顶芽及侧芽、种子等。刚抽生的嫩叶和幼嫩的茎段生理机能旺盛,污染物较少,更易诱导培养。取材后,先把材料用自来水冲洗 10 min,再放入适量的洗衣粉水中浸泡 3～5 min,自来水冲洗干净。在无菌条件下,用 75% 酒精浸泡 30～40 s,再用 2% 次氯酸钠消毒 10～15 min,无菌水冲洗 4～5 次。将材料有创伤面的部位剪去少许,叶片切成 0.5～0.8 cm 大小的切块,茎段则切成 0.5～1.0 cm 长短的带芽切段进行接种培养。

(2)初代培养　把无菌的叶片切块接种在 MS + 2,4-D 0.1 mg/L + 6-BA 0.5～1.0 mg/L + NAA 0.1 mg /L 的愈伤组织诱导培养基中,接种后 2～3 周,外植体可见愈伤组织的出现。4 周后,将愈伤组织转接到含 MS + 6-BA 2.0 mg/L + NAA 0.01～0.1 mg/L 的芽诱导培养基上,经过 3～4 周的培养,外植体便会产生大量的小苗。

新几内亚凤仙的带芽茎段接种到 MS + 6-BA 0.5 mg/L + NAA 0.1 mg/L 的芽诱导培养基上。接种后,可先暗培养 1 周,这样有助于侧芽的伸长,提高其繁殖系数。经过约 20 d 的培养后,接种材料即可长到合适的高度,就可将其切下,转接到增殖培养基上,进行增殖培养。

2）继代增殖培养

随着芽的生长，在芽基部会分化出小芽，并逐渐形成芽丛，这时可通过侧芽和不定芽的再生方式进行继代培养，切下不定芽接到含 MS +6-BA2.5 mg/L + NAA 2.5 mg/L 的增殖培养基上进行继代培养，之后每隔 3~4 周继代一次，增殖率可达 5~6 倍。

3）生根培养

将 1.0~2.0 cm 高的小苗切下转入 1/2 MS + IBA 1.0 mg/L 的生根培养基中，1 周后，接种茎段的基部开始出现不定根，经过 3~4 周的时间，生根培养的幼苗便可取出移栽。

4）驯化移栽

当试管苗高约 3 cm，并生有较多的新根时，即可进行移栽。先将生根的新几内亚凤仙试管苗放置在温室闭口炼苗，一周后打开瓶盖取出小苗，洗净根部的培养基，先用多菌灵 1 000 倍溶液浸泡 1 min，再移入经 0.1% 高锰酸钾消过毒的基质中进行驯化炼苗，待长出新的根系后，即可转入正常的栽培管理。移栽的基质可采用经过消毒处理的混合基质，可选用蛭石 + 沙(1:1)。移栽前期，要将环境的空气湿度保持在 65%~75%，遮光率为 50%，环境温度控制在 20~25 ℃。经过约 1 个月的常规管理，即可定植在排水良好、富含腐殖质的沙质土壤中，同样在使用前应先进行消毒处理。定植时的基质中最好不要施加基肥，随着小苗的逐渐长大，可每隔 1 周追施一次 1/2 MS 营养液，以促进其正常的生长发育。

> **延伸阅读**　新几内亚凤仙是凤仙花家族中的一个新品种，又名五彩凤仙花。凤仙花科凤仙花属宿根草本植物。原产非洲南部，也有很多杂交种。新几内亚凤仙不但能绽开美丽的花朵，而且具有红艳的茎枝以及布满五彩斑纹的美丽叶片，花叶争艳，璀璨缤纷，观赏价值极高。花期极长，几乎全年均能开花，尤以秋、冬、春为盛。
>
> 新几内亚凤仙多数为无性系繁育系，常规的繁殖方法多用扦插法，但由于肥厚多水的茎枝对水分的要求相当苛刻，稍有不慎，极易造成腐烂而导致繁殖的失败，增殖率相当低，而且繁殖速度慢，扦插苗形态不佳。组织培养繁殖新几内亚凤仙是商业性生产的有力手段。

任务 14　郁金香的组培快繁

1）无菌体系建立

（1）外植体的选择与消毒　郁金香的鳞片、鳞茎和叶片等各部位皆可作为外植体，但鳞片诱导的成功率最高，其次是叶片和鳞茎。鳞片中层愈伤组织萌动率高于外层和内层，鳞片基部接近盘处芽诱导能力最强，可作为初代培养芽诱导的较好材料。所选用的材料可先经过 4 ℃、30 d 左右的低温处理，有利于提高外植体培养的成活率和小苗的诱导率。取材后，先用清水冲洗干净，然后用少量的肥皂水或洗衣粉水浸泡 5 min，自来水冲洗干净，然后在无菌条件下用 75% 酒精浸泡 30~60 s，再用加有 2~3 滴吐温-80 的 0.1% 升汞溶液处理 8~10 min，无菌水冲洗 6~8 次，用无菌滤纸吸干表面水分，各类外植体都可无菌切割成 5 mm 左右的小块或切段进行相应的培养。

（2）初代培养　以郁金香鳞茎中部的鳞叶为材料，将剪切的材料凸面向上接种在 MS + 6-BA 2.0 mg/L + NAA 0.5 mg/L 的培养基中，暗培养 5~9 d，再转入光照条件下，能有效提高愈伤组织的诱导频率,但若黑暗时间过长,反而不利于愈伤组织的形成。以郁金香的心叶切块为外植体时,选择 MS + 2,4-D 1 mg/L + KT 1 mg/L + 6-BA 1 mg/L + NAA 0.2 mg/L 的培养基中,20 d 左右可诱导出愈伤组织。以鳞茎为外植体时,选择 MS + 6-BA 2 mg/L + NAA 2 mg/L + IAA 0.3 mg/L 的培养基,在光照下培养 40 d 左右形成愈伤组织。

2)继代增殖培养

郁金香增殖培养选择 MS + 6-BA 3.0 mg/L + NAA 0.2 mg/L 的培养基,经 30～40 d 的培养,即可分化出不定芽,将不定芽继续转接培养,仍会再分化出不定芽,但需要时间较长,而且随着培养时间的延长,芽的基部会逐渐形成小鳞茎。

3)生根培养

当小芽长到 1.5～2.0 cm 高时,将其切下转入含 NAA 0.1 mg/L、活性炭适量的 MS 培养基中进行生根培养。郁金香小苗一旦长有少数根系,就需要及时进行出瓶移栽,否则时间稍长,根会变褐而影响效果。

4)驯化移栽

当试管小苗高 2～3 cm,并带有 3、4 条新根时,即可进行出瓶移栽。移栽基质可选择泥炭和沙(1:0.5)混合,移栽前,先对基质进行消毒处理。移栽初期,需保持 80%～90% 的环境空气湿度,遮光率为 50%,环境温度 12～18 ℃。经过 1～2 个月的栽培管理,可定植于排水良好、富含腐殖质的沙质壤土中。定植时最好不施用基肥,随着小苗对外界环境的适应和不断的生长,每月可追施 2～3 次 1/2 MS 溶液或稀薄的液体肥料,有效促进其成长。

> **延伸阅读**　郁金香又名旱荷花,是百合科郁金香属的多年生球根草本植物,被誉为"花中皇后",品种多达数千种,花直立,刚劲挺拔的花茎从秀丽素雅的叶丛中伸出,顶托着一个酒杯似的花朵,色彩丰润、美丽端庄,可作为盆花、切花、庭园花。

任务 15　一品红的组培快繁

1)无菌体系建立

(1)外植体的选择与消毒　在无病虫害、生长健壮的一品红植株上,选取生命力强的当年生较幼嫩枝梢作为外植体。将外植体浸在洗洁精水中浸泡几分钟,流水漂洗干净,在无菌条件下,先用 70% 酒精处理 30 s 左右,再用滴加 1～2 滴吐温 –20 的 0.1% 升汞溶液处理 8～10 min,最后用无菌水清洗 6～8 次,无菌滤纸将水分吸干。将消毒后的嫩梢有伤口的部位切除,剪切成每个节间约 0.5 cm 长的茎段,转接到诱导培养基上。

(2)初代培养　愈伤组织诱导培养基选择 MS + BA 0.1 mg/L + 2,4-D 2.0 mg/L + NAA 0.1 mg/L,经 20～30 d 的培养,切口处便陆续长出愈伤组织。愈伤组织的颜色、产生愈伤组织的频率及生长速度会随品种、外植体的幼嫩程度不同等发生变化。愈伤组织的颜色会出现白色、浅绿色、浅红色和红色等,以浅绿色愈伤组织分化苗的能力最强。外植体诱导过程中,容易发生褐化现象,可通过不断转入新培养基中,或者在培养基中添加 0.1% 活性炭可有效防止或减轻褐化现象。

2)继代增殖培养

将诱导形成的愈伤组织块进行分割转移到芽诱导培养基 MS + BA 2.0 mg/L + NAA 0.1 mg/L 上,15 d 后愈伤组织表面逐步分化出许多丛生芽,再将丛生芽割成小丛苗,转移到增殖培养基 MS + BA 1.0 mg/L + NAA 0.2 mg/L 上,使苗长粗长壮。

3)生根培养

把长约 2 cm 的一品红无根苗,转接到 1/2 MS + NAA 1.0 mg/L 生根培养基中培养,15 d 左右,茎基部形成粗壮的根系,生根率达 90% 以上,平均每株根数 4 条,此时可进行移栽炼苗。

4)驯化移栽

将根长约 1 cm 的完整植株从培养基中取出,洗净根部培养基后,用 1 000 倍的多菌灵溶液浸泡 2 ~ 3 min,移栽至具有良好保水、保肥性,且利于排水、透气的经消毒处理的泥炭、珍珠岩、蛭石(1:1:1)的混合基质中,栽后浇透水,勿使强光直射。刚移栽时,相对湿度 80% ~ 90%,温度 20 ~ 25 ℃,成活率达到 90% 以上。

> **延伸阅读**　一品红属大戟属一品红种木本观赏植物,别名象牙红、圣诞红、猩猩木、老来娇等。一品红为多年生直立灌木,具乳汁,茎光滑,嫩枝绿色,老枝棕色。单叶互生,杯状聚伞花序多数,顶生枝端,花小,花序下方轮生叶为色彩鲜艳的苞片,多呈朱红色,是观赏的主要部分。近几年,经过不断的选育新品种,一品红的品种和类型越来越多,颜色虽然还是以红色为主,但增加了白色、粉色、橙色和杂色等颜色的品种,还有苞片较多的重瓣品种以及矮生品种,植株紧凑矮小,非常袖珍迷人。

任务 16　蒲包花的组培快繁

1)无菌体系建立

(1)外植体的选择与消毒　蒲包花的芽、叶片、叶柄等都可作为外植体,但以幼嫩顶芽或侧芽为外植体容易获得成功。选择健壮植株,切取当年新生的带顶芽或腋芽的嫩枝,去掉叶片和叶柄,先用毛刷蘸洗洁精水轻轻刷洗,后用自来水冲洗,用纱布吸干水后置于瓷盘上,用剪刀剪成 3 cm 左右的小段,每段带 1 ~ 2 个芽。在无菌条件下,先用 75% 的酒精浸泡 20 ~ 30 s,再用滴加 1 ~ 2 滴吐温 - 80 的 0.1 % 的升汞溶液消毒 8 ~ 10 min,最后用无菌水冲洗 5 ~ 6 次,无菌吸水纸吸干茎段表面水分,将顶芽或侧芽有伤口部分剪去少许,接种到诱导培养基中进行培养。

(2)初代培养　诱导培养基为 MS + 6-BA 1.0 ~ 2.0 mg/L + NAA 0.1 ~ 0.2 mg/L,在光照度为 2 000 ~ 3 000 lx,温度 25 ℃左右的条件下,培养 2 ~ 3 周后,顶芽或侧芽开始萌发生长。

2)继代增殖培养

当芽长高 2 ~ 3 cm 时,将其从原茎段上剪下,接种到 MS + BA 1.0 ~ 2.0 mg/L + NAA 0.1 ~ 0.2 mg/L 的培养基上进行继代培养,4 ~ 5 周后,从茎段上分化出 5 ~ 6 个不定芽。反复分切丛生芽,在继代培养基中进行增殖培养,增殖系数可达 5 ~ 6 倍。

3)生根培养

若增殖的苗较细弱,可进行壮苗培养。壮苗培养基为 MS + BA 0.3 ~ 0.5 mg/L + NAA

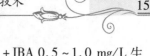

0.01 ~0.1 mg/L,当苗长到 3 ~4 cm 高时,将无根苗切下,接入 1/2 MS + IBA 0.5 ~1.0 mg/L 生根培养基中培养。约 1 周后出现不定根,3 周后,幼根伸长到 1 ~2 cm 即可移栽。一般生根率可达 95% 以上,每株根数达 5 ~10 条。

4)驯化移栽

　　将生根的试管苗在移栽前放在炼苗室内不开盖炼苗 2 ~3 d,然后取出试管苗,用清水洗去根部附着的培养基。由于根系较细,在清洗时要格外小心,以免伤根。用于移栽蒲包花小苗的基质由蛭石和珍珠岩(1∶1)混合而成。将洗干净的试管苗移栽到营养钵或苗床内,向基质中浇 0.1% 多菌灵溶液。将移栽后的蒲包花放在温度 25 ~30 ℃、湿度 85% ~95% 的荫棚中适当遮阴,成活率可达 95% 以上。当小苗在营养钵内生长 4 ~5 周后,便可移栽到花盆中,进行正常的水、肥管理。

> **延伸阅读**　蒲包花又名荷包花,为玄参科蒲包花属一、二年生草本花卉。蒲包花有乳白、紫三色、橙色、黄色等,色彩艳丽,花形奇特,观赏价值极高,是深受人们喜爱的温室盆花。目前,荷包花主要采用种子繁殖,但种子价格较昂贵;另外,由于荷包花种子细小,育苗难度较大,成苗率较低,使蒲包花盆花的生产受到一定的限制,因此,植物组织培养技术是大规模繁殖荷包花的最佳途径。

任务 17　丽格海棠的组培快繁

1)无菌体系建立

　　(1)外植体的选择与消毒　从健壮植株上选取展开的幼叶和幼嫩茎段为外植体。用洗衣粉水溶液浸泡 3 ~5 min 后漂洗干净,用纱布包好,在自来水下冲洗 10 min,沥干水分,然后在无菌条件下,先用 75% 酒精浸泡 20 ~30 s,再用 0.1% 升汞加 2 ~3 滴吐温 −80 消毒 5 ~6 min,消毒剂要淹没所有材料,最后用无菌水冲洗 5 ~6 次,无菌吸水纸吸干叶片和茎段表面水分。把叶片和茎段切成适当大小,接种到诱导培养基中进行培养。

　　(2)初代培养　诱导培养基为 MS + BA 1.0 mg/L + NAA 0.2 mg/L,培养 10 d 后,影片边缘及茎段切口段均开始膨大,形成少量愈伤组织,并有明显的白色针尖状芽点,继续培养至 20 d,开始分化出丛生芽,培养 30 d 后芽伸长 1 cm 以上。

2)继代增殖培养

　　将获得的不定芽从原叶片或茎段上切下,接种到 MS + BA 0.5 mg/L + NAA 0.5 mg/L 的培养基上进行继代培养,30 ~40 d 后,可长出丛生芽。在丛生芽增殖培养过程中,外植体长势虽好,但部分出现褐化现象,分化停止甚至死亡,还有部分外植体玻璃花严重,可通过添加 0.3% 活性炭,增加透气性等进行解决。反复分切丛生芽在继代培养基中进行增殖培养,增殖系数可达 6 ~8 倍。

3)生根培养

　　将具有 2 ~3 片叶,芽长 3 ~5 cm 的无根苗切下,接入 1/2 MS + IBA 0.2 mg/L 的生根培养基中培养。9 ~10 d 后开始长根,15 ~20 d 后,幼根伸长到 2 ~3 cm 就可移栽。一般每株根数达 8 ~10 条,生根率可达 98% 以上。

4）驯化移栽

将生根的试管苗去掉封口膜放在炼苗室内炼苗 2～3 d。然后取出试管苗，用清水洗去根部附着的琼脂，直接栽入消毒处理的草炭和珍珠岩（1∶1）的混合基质中，并浇透水，置于半阴的环境中。在生长前期，要保证较高的空气湿度（大于 85%），温度控制在 23～25 ℃，光照应为 5 000～10 000 lx。两周后逐渐增加温度和光照，1 个月后，移栽成活率达 93% 以上。此后进入小苗常规管理，浇水遵循间干间湿原则，始终保持小苗周围空气湿润，通气良好，温度适宜，施肥合理。

> **延伸阅读**　丽格海棠属秋海棠科秋海棠属多年生草本植物，是用冬季开花的索科秋海棠与许多种球根类秋海棠杂交得出的一群冬季开花的杂交品种，又名玫瑰海棠。丽格海棠花色有红、黄、白等多种，其花多、花大且色彩丰富，抗病、没有明显的休眠期等特点，花期可达 3～5 月，具有较高的观赏价值，深受人们的喜爱。丽格海棠为雌雄异花植物，有性繁殖容易发生变异，难以保持原品种的特性；且种子完全依赖进口，价格昂贵，萌发率低。因此，有性繁殖成本较高。而采用扦插繁殖，繁殖系数较低，难以满足市场的需求。

任务 18　长寿花的试管开花

1）无菌体系建立

（1）外植体的选择与消毒　选优良、健壮、无病虫害的长寿花，剪取带芽茎段，在滴有吐温和洗洁精的水中浸泡 10 min，用软毛刷洗茎段表面，然后放入烧杯中，加盖纱布，自来水冲洗 1 h。

在超净工作台上先用 75% 酒精消毒 30 s，用无菌水冲洗 1～2 次，再用 2% 次氯酸钠溶液消毒 10 min，期间不断搅拌，最后用无菌水冲洗 3～5 次。

（2）初代培养　除去长寿花带芽茎段残留的叶柄，吸干表面水分，剪成约 1～1.5 cm 小段，形态学向上接种到 MS + NAA 0.5 mg/L + 6 – BA1.5 mg/L + 糖 3% 的启动培养基中诱导侧芽。培养温度 24 ± 2 ℃，光照 2 000～3 000 lx，光照时长 14 h/d。

2）继代增殖培养

将萌发的无菌长寿花侧芽接种到 MS + NAA0.3 mg/L + 6 – BA2.0 mg/L + 糖 3% 增殖培养基上。培养温度 24 ± 2 ℃，光照 2 000～3 000 lx，光照时长 14 h/d。

3）壮苗培养

将无菌苗接种到 1/2MS + NAA0.1 mg/L + IBA0.3 mg/L + CCC2.0 mg/L + AC 0.4% 壮苗培养基上。培养温度 24 ± 2 ℃，光照 3 000～4 000 lx，光照时长 14 h/d。

4）诱导花芽

选取生长健壮、长势一致，茎叶数≥4 的试管苗，接种到 MS + NAA0.1 mg/L + IBA0.3 mg/L + 6 – BA1.0 mg/L + 糖 6% 花芽诱导培养基上。在温度 18 ± 2 ℃，光照 3 000～4 000 lx，光照时长短于 8 h/d 的条件下培养，花芽诱导需 40 d。

延伸阅读　试管开花是通过人为调控培养基成分和培养环境,诱导植物在培养容器中开花的过程。试管开花植株形体小,可满足人们对新奇观赏植物的追求,提升产品的观赏价值。既克服了花卉观赏时间较短、花期受限等缺点,又丰富了人们日常家居生活美感和趣味,且产品整齐一致,便于大规模生产推广,有助于植物相关产品的多样化,提升经济附加值。试管开花不受季节限制,可在室内诱导花器官发育,从而大幅度缩短从瓶苗到成花的时间,降低生产及管理费用。此外试管开花周期短,对于研究植物开花机制,探讨花芽分化规律,缩短育种性状的表现周期和育种年限,对干植物杂交育种也有着有重要意义。

迄今国内外约有36个科100多种植物试管开花的报道。长寿花为景天科伽蓝菜属的多年生肉质植物,植株小巧玲珑,株型紧凑,叶片翠绿,花朵小而繁盛,花色多而艳丽,花期长而持久,具有较高的观赏价值,布置窗台、书桌、案头十分相宜。其名吉利,也是赠送长辈的佳品。

复习思考题

1. 兰花离体快繁时,常选用的外植体有哪些? 分别有哪些操作规程?
2. 以蝴蝶兰为例,简述兰花外植体的分化方式和中间繁殖体的增殖方式。
3. 简述非洲菊离体快繁程序及各程序的关键技术。
4. 简述香石竹脱毒培养程序及各程序的关键技术。
5. 香石竹脱毒培养过程中,需要在哪几个环节进行病毒鉴定?
6. 简述安祖花、月季、凤梨、百合、仙客来、彩色马蹄莲的离体快繁技术。

项目2 树木的组培快繁技术

【项目说明】

树木是建筑、家具、造纸等工业的重要原料,在国民经济中占有重要地位。绿化树木在维持生态平衡、园林绿化、改造沙荒土壤等方面也具有重要作用。组织培养技术具有增殖倍数高、周期短、可周年生产等优点,是树木种苗工厂化生产的重要手段。组织培养成功的树种包括在生产上已经应用的桉树、松树、杨树等约有150种。我国海南、广西等省市利用组织培养技术生产的桉树组培苗已应用于造林实践。本项目利用杨树、桉树、针叶树等造林树木,以及樱花、美国红栌、红叶石楠等绿化树木进行植物组培快繁技术综合技能训练,使学生能够掌握树木种苗的组培快繁技术,为树木种苗工厂化生产提供技术支持。

任务1 杨树的组培快繁

1.毛白杨的组培快繁

1)无菌体系建立

(1)外植体的选择与消毒 取当年生直径为5 mm左右的毛白杨枝条,用解剖刀切成长度为1.5~2.0 cm的节段,每个节带一个休眠芽。切段先用自来水冲洗干净,再用70%乙醇消毒30 s,无菌水冲洗1次,然后在5%次氯酸钠溶液中消毒7~8 min,最后用无菌水冲洗3~4次。无菌滤纸吸去残留水分,在超净工作台上于解剖镜下剥取2 mm左右、带有2~3个叶原基的茎尖接种到初代培养基上。

(2)初代培养 为防止外植体消毒不彻底,无法有效控制杂菌污染,可先将单个茎尖接种到只装有少量MS培养基的试管或三角瓶中进行预培养。培养5~6 d后选择无污染的茎尖再转接到

MS + BA 0.5 mg/L + NAA 0.02 mg/L + 赖氨酸 100 mg/L + 果糖 20 g/L 的诱导培养基上。培养温度(25±2)℃,光照强度为 1 000 lx 左右,连续照光。经 2~3 个月培养,部分茎尖即可分化出芽。

2)继代增殖培养

（1）切段繁殖法　将茎尖诱导出的幼芽从基部切下,转接到 MS + IBA 0.25 mg/L + 蔗糖 15 g/L继代培养基上。经约 45 d 培养,即可长成带有 6~7 个叶片的完整小植株,选择健壮小苗,切取顶段带 2~3 片叶,以下各段只带一片叶,转接到继代培养基上,待腋芽萌发并伸长至带有 6~7 片叶时,又可再次切段繁殖。如此反复循环,即可获得大批的试管苗。此后,每次切段时将顶端留出,再次扩大繁殖时使用,下部各段生根后则可移栽。

（2）丛生芽繁殖法　先用茎切段法繁殖一定数量的带有 6~7 个叶片的小植株,截取带有 2~3 个展开叶的顶段,接种到MS + IBA 0.25 mg/L + 蔗糖 15 g/L 培养基上,作为以后获取外植体的来源。其余每片叶从基部中脉处切取 1~1.5 cm²,并带有约 0.5 cm 长叶柄的叶切块,转接到 MS + BA 0.25 mg/L + IAA 0.25 mg/L 诱导培养基上。转接时注意使叶切块背面与培养基接触。约经 10 d 培养,即可从叶柄的切口处出现芽,之后逐渐增多成簇。每个叶切块可得 20 余个丛生芽。

3)生根培养

将健壮小苗下部的各段切成带一片叶茎段,或将丛生芽切分成单株苗,转接到 MS + IBA 0.25 mg/L + 蔗糖 15 g/L 生根培养基上。6~7 d 后可见到有根长出,10 d 后,根长可达 1~1.5 cm,此时即可移栽。

4)炼苗移栽

将生根苗移至移苗室,打开瓶口炼苗 3~5 d。然后小心取出小苗,清洗根上附着培养基,多菌灵浸泡消毒后移栽到疏松通气的基质中。初始光照应为日光的 1/10,湿度达到饱和状态,其后每 3 d 光照增加 10%,湿度降低 8%,直到与环境条件一致。经过 10~30 d 精心管理即可栽入大田。

> **延伸阅读**　杨树为杨柳科杨属植物,具有生长快、易栽培、树干粗大挺直、木材易于加工、经济价值高等优点。多数树种可用插条繁殖,但也有一些树种,如胡杨和白杨派的大多数树种及其杂交种,不易采取插条法进行繁殖。欧洲黑杨的一个天然杂交种优良单株,巴岩磊等人经 3 年扦插繁殖才仅得 62 株苗木,这就给无性系育种工作带来很大困难,而且不能尽快地将杂种用于生产。通过组织培养技术进行快速繁殖,不仅可以保持树种原有的优良特性,而且为杨树提供了一条快速扩大利用优良基因型的重要途径。
>
> 我国对于杨树组织培养的研究工作大都以快速繁殖为目标,目前已比较成功地应用于苗木试管快繁生产实践的种类有毛白杨、胡杨和河北杨等。
>
> 毛白杨是我国的特有种,插枝生根较困难,扦插繁殖成活率低,如采用嫁接、压条或埋根等手段进行无性繁殖,不仅用材多,费工费时,而且成活率低,繁殖系数不大。毛白杨的快繁技术已在造林育苗生产实践中广泛推广应用。

2.胡杨的组培快繁

1)无菌体系建立

（1）外植体的选择与消毒　取直径为 3~4 mm 的当年生胡杨枝条,用 0.1% 升汞和 10% 次氯酸钠各消毒 10 min 后,用无菌水冲洗 4 ~ 5 次,在无菌条件下将幼枝切成长度为 1 cm 左右的小段(取其节间,不带侧芽),然后接种到初代培养基上。

(2)初代培养　培养条件:温度(26 ± 1)℃,光照 10 h/d。在 MS + BA 0.5 mg/L + NAA 0.5 mg/L 初代培养基上,茎段外植体接种后 1 周左右,在切面上即可见到形成层部位出现黄白色致密的愈伤组织。接种 2 ~ 3 周时,两端切面上的愈伤组织明显增生凸出,茎上的皮孔已膨大,且从皮孔内分化出质地疏松的白色愈伤组织,或者在同一材料有的还可以从皮孔处长出小芽。至接种后第 4 周,随着皮孔上愈伤组织的进一步增生,可以见到白色愈伤组织中间出现一些小岛状的绿色愈伤组织块,乃至整个愈伤组织变为绿色的小绒球状。继而,绿色的愈伤组织进一步分化出一丛叶子较为肥厚的微芽,以后逐渐发育成为丛生芽。茎段切口端的愈伤组织在材料接种后约一个半月也可分化出小植株,其过程与皮孔愈伤组织的情况类似,即先从愈伤组织块中出现绿色的芽点,以后发育成为丛生芽。

2)继代增殖培养

为了促进丛生芽发育,可将其转移到 MS + BA 0.2 mg/L + NAA 0.2 mg/L 壮苗培养基上发育成无根健壮小苗。如需进一步扩大繁殖,则可将在壮苗培养基上培养了 3 ~ 4 周的无根苗茎切割成 0.5 ~ 1.0 cm 的切段,然后转接到 MS + BA 0.5 mg/L + NAA 0.5 mg/L 继代培养基上,再进行培养以诱导出愈伤组织并促使丛芽分化。如此反复切割与培养,试管苗数目即成数量级递增。

3)生根培养

当无根的试管苗长至 2 ~ 3 cm 高时,即可在无菌条件下将其从基部切下,置于 IBA 40 mg/L 溶液中预处理 1.5 ~ 2.0 h,以后再转接到无激素的 MS + 蔗糖4% 培养基上。经 10 d 左右的培养,茎基部切口附近即开始陆续长出不定根。再经 10 ~ 15 d 培养,即可成为根系发育好的完整试管小植株。

4)炼苗移栽

生根苗经过 3 ~ 5 d 炼苗后,移栽到河沙:壤土:草木灰 = 1:1:1 的基质中,注意加盖塑料薄膜保温保湿。10 d 后可以揭去薄膜,成活率可达90% 以上。

延伸阅读　胡杨能忍受干旱和大陆型气候条件,是重要的固沙造林树种之一。目前已通过组织培养法选择出速生、抗病的无性系,并可通过茎段、茎尖离体培养获得大量试管苗,使胡杨的试管快繁可以直接应用于造林生产实践。

3.河北杨的组培快繁

1)无菌体系建立

(1)外植体的选择与消毒　河北杨在初代培养时一般以春季萌发的新梢或由根部萌发的新枝条作为外植体来源,以截取嫩枝上部 4 ~ 5 cm 作为接种材料为好,上部的分化速度比下部快,不定芽数量多,生长快。嫩枝用 70% 的酒精消毒数秒钟后,再用 0.1% 升汞消毒 5 ~ 10 min,然后用无菌水冲洗 3 ~ 4 次。

(2)初代培养　在 1/2 MS + BA 0.3 mg/L + NAA 0.05 mg/L + 蔗糖 25 g/L 初代培养基上,

较低水平的大量元素有助于芽的分化和发育。材料接种后置于(25 ± 2)℃培养室内进行培养，光照强度为 2 000 ~ 3 000 lx,光照 13 h/d。

2）继代增殖培养

扩大繁殖采用分割带芽的愈伤组织进行继代培养的做法。在 1/2 MS + BA 0.3 mg/L + 蔗糖 20 g/L 继代培养基上,愈伤组织进一步增生并诱导出大量不定芽来。当繁殖到一定数量的芽时,可以从中选择较大的无根苗从基部切下来转入生根培养基,其余的材料仍可继续用于扩大繁殖。

3）生根培养

当不定芽长至 2 ~ 3 cm 高时,可将其从基部切下来,转接到 1/2 MS + NAA 0.02 mg/L + 蔗糖 15 g/L 生根培养基上以诱导生根,经 2 ~ 3 周培养,生根率可达 100%。

4）炼苗移栽

生根苗经过 3 ~ 5 d 炼苗后,移栽到河沙∶壤土∶草木灰 = 1∶1∶1 的基质中,并消毒。试管苗移栽后加盖塑料薄膜保温保湿,10 d 后可以揭去薄膜,成活率可达 90% 以上。

> **延伸阅读**　河北杨为山杨和毛白杨的天然杂交种,产于华北、西北各省区,为河北省山区常见杨树之一,各地有栽培,多生于海拔 700 ~ 1 600 m 的河流两岸、沟谷阴坡及冲积阶地上;适于高寒多风地区,耐寒、耐旱、喜湿润,但不抗涝;速生,深根,侧根发达,萌芽性强,耐风沙。扦插难生根,成活率低,利用组培快繁技术可以有效地加速河北杨的繁殖。

任务2　针叶树的组织培养

1.白皮松的胚培养

1）无菌体系建立

(1)外植体的选择与消毒　白皮松种子有一层坚实的种皮,为便于操作,消毒前应将其剥去,然后用 0.1% 升汞和 10% 次氯酸钠各消毒 10 ~ 15 min,并用无菌水冲洗 3 ~ 4 次,无菌滤纸吸干水分。用解剖刀在无菌条件下剥出胚,水平放置到初代培养基上。

(2)初代培养　接种在 MS + BA 1.0 mg/L + NAA 0.5 mg/L + 蔗糖 50 g/L 初代培养基上的胚,4 d 后子叶便张开,逐渐变绿和伸长。2 周后,苗高约 3.5 cm。此时除少数子叶产生愈伤组织外,一般的子叶均变得较为肿胀,子叶尖端逐渐白而平滑。3 ~ 4 周后,在子叶尖端分化出大小不同的芽原基突起。此时被子叶所围绕的生长点则变得较为平扁并向四周扩展,中间出现许多丛生芽。在接种的胚中,凡子叶与培养基接触的,因受激素的直接影响,子叶更加膨大,且易产生大量的芽原基,而那些不直接接触培养基的子叶,则一般只分化出少量的不定芽。

2）继代增殖培养

子叶上产生的不定芽及时地转移至 MS + BA 1.0 mg/L + NAA 0.5 mg/L + 蔗糖 50 g/L 继代培养基上或转移到去掉生长调节剂的相同培养基上,以促进不定芽的生长和增殖。

3）生根培养

在白皮松的胚培养中,目前尚未诱导出不定芽生根,但培养 1 个月后的子叶切片中却观察到有根原基发生。

4)炼苗移栽

将白皮松的无根试管苗从培养瓶中取出,洗净黏附的培养基,置于100 mg/L ABT 一号生根粉溶液中浸泡 2 min,然后移栽到蛭石上。移栽后用塑料膜罩保湿,温度控制在20～30 ℃。两个月后,生根率可达90%左右。

> **延伸阅读**　针叶树包括松、柏、南洋杉等一大类裸子植物树种,在用材和观赏方面均具有重要的意义。目前已从 30 余种针叶树上诱导出了体细胞胚胎或体细胞胚胎再生植株,同时也从 20 余种针叶树上分别经器官和腋芽增殖途径获得了幼芽或再生小植株。
>
> 松树是荒山绿化、园林工程和营造经济林的重要树种之一,组织培养育苗可以克服传统的营养繁殖方法操作手续繁杂、工效低、砧木与接穗不亲和、成龄树的切枝难以生根或根本不能生根等缺点。据统计,目前人们已对白皮松、湿地松等 16 种松属树种进行了培养,其中大多数是经胚培养,由子叶直接再生不定芽而形成植株。

2.雪松的组织培养

1)无菌体系建立

(1)外植体的选择与消毒　进行雪松试管繁殖时,宜从幼龄苗树上取材。以 1 年生实生苗雪松嫩茎作外植体时,丛芽分化率高达70%;而取成龄树的嫩茎时,丛芽分化率只有 10% 左右。取雪松实生苗的侧枝,置于水中冲洗 2～4 h,在无菌条件下用70%乙醇消毒 30 s,然后立即转入0.1%升汞溶液中再消毒 10 min,用无菌水冲洗 4 次,用无菌滤纸吸干水分,将侧枝切成 0.5 cm长的小段。接种时,将形态学下端朝下,与培养基表面呈60°斜插入初代培养基中。

(2)芽的诱导　雪松试管苗的再生过程首先要经过一个脱分化阶段形成愈伤组织,再由愈伤组织分化成芽。脱分化和植株再生的培养基为 MS + KT 2.0 mg/L + NAA 0.5 mg/L + 2,4-D 0.25 mg/L,或者 MS + BA 2.0 mg/L + NAA 0.5 mg/L。培养条件:温度(25 ±2)℃,光照强度1 500～2 000 lx,光照 10 h/d。雪松茎段从接种到形成愈伤组织需要 60～80 d,形成的愈伤组织使接种的茎段明显变粗,以致将幼嫩的外皮胀裂。将这种变粗的褐色茎段转移到诱导培养基上继代培养,两个月后会分化出丛生的小芽,每丛有 3～10 株不等。

2)生根培养

当雪松无根试管苗长至 1～1.5 cm 高时,从苗基部剪下,插入 1/2 MS + NAA 0.5 mg/L + IBA 1.0 mg/L 的生根培养基中。1～2 个月后,每株试管苗可产生 2～3 条小根。生根培养阶段时,培养温度降为(20 ±2)℃,改为室内自然散射光。

3)炼苗移栽

当雪松试管苗在生根培养基上刚刚出根时,就应立即将其移栽到盆土或床土中,并用塑料膜罩保湿,1 周后揭罩。另一种方法是直接移栽无根试管苗。具体做法是:将高约 3 cm 的无根试管苗移栽到由蛭石和腐殖土(1∶1)混合而成的移栽基质上,待小苗出根后及时栽到苗圃。

> **延伸阅读**　雪松为松科雪松属常绿大乔木,树姿雄伟,是世界三大庭院观赏树种之一,又是重要的用材树种。其木材硬度适中、芳香、极为耐用,是优良的建筑材料,而且还可以用来

提取芳香油。雪松植后25～30年才能开花结实，由于雄花较雌花早10 d左右开放，自然授粉困难，需人工授粉才能获得较多饱满的种子。过去雪松主要靠扦插繁殖，也有少量播种育苗，采用组织培养技术可以进行雪松新品种培育，加快繁殖速度。

3.杉木的组织培养

1）无菌体系建立

(1)外植体的选择与消毒　取幼龄实生苗茎尖、成龄优树茎尖和茎段0.5　1.0 cm，用饱和洗衣粉溶液洗涤5 min，在流动自来水中洗涤2 h，然后在无菌条件下用70%乙醇消毒30 s，0.1%升汞消毒5～7 min，用无菌水冲洗4～5次，无菌滤纸吸干水分，剥取茎尖或切取茎段，接种到初代培养基上。茎段外植体在接种时，纵向切开，除去2/5，然后将其平贴于培养基上。这种接种方式可使切口四周很快形成愈伤组织，且转接后容易从这种培养物上长出茎芽。

(2)初代培养　接种后先进行5～7 d暗培养，然后移至光照条件下培养，光照强度1 000～2 000 lx，温度(25±3)℃，光照13～14 h/d。杉木外植体先形成愈伤组织，再由愈伤组织分化出芽。诱导杉木愈伤组织的培养基为1/2 MS + BA 0.5 mg/L + 2,4-D 0.5～2.0 mg/L。幼龄杉木实生苗茎尖暗培养4～5 d时就开始形成愈伤组织，10 d后愈伤组织生长加快，芽或茎段外植体则在7～10 d时才开始形成愈伤组织。当2,4-D含量较低时，形成愈伤组织大小适中，质地致密，呈褐色小瘤状突起，以后转到不含2,4-D的培养基上时，容易分化出芽；2,4-D含量较高时则形成膨大疏松的愈伤组织，其后影响茎芽的诱导与生长。

2）继代培养

在杉木试管繁殖中，芽的诱导形成与生长比较容易，在1/2 MS + BA 0.5～1.0 mg/L + IBA 0.25～0.5 mg/L培养基上能有效地诱导出芽，芽的分化率为85%左右。每个外植体诱导出的不定芽的数目因品种和单株不同而异，而且随着培养时间的延长而增加。一般经4～5个月培养，每个外植体可以分化出15～20个茎高3～4 cm的嫩芽。

3）生根培养

当杉木的无根试管苗高达3～4 cm时，从基部剪下来，转入White + NAA 0.25～0.5 mg/L生根培养基上，经45～50 d培养，即可生根成株，生根率可达80%～85%。

4）炼苗移栽

杉木试管苗在生根培养基上形成2～3 cm长的根时，即可出瓶移栽到由腐殖土：河沙 = 3：1混合而成的移栽基质中。移栽后切忌阳光直射，最初一个月内最好用两层50%的遮光网遮阴，以后换用一层70%的遮光网，两个月后再改用一层50%的遮光网。湿度应保持在90%左右，移栽后最初20 d以内一定要加盖塑料膜罩保湿。如在高温季节移栽试管苗，则应通过遮阴、喷水等措施将膜罩内最高温度控制在30 ℃以下为好。经4个月左右精细管理，杉木试管苗植株可高过25 cm左右，此时即可出圃造林。

延伸阅读　杉木属于杉科杉木属常绿乔木，系我国长江以南各省特有用材树种，树干端直，枝形整齐，枝叶密生，也是重要的园林树种。杉木主要以播种、扦插和分株繁殖，速度较慢。特别是扦插繁殖中，成龄树的插条成活率低，而且扦插苗往往有严重的偏冠现象，影响观赏价值和木材品质。

任务3　桉树的组培快繁

1）无菌体系建立

（1）外植体的选择与消毒　诱导腋芽和顶芽萌发的可用枝条的节段和顶芽作外植体，也可以用种子经无菌萌发获得无菌实生苗。如以幼枝节段和顶芽作外植体，可取当年萌发的幼嫩枝条上部，去叶后用饱和洗衣粉溶液洗净，在超净工作台上经常规消毒后，切取顶芽或带节茎段接种到初代培养基上。

如用种子经无菌发芽获得无菌材料，可用纱布将种子包裹好并浸于冷开水中 10 min，然后用 70% 乙醇消毒 30 s，再用 0.1% 升汞消毒 10 min，用无菌水冲洗 4~5 次，接种初代培养基上。

（2）初代培养　在 MS + BA 0.5~1.0 mg/L + IBA 0.1~0.5 mg/L 初代培养基上，经 30 d 左右培养，每个外植体可形成一个或多个无菌芽。据邱运亮（1992）试验，一个赤桉外植体在初代培养中最多能产生 17~22 个无菌芽。赤桉种子接种后 4~6 d 即可萌发，至培养 20 d 时，苗高可达 4 cm 以上，此时可用于切割和继代增殖。

2）继代增殖培养

将较大的芽苗切割成 1 cm 长左右的节段，或将密集的小丛芽分割为单株或丛芽小束，转接到 MS + BA 1.0~1.5 mg/L + KT 0.5 mg/L + IBA 0.1~0.5 mg/L 继代培养基上以促进培养物的腋芽萌发。经 30 d 左右培养，由每一个被转接的材料可萌发出大量丛生芽。在最初几次继代培养中，每次培养所增殖的倍数较低；随着继代次数的增加，每次继代能增殖的倍数也逐渐增加。在赤桉的继代培养中发现，如果长期在 23~25 ℃ 的恒温条件下培养，赤桉的芽就会渐渐死亡；但如每次继代培养时，先在 15 ℃ 条件下培养 3 d，再转到 25 ℃ 条件下培养，材料就会保持良好地增殖速度。

桉树无菌苗的腋芽和顶芽在适当的继代培养基上可以诱发出密集的丛生芽。在无菌条件下，将这些丛生芽中较大的个体切割成长约 1 cm 的苗段，较小的个体分割成单株或丛芽小束，再转接到新的继代培养基上，30 d 左右的培养后又可诱发出大量密集的丛生芽。如此反复分割和继代增殖，即可在较短时间内获得大量的丛芽。

3）生根培养

将继代培养过程中获得的丛芽分割成单株，或将其中较大的个体切割成长度 1 cm 左右的带一个腋芽的节段，然后转接到 1/2 MS + ABT 1.5 mg/L + IBA 0.1 mg/L + AC 2.5 g/L 生根培养基上，经 25 d 左右培养，即可获得可供出瓶移栽的完整植株。当试管苗高长至 3~4 cm 时即可出瓶移栽。

4）炼苗移栽

移栽前揭开瓶盖 2~3 d，让幼苗在室温条件下适应一段时间。移栽时向瓶内倒入一定量清水并摇动几下以松动培养基，然后小心将幼苗取出放置在盛有清水的盆中，将根黏附的培养基彻底洗净，然后将试管苗移栽于苗床或营养袋中，苗床或营养袋中的土壤以沙质壤土为好。移栽后浇透水，并设塑料拱棚保湿，相对湿度在 85% 以上，温度保持 25~30 ℃，用 70% 的遮阳网

搭荫棚,避免直射阳光暴晒,并防止膜罩内温度过高,移栽后15~20 d逐渐减低湿度到自然条件。幼苗成活后即可把荫棚拆掉,此阶段要加强水肥管理和病、虫、草害防治。经1~2个月精细管理,当苗高15~20 cm时即可用于造林。

> **延伸阅读**　桉树为桃金娘科桉属植物的总称,是热带、亚热带的重要造林树种。桉树材质坚硬,材、皮、叶、花的经济价值都很高,既是优良的用材林、经济林、防护林和风景林树种,又是很好的能源树种;速生丰产,特别是幼林期生长快,这就大大地缩短了生产周期,从而可获得较高的经济效益;抗逆性强,种类繁多,既有耐热树种,也有耐寒树种,可在不同气候带栽植;病虫害少,耐瘠薄。
>
> 桉属树种是异花授粉的多年生木本植物,种间天然杂交现象非常频繁,其实生苗后代严重分离。因此,用有性繁殖的方法很难保持优良种树的特性。同时,又由于桉树的成年树插穗生根困难,采用扦插、压条等传统的无性繁殖方法繁殖速度缓慢,远远不能满足生产上大面积种植对种苗的需求。因此,桉树的组培快繁技术在生产上具有重要的应用价值。

任务4　樱花的组培快繁

1)无菌体系建立

(1)外植体选择与消毒　在4月下旬—5月初,选择生长健壮、无病虫害的新生樱花嫩枝为材料,在自来水下冲洗干净,剪去叶片,保留0.5 cm的叶柄。将枝条剪成6~8 cm长的枝段,先用70%乙醇溶液浸泡20 s,然后用0.1%升汞溶液处理4 min,再用无菌水冲洗4~6遍,剪成带有一个腋芽的小段,放在无菌滤纸上吸干水分,接种到初代培养基上。

(2)初代培养　初代培养条件:温度(25±2)℃,光照强度1 000~1 500 lx,光照周期为12 h/d。在MS+BA 2.0 mg/L+NAA 0.2 mg/L+PVP 0.02 mg/L初代培养基上,培养两周左右腋芽萌发,4周后形成丛生芽,芽长至2~3 cm。

2)继代增殖培养

将丛生芽分割转入MS+BA 0.5~3.0 mg/L+NAA 0.05~0.3 mg/L继代培养基中进行继代培养,28~35 d继代一次,增殖系数一般为3~4。在继代培养中,培养物里的BA存在一定的累积效应,即发生“驯化”现象。因此,随继代次数的增加,应逐渐减少培养基里的BA用量。

3)生根培养

当芽苗增殖到一定的数量后,可将丛生苗分割成单苗,把长2 cm以上的小苗转入1/2 MS+NAA 1.5 mg/L+IBA 0.2 mg/L+0.1% AC生根培养基上,对不足2 cm的小苗则转入MS+BA 0.1 mg/L+NAA 0.05 mg/L培养基中进行壮苗培养,培养温度以25~27 ℃为好,光照强度可增加到2 000~2 500 lx,光周期不变。无根苗转入生根培养基后,一般在1周后开始生根。当试管苗长高至5 cm左右,并有数条根时,即可进行炼苗。

4)炼苗移栽

将培养瓶移至炼苗室,避免阳光直射,炼苗1周,然后松开瓶盖透气1~2 d,使瓶内外的湿度比较接近。移栽前,往瓶内倒入少量25 ℃左右温水,并轻轻摇动,使根系与培养基分离,然后小心地从瓶内取出试管苗,放在温水盆里洗净根部的培养基,移栽到珍珠岩:腐殖土:河沙 =

1:2:2基质中,浇足定根水后,及时盖上塑料薄膜保湿,并用75%的遮阳网遮阴1周,逐渐增加光照强度并通风。7~10 d后,幼苗长出新根,结束了异养阶段,此时揭去薄膜。待根系长达3~5 cm时,可完全撤去遮阳网,让小苗在全光下生长。当小苗高达15 cm左右,根系发达时,即可进行大田定植。

> **延伸阅读**　樱花为蔷薇科蔷薇属落叶乔木,在日本被奉为国花,栽培历史悠久。每年4~5月,樱花盛开,花白色或浅红色,少数为黄色,单瓣或重瓣,妩媚多姿,轻盈娇妍,花艳夺目,可孤植也可成片栽植,还可盆栽作桩景,造型典雅可爱。

任务5　美国红栌的组培快繁

1)无菌体系建立

(1)外植体的选择与消毒　春季在田间选取生长健壮、无病虫害的植株,取幼嫩枝条作外植体。将外植体用毛刷蘸洗涤剂洗净,再用流水冲洗干净。无菌条件下用70%乙醇消毒30 s,再在0.1%升汞中浸泡5 min,然后用无菌水冲洗4~5次。将枝条切成1~1.5 cm长的带芽茎段或茎尖,接种到初代培养基上。

(2)初代培养　培养条件:在MS + BA 0.2 mg/L + NAA 0.05 mg/L初代培养基上,温度(25±2)℃,光照强度为2 000 lx,光照12 h/d。接种后15 d腋芽开始萌发,30 d后腋芽伸长1~2 cm。

2)继代增殖培养

剪下诱导伸长的新梢,接入MS + BA 0.5 mg/L + NAA 0.1 mg/L继代培养基上,进行苗的扩增。10 d左右腋芽开始萌发,同时下端切口也开始分化丛生芽,25~30 d丛生芽长到5~8 cm即可转入新的继代培养基上。

3)生根培养

增殖到一定数量后将丛生芽转接到MS + NAA 0.05 mg/L培养基上进行壮苗培养。经过一代壮苗的丛生芽切分后转到1/2 MS + IBA 0.2 mg/L + NAA 0.1 mg/L + PP_{333} 2.0 mg/L培养基上进行生根培养。15 d后开始长出褐色放射状根,生根率达85%左右。丛生根最多的可达每株有3~5条,诱导产生的根为丛生根,并且根有分蘖现象发生。NAA浓度过高时抑制根的发生,当浓度大于1.0 mg/L时,根的诱导频率下降,当浓度为2.0 mg/L时,诱导生根率下降更为明显,降到了38.9%,这表明NAA浓度过高时则抑制根的发生。

4)炼苗移栽

当根长至1 cm时即可准备炼苗。锻炼小苗5~7 d,适当加大光照,以提高小苗的木质化程度。然后洗去附着在根部的培养基,定植到草炭土:珍珠岩=3:2混合基质上,注意控温、保湿,适当遮阴,1个月后有新根长出。

> **延伸阅读**　美国红栌为漆树科黄栌属落叶灌木或小乔木,是美国黄栌的变种。其叶在春、夏、秋三季呈现出美丽的红色,而且这种红色还会随着季节变化。在每年的夏季还能开出絮状鲜红的花,远远看去,如烟如雾,非常漂亮,所以有"烟树"之称。美国红栌耐寒,耐阴耐干旱瘠薄,对土壤要求不严。其树皮、叶可提取拷胶,叶并含芳香油,木材可提取黄色染料;枝叶可入药,是一个极具欣赏价值的观赏树种和经济树种。

任务6　红叶石楠的组培快繁

1）无菌体系建立

（1）外植体的选择与消毒　切下红叶石楠上部幼嫩的部分，用洗洁精漂洗 5 min 左右，再用自来水冲洗 20 min。将材料放入超净工作台，用 70% 乙醇浸泡 20 s，接着用无菌水漂洗 1~2 次，再用 0.1% 升汞浸泡 6~8 min，用无菌水漂洗 5 次，无菌滤纸吸干表面水分。将红叶石楠外植体切成带 1~2 个节的小段，接种到诱导培养基上。

（2）初代培养　培养条件：在 MS + BA 1.0 mg/L + NAA 0.5 mg/L 诱导培养基上，温度为（25±1）℃，光照强度 2 000 lx，光照为 12~14 h/d。两周后红叶石楠茎段分化出丛生芽。

2）继代增殖培养

将丛生芽或茎段切割，接种到 MS + BA 3.0 mg/L + NAA 0.1 mg/L 继代培养基上，25 d 即可形成丛生芽，繁殖系数达到 10 以上。反复割切增殖，获得大量的丛生芽。当 BA 浓度为 3 mg/L 时，培养基中不加 NAA，可获得最大的增殖系数，但此时由于增殖苗过多，苗生长细弱、不良。培养基内添加 0.1 mg/L NAA 后增殖系数减小，但增殖苗健壮，叶大而绿，生长状况最佳。

3）生根培养

当试管苗长到 5 cm 左右时，切成含 3~4 个小芽的小段，接种到 1/2 MS + NAA 1.0 mg/L 生根培养基上诱导生根。7 d 后开始生根，15 d 后可长出 3~5 条，1~1.5 cm 长的红色或乳白色的根，生根率达 100%。

4）炼苗移栽

将高 2~3 cm，根系发达的小植株移入温室，打开瓶盖炼苗 3 d。然后洗去培养基，再将幼苗移入草炭∶珍珠岩∶普通土 =1∶1∶1 混合基质中，成活率可达 90%。幼苗成活长出新叶后，可移栽到大田，成活率也可达 90%。移栽到大田后幼苗上部新生叶由绿色变为鲜红色，老叶叶色变为浓绿色，带光泽，表现出品种的特点，当年苗可长至 50 cm。

> **延伸阅读**　红叶石楠为蔷薇科石楠属常绿灌木或小乔木，春、夏、秋新叶为艳红色，冬季当年生叶片为红色，四季常绿，具有很高的观赏价值。红叶石楠的生长速度快，耐低温，且萌芽性强，耐修剪，可根据园林需要栽培成不同的树形，是全球绿化树种中最为时尚的红叶系列树种，被誉为"红叶绿篱之王"。我国园林绿化中常绿或半常绿的红叶树种极少，红叶石楠可填补这一不足，在园林绿化上有广泛的用途。

任务7　山杜英的组培快繁

1）无菌体系建立

（1）外植体的选择与消毒　选取盆栽 2~3 年生健壮的山杜英带芽的幼嫩枝条作为培养材料，先进行适当的修整，剪去枝条上展开的叶片，把枝条分剪成长 4~5 cm 带腋芽的茎段，自来水冲洗15 min。然后用洗洁精水溶液浸泡3～5 min,自来水下冲洗干净,在无菌条件下用75%酒精浸摇20～30 s,最后在0.1%氯化汞溶液中消毒8～10 min,无菌水冲洗6～8次。

(2)初代培养　把经过消毒的山杜英外植体剪去有切口的部位少许,切成长1.0～1.5 cm、带有1～2个腋芽的小茎段,接种到MS + 6-BA 1.0 mg/L + NAA 0.01 mg/L芽诱导培养基上,先进行暗培养,1周后转入光培养。3周左右芽开始萌动,茎段基部切口开始膨大,且有许多淡黄绿色的粗粒状的愈伤组织。大约4周后,可见芽萌发,嫩叶展开。

2)继代增殖培养

将初代培养物转入继代增殖培养基MS + 6-BA 1.0 mg/L + IBA 0.5 mg/L中,进行光照培养。当丛生芽繁殖到一定数量时,可进行生根培养。

3)生根培养

将高2 cm以上的健壮无根苗剪切下来,接种到1/2 MS + IBA 0.5 mg/L生根培养基上培养,1周后,茎基部开始膨大,并逐渐产生白色突起,最后分化出根。约30 d,生根率达85%,根长3.5 cm左右时可进行移栽。

4)驯化移栽

当山杜英试管苗高约3 cm,根茎叶完备时,就进入移栽管理阶段。先将生根苗在温室大棚中开口炼苗2 d,然后取出小苗,洗净根部培养基,移栽到基质中。移栽用的基质可采用经消毒的泥炭、沙、珍珠岩等的混合基质。移栽前期,要注意保温保湿,温度以25～26 ℃为宜,空气湿度70%～80%。适当喷施1 000倍的多菌灵溶液,避免幼苗的感病腐烂死亡。经过1～2月的管理,幼苗成活后,即可定植在排水良好的酸性沙质壤土中。

> **延伸阅读**　山杜英又名杜英、羊尿树、胆八树,常绿乔木,喜温暖潮湿环境,耐寒性稍差。稍耐阴,根系发达,萌芽力强,耐修剪。山杜英四季苍翠,枝叶茂密,树冠圆整,霜后部分叶变红色,红绿相间,颇为美丽,可选作园林绿化造景的树种。山杜英对环境的二氧化硫等气体污染有一定的抗性。

复习思考题

1. 简述毛白杨、胡杨、河北杨的组织培养技术。
2. 怎样进行桉树工厂化育苗?
3. 设计松科植物组织培养实验方案。
4. 简述樱花、红叶石楠、美国红栌的组织培养技术。

项目 3 果树的脱毒快繁技术

【项目说明】

我国果树生产迅速发展,对良种和脱毒果树苗木需要迫切,常规方法又难以满足,利用组织培养技术进行种苗的脱毒和快速繁殖是解决这一难题的有效途径。组织培养技术繁殖果树种苗具有占地面积小,繁殖周期短,能周年生产,繁殖系数高等优点。还可以除去果树体内的某些病毒,适应果树向品种更新快、矮化密植以及脱毒苗栽培方向发展的需要。果树组织培养的研究始于20世纪40年代,我国是世界上从事果树脱毒和快繁最早、发展最快、应用最广的国家,目前已建立了苹果、葡萄、草莓、猕猴桃等果树的试管苗木果园。本项目利用葡萄、草莓、苹果、香蕉、柑橘进行植物组培快繁技术综合技能训练,使学生能够掌握果树种苗的组培快繁技术,为果树的工厂化育苗提供技术支持。

任务 1　葡萄的脱毒快繁

1.葡萄的脱毒

感染葡萄的病毒种类在30种以上,由于病毒的危害,葡萄的长势减弱,产量降低,果实的糖分含量减少,风味变劣。其中危害较大的有4种病毒,即葡萄扇叶病毒、葡萄卷叶病毒、葡萄茎痘病毒、葡萄栓皮病毒。

1）脱毒方法

生产上可通过热处理、茎尖培养、热处理结合茎尖培养等脱毒方法可获得葡萄脱病毒种苗。

（1）茎尖培养法　取1年生葡萄枝条用洗涤剂刷洗干净,自来水下冲洗30 min。或将植株置于25 ℃,相对湿度80%,16 h的长日照条件下水培,待新芽长出后,切取新芽进行消毒处理。

用70%乙醇浸泡消毒数秒,再用0.1%升汞浸泡5~6 min,无菌水冲洗4~5次。在解剖镜下剥去鳞片与幼叶,切取0.2~0.3 mm,带有2~3片叶原基的茎尖接种到1/2 MS + BA 1.0 mg/L + IAA 0.2 mg/L + KT 1.0 mg/L的芽诱导培养基上,两个月茎尖膨大变绿并形成大量丛生芽,经继代增殖到一定数量后,即可转接到生根培养基上。

(2)热处理脱毒法　将生根的小苗移入热处理室,在35~40 ℃人工培养箱中培养,处理时间视病毒种类不同而异。38 ℃的环境中经30 min处理,可从枝条顶端或休眠芽中除去扇叶病毒,处理8周可除去卷叶病毒和黄脉病毒,而栓皮病毒、茎痘病毒热处理较难脱去,处理时间更长。该法处理时间长,效率低,单纯热处理脱毒率仅为26.2%,并且在培养期间要保证有良好光照条件及管理措施。

(3)热处理结合茎尖培养　单一方法各有利弊,二者结合则效果良好。可将盆栽葡萄苗先进行热处理,再剥取茎尖培养,脱毒率可达80%。也有剥取茎尖后,接种于培养瓶中,进行高温培养则获得脱毒苗。

2)脱毒苗的鉴定

用对病毒敏感的葡萄品种LN-33、巴柯、品丽珠、圣·乔治等作指示植物,嫁接成活后一个月开始观察症状反应,直到秋季落叶,第二年继续观察,确认无病毒存在,才可以大量繁殖,在生产上推广应用。有条件的也可用抗血清法、电镜检测法、生物学鉴定法等方法鉴定。

2.葡萄的快繁

1)无菌体系建立

(1)外植体的选择与消毒　剪取污染较少且健壮无病的葡萄嫩枝,除去幼叶,剪成一定长度带有芽的茎段,自来水冲洗2~3 h,置冰箱处理4 h,这样有利于材料的诱导再生。将处理后的材料用自来水反复浸泡冲洗,清洗材料表面的尘土和附着的微生物。在超净工作台上,将处理好的葡萄带芽的茎段,用70%乙醇浸泡消毒15~20 s,因葡萄对酒精敏感,酒精消毒不宜超过20 s。再用0.1%升汞浸泡5~10 min,无菌水冲洗4~5次,以彻底清除升汞。

(2)初代培养　表面消毒后的材料茎段,去除茎段基部切口,切成1~2 cm长的带芽茎段,接种到MS或B5 + BA 0.5~1.0 mg/L + IAA 0.1~0.3 mg/L初代培养基上进行培养。培养条件为温度25~28 ℃,光照16 h/d,光照度1 800 lx。2周左右可看到有许多绿色的芽点和小的不定芽出现,再过一段时间就会长出丛生芽。

2)继代增殖培养

从分化培养基中选取较大不定芽,转接到MS或B5 + BA 0.4~0.6 mg/L继代培养基上,3周左右,小芽即可长成4 cm左右高的无根苗。葡萄在此培养基中生长繁殖很快,每4周可繁殖5倍左右。

3)生根培养

从已继代的瓶苗中选取3~4 cm高的壮苗,在无菌滤纸上用解剖刀从瓶苗基部切去3~5 mm,将小苗转到1/2 MS或B5 + IBA或NAA 0.1~0.3 mg/L生根培养基上。生长10 d后,有一些苗的基部长出白色的突起,再过30 d后,这些突起可以发育成0.5 cm以上的幼根,生根率可达90%以上。

4) 炼苗移栽

待根长至1 cm左右,5~7片新叶时,将培养瓶移到温室或塑料大棚里,在自然光照,20~25 ℃下炼苗1周即可移栽。轻轻洗去根部的培养基,用镊子将苗移入蛭石中,避免伤根。移入后浇透水,用塑料薄膜盖好,1周后逐渐揭去塑料膜,棚内湿度保持在90%左右。10 cm下的地温应稳定在15 ℃左右,光照为4 000~5 000 lx。15~20 d后见幼叶变绿时,即可移植到大田,成活率达80%以上。

> **延伸阅读**　葡萄为葡萄科葡萄属多年生藤本浆果果树,几乎所有的国家和地区都有栽培,全世界栽培面积达到1 000万 hm²,占世界水果产量的30%以上。传统的葡萄繁殖为扦插、嫁接和压条,很少进行种子繁殖。扦插、嫁接、压条虽然简捷方便,但繁殖效率较低。同时由于长期运用无性繁殖,致使葡萄品种退化严重,带病和发病严重。通过植物组织培养技术快速繁殖葡萄,不仅加快优良品种的繁殖和推广,而且为发展脱毒葡萄栽培及种质资源保存创造了条件。葡萄离体培养技术的研究比较成熟,已用于商业性生产。

任务2　草莓的脱毒快繁

1.草莓的脱毒

草莓病毒病分布广,种类多,草莓感染单一病毒后往往不表现出症状,几种病毒复合感染时,植株表现出明显的矮化,产量下降,果实变小,有时表现为花叶、皱叶、黄边、斑驳等多种症状。目前我国鉴定明确的草莓病毒病及其类似病害有7种,其中经济危害严重的主要有草莓斑驳病毒、草莓皱缩病毒、草莓镶嵌病毒和草莓轻型黄边病毒4种。脱除草莓病毒的方法主要有茎尖培养法、茎尖培养和热处理相结合法以及花药培养法。

1) 脱毒方法

(1)花药培养脱毒技术　1974年大泽胜次首先发现花药培养获得的再生植株比母株生长更旺盛。后经大量实验表明花药培养所得的植株有95%以上是能开花结果的多倍体,而且生长发育都优于母株。后经鉴定愈伤组织培养出来的花药植株不带病毒的,借此方法,不仅可快速培育出大量的脱毒植株,并可省去病毒鉴定工作。现在,花药培养已经作为培育草莓脱毒苗的主要方法。

在春季草莓现蕾时,取直径约4 mm小花蕾,镜检花药生育期为单核靠边期,4~5 ℃低温下处理24 h。然后在超净工作台上,用70%乙醇浸泡10~15 s,再用0.1%升汞或6%次氯酸钠浸泡5~8 min,用无菌水冲洗3~5次。

镊子小心剥开花冠,取下不带花丝的花药接入 MS + BA 1.0 mg/L + IBA 0.2 mg/L + NAA 0.2 mg/L诱导培养基中。一般花药培养20 d后即可诱导出米粒状乳白色的愈伤组织,愈伤组织形成后可转入 MS + BA 0.5~1.0 mg/L + IBA 0.05 mg/L分化培养基中,诱导再生植株。有些品种不经转移,在接种50~60 d后就有部分直接分化出绿色小植株。

花药培养取材时期是影响花药培养成败的关键之一,不同品种间花粉发育时期会有差异,实际操作时应该镜检观察,选择处于单核期的花蕾作为外植体。

（2）茎尖培养脱毒   在草莓匍匐茎大量发生的 6—8 月,选取生长充实的匍匐茎或新长成的小秧苗。剪取 5 cm 左右长的顶稍,用手剥去外层大叶,在自来水下冲洗 2 ~ 8 h。在超净工作台上用 70% 乙醇漂洗 3 ~ 5 s,无菌水冲洗 1 次,再用 0.1% 升汞或 6% 次氯酸钠浸泡 2 ~ 10 min,无菌水冲洗 3 ~ 5 次。然后置于解剖镜下,一层层地剥去幼叶和鳞片,露出生长点,切取带有 1 ~ 2 个叶原基的茎尖接种到 MS + BA 0.5 mg/L + IBA 0.2 mg/L 初代培养基上,培养条件为:温度 25 ~ 30 ℃,光照强度 1 500 ~ 2 000 lx,光照 10 h/d。培养 30 d 开始分化丛生芽,然后转入 MS + BA 0.5 ~ 1.0 mg/L 继代增殖培养基扩大繁殖。

（3）热处理结合茎尖培养脱毒   将盆栽草莓苗或试管苗置于高温热处理箱内,白天升温至 40 ℃处理 16 h,夜间温度降至 35 ℃左右处理 8 h,箱内湿度为 60% ~ 80%,变温处理 28 ~ 35 d。或者在 38 ℃恒温条件下处理 10 ~ 50 d,时间因病毒种类而定。

将新长的匍匐茎取下进行茎尖组织培养,切取的茎尖可稍大,一般 0.4 ~ 0.5 mm,带有 2 ~ 4 个叶原基。热处理结合茎尖培养可达到较高的脱毒率,但草莓不耐高温,处理过程中盆栽苗死亡率高,应用比较困难,而采用茎尖试管苗进行热处理可以提高脱毒效果。

2）脱毒苗的鉴定

草莓花药培养得到的为脱毒苗,而用茎尖培养得到的植株,则必须经过病毒鉴定,确定其不带病毒,才可以大量繁殖用于生产。因草莓的病毒可通过汁液接种感染,所以通常采用指示植物小叶嫁接法来进行鉴定（图 2.1）。

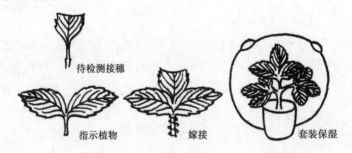

待检测接穗

指示植物   嫁接   套装保湿

图 2.1   草莓指示植物小叶嫁接检测法示意图

嫁接前 1 ~ 2 个月,将生长健壮的指示植物苗栽于盆中,成活后注意防治蚜虫。从待测植株上采集幼嫩成叶,除去左右两侧小叶,将中间小叶留有 1 ~ 1.5 cm 的叶柄削成楔形作为接穗。同时在指示植物上选取生长健壮的 1 个复叶,剪去中央小叶,在两叶柄中间向下纵切 1 ~ 1.5 cm 的切口,将待测植物的接穗插入指示植物伤口内,包扎结合部,罩塑料薄膜,或放在高湿度（大于 80%）的室内,温度 20 ~ 25 ℃。若待检测植株有病毒,45 ~ 60 d 后指示植物新叶、匍匐茎上会出现病症。如未出现病症,说明待测植株没有病毒。

用指示植物检测草莓病毒,关键是提高嫁接成活率。选用壮苗和较粗的指示植物叶柄,成活率较高;用待检株成熟的叶片叶柄楔形削面,长 1 ~ 1.5 cm 较易成活;嫁接在低龄叶片比老龄片上的成活率高。

常用于草莓病毒检测的指示植物为 EMC 系、UC 系。斑驳病毒在 EMC 指示植物上表现不整齐的黄色小斑点,叶脉透明,幼叶褪绿扭曲;在 UC_5 的叶片上出现褪绿斑驳,有时产生形状不整齐的黄色斑纹。皱缩病毒在 EMC、UC_5、UC_6 上导致叶片皱缩,扭曲变形,发病严重时,匍匐茎、叶柄上出现暗褐色坏死斑,花瓣上产生褐色条纹。镶嵌病毒在 UC_5 上叶片向背面反卷,叶

柄短缩;UC$_6$上叶片沿叶脉出现带状褪绿斑,后期变为坏死条纹或条斑。轻型黄边病毒在 UC$_4$上叶脉坏死,老叶枯死或变红;在 EMC、UC$_5$上表现叶缘失绿、植株矮化。

2.草莓的快繁

1)无菌体系建立

（1）外植体的选择与消毒　草莓离体快繁常用母株上新抽出的匍匐茎作为外植体,以每年 7—8 月最为适宜,此期匍匐茎发生最旺盛。在无病虫害的田块,连续 3 ~ 4 d 晴天时,剪取5 cm 左右生长健壮、新萌发且未着地的顶端匍匐茎。用水冲洗后,在 75% 的次氯酸钠溶液中消毒 5 ~ 7 min。匍匐茎表面茸毛多,易附着气泡会降低消毒效果,因此需用消毒的镊子在其周围搅动数次,再用无菌水多次冲洗。在超净工作台上,剥去茎尖外面的幼叶,一般快繁时切取大小为 0.5 mm 左右茎尖接种到培养基上。

（2）初代培养　培养条件:温度 25 ~ 30 ℃,光照强度 1 500 ~ 2 000 lx,光照 10 h/d。在 MS + BA 0.5 mg/L + GA$_3$ 0.1 mg/L + IBA 0.2 mg/L 初代培养基上,接种后 1 ~ 2 个月,茎尖形成愈伤组织并分化成丛生芽。

2)继代增殖培养

将丛生芽切割成有 3 ~ 4 个芽的芽丛转入 MS + BA 0.5 ~ 1.0 mg/L 增殖培养基中进行继代培养。BA 浓度过高,形成的芽丛生长会停滞,呈莲座状,当 BA 浓度过低时,形成的芽少,但芽生长势好。在培养过程中,应根据芽增殖数量和苗的生长状况,来调整 BA 的用量。经过 3 ~ 4 周的培养可再次继代。

3)生根培养

生根过程既可在培养基上进行,又可在瓶外进行,但为了获得整齐健壮的生根苗,最好将芽丛切割成单芽转接到 1/2 MS + IBA 0.2 ~ 1.0 mg/L 或 IAA 0.5 ~ 1.0 mg/L 生根培养基中生根。

4)驯化移栽

当试管苗根长到 2 ~ 3 cm 时,将培养瓶瓶盖除去,置温室放置 3 ~ 4 d 进行锻炼。锻炼后取出瓶苗,洗去基部培养基,栽到盛营养土或蛭石的营养钵内。栽培基质以疏松沙土掺入少量有机质成活率高,空气湿度为 80% ~ 100%。土壤湿度的保持方法是在移栽当时灌透水,使土壤含水量接近饱和状态后,立即加塑料薄膜覆盖 2 周,第 3 周开始每天揭开塑料薄膜 1 次,移栽后 4 周即可去掉覆盖物。这时根据情况,每天或隔天喷水 1 次,不干为止,也不要过湿,以免烂苗。

> **延伸阅读**　草莓为蔷薇科草莓属多年生草本植物,主要以匍匐茎繁殖和分株繁殖,这种繁殖效率较低,不利于优良品种的推广,而且在长期无性繁殖中,植株往往积累多种病毒,导致种苗退化,产量和品质下降,已成为障碍草莓生产的主要问题。应用植物组织培养技术不但能在短时间内快速繁殖大量优质草莓种苗,而且可用于脱除病毒和脱毒种苗的繁殖,更有效地培育出抗病高产良种。自20 世纪60 年代以来,国内外学者对草莓离体培养进行了大量研究,在茎尖培养、叶片培养、花药培养、胚培养、脱除病毒等方面都取得了很大进展,可以广泛用于草莓生产中。

任务3　苹果的脱毒快繁

1.苹果的脱毒

1)脱毒方法

据现有资料显示,世界上目前发现苹果病毒病有30多种,在我国发生危害的主要有6种,即苹果锈果病毒、苹果绿皱果病毒、苹果花叶病毒、苹果褪绿叶斑锈果病毒、苹果茎痘病毒、苹果茎沟槽病毒。前3种为非潜隐性病毒病,有明显的症状,肉眼可见;后3种是潜隐性病毒病。在我国主要产区分布广泛,潜隐性病毒的带毒率高达40%～100%,且多为病毒复合侵染,导致生长势减弱、产量下降等。目前采用的苹果脱毒措施主要有微体嫁接培养、茎尖培养、热处理及热处理结合茎尖培养等。

(1)微体嫁接繁殖　由于大部分苹果品种都受到苹果凹茎病毒的危害,而热处理的方法也无法除去,用茎尖组织培养获得了无病株,但生根困难,为此采用茎尖微体嫁接的方法来解决。利用脱毒的苹果植株茎尖快速繁殖无根苗进行微体嫁接,能够快速繁殖大量脱毒苹果苗,并可当年成定植苗,缩短育苗周期。另外,用组织培养快速繁殖苹果脱毒砧木,比实生砧木能更好的保持种性,排除了实生砧木不稳定、易分离的弊病。

在无菌条件下选用培养30～40 d的M_7、M_4、M_{26}砧木品种的无根苗,取1.5 cm左右作为砧木,用解剖刀劈开。同时选长势好的苹果品种无根苗茎尖,切成楔形作为接穗,插到砧木切口中,使接穗和砧木形成层对接并紧密接触,然后插入ASH培养基中进行培养。接穗以茎尖0.2～0.3 mm,带有2～3个叶原基为宜,既可以除去病毒,又有较高的成活率。培养条件:温度26 ℃,光照10～12 h/d,光照强度3 000 lx。当接穗产生4～6片叶时,进行驯化移栽。

(2)热处理脱毒　选取2～3 cm高的试管苗,置于人工气候箱高温环境中处理。为提高试管苗的耐热性,先在(32±1.5)℃的温度下预处理1周。处理时间和处理温度的最佳组合为白天温度(37±1.5)℃,晚上温度(32±1.5)℃,热处理35 d,在这种变温下,既可脱褪绿叶斑病毒和茎沟病毒,又能使存活率最高,从而获得最多的无潜隐病毒试管苗。

(3)热处理结合茎尖培养脱毒　将休眠植株置于温室内20～25 ℃条件下诱导萌发,长到5～6片叶时,在32～35 ℃温度下,预处理1周。然后在(38±0.3)℃、相对湿度80%的条件下处理25～35 d,得到长5～10 cm健壮的新生嫩枝。将嫩枝切成1 cm左右的茎段,用70%乙醇和0.1%升汞消毒,最后用含抗坏血酸0.5%和柠檬酸0.3%的无菌水冲洗3次。无菌条件下切取2 mm茎尖接种到MS+BA 2.0 mg/L诱导培养基上进行培养。培养条件:温度25 ℃,光照强度1 000～1 500 lx,光照时间12～16 h。该法可全部脱去ACLSV和ASGV等潜隐性病毒,比单用热处理脱毒效果好得多。

2)苹果病毒检测

(1)指示植物法　对非潜隐性病毒,通过对病害的表现症状即可鉴别,对潜隐性病毒,大多采用指示植物该方法比较可靠,操作简单,一般需要时间较长(2～3年),如用温室鉴定10周内可完成。

（2）ELISA　把抗原与抗体的免疫反应和酶的高效催化作用结合起来,形成一种酶标记的免疫复合物,结合在该复合物上的酶遇到相应的底物时,催化无色的底物产生水解,形成有色的产物,从而判断被检测材料是否有病毒。该法操作简便、快速。

2.苹果的快繁

1）茎尖组织培养

（1）无菌体系建立

①外植体选择与消毒。苹果快繁的外植体主要用茎尖和茎段,茎尖多在早春叶芽刚萌动或长出 1 ~ 1.5 cm 嫩茎时剥取,茎段用新梢末端木质化或半木质化的部分。

早春叶芽萌动后,取生长健壮的发育枝中段,流水冲洗尘土后,剪成带单芽的茎段,用0.1%升汞 + 0.1% Tween-20 消毒 10 ~ 15 min,或2% 次氯酸钠消毒 15 ~ 20 min,再用无菌水冲洗4 ~ 5次。在无菌操作条件下剥取茎尖,用于快速繁殖时取茎尖较大,一般为 0.5 ~ 2.0 mm,较大的茎尖,接种容易成活与增殖。未萌动的枝条,可在 20 ~ 25 ℃ 条件下水培催芽,待萌动后再剥芽切取茎尖接种。

②初代培养。茎尖接种到 MS + BA 2.0 mg/L 初代培养基上,1 周后生长,茎尖逐步增大,长高,开始叶片较大,单轴伸长,以后逐步分化出许多侧芽,叶片变小,形成丛生芽。茎段作为外植体时,侧芽萌发成短梢,将新生短梢从基部切下,转到新的培养基中继续培养,逐步形成丛生芽,即可转入继代培养进行增殖扩繁。苹果是木本植物,容易发生褐变,可以在培养基中加入聚乙烯吡咯烷酮、抗坏血酸或活性炭等,能有效降低褐变率。

（2）继代增殖培养　继代培养基一般采用 MS + BA 0.5 ~ 1.0 mg/L + NAA 0.05 mg/L,也可添加 GA_3 0.5 mg/L。BA 浓度在 0.5 ~ 1.5 mg/L,浓度越高,新梢数量越多,但生长量和高于 2 cm 的有效新梢数下降,且易出现玻璃化苗。控制环境条件为光照强度为 2 000 lx,光照时间 10 h/d,温度25 ~ 28 ℃,30 ~ 40 d 可继代 1 次。

（3）生根培养　试管苗长至 2 ~ 3 cm,转移到 MS + IBA 0.5 ~ 1.0 mg/L 生根培养基中诱导生根。10 d 左右开始在基部出现根原基,20 ~ 30 d 根可生长到驯化移栽所需的长度。为了简化生根培养的程序,节约费用,也可进行试管外生根,即将继代培养后的试管苗不经生根培养过程,直接在试管外进行扦插生根。

（4）驯化移栽　当试管苗刚刚生根,或才出现根原基时,打开培养瓶瓶盖或封口膜,在自然光照下炼苗 2 ~ 3 d,取出试管苗,洗去附着的培养基,移栽到疏松透气的基质中。注意保持温度、湿度和避免强光照射,长出新根和新叶后移栽到温室中。

苹果茎尖培养步骤的示意图见图 2.2。

2）叶片培养

（1）取材与接种　摘取试管苗整片生长健壮、完全展开的幼叶,将叶片放在无菌滤纸上,用解剖刀在叶片背面横划几刀,但不要完全切断叶片,即保留叶子的上表皮。将叶片以背面平放在 MS + BA 3.0 ~ 4.0 mg/L + KT 0.3 ~ 0.5 mg/L + NAA 0.3 ~ 0.5 mg/L 培养基上。

（2）诱导芽再生　将接种后幼叶置于(25 ±3)℃,光照 12 h/d 的培养室培养,3 ~ 4 周后,叶片背面的切口处长出丛生芽,每片幼叶上可产生 10~30 个丛生芽。由于芽太多,生长调节剂浓度较高,所以芽很难长大,要让它长大必须及时转到继代培养基上。

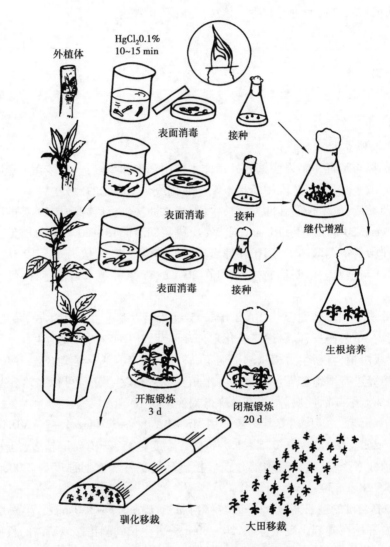

图 2.2 苹果茎尖培养步骤示意图

(3)继代增殖 用解剖刀或镊子将较大的芽从叶片上取下,转接到 MS + BA 0.5 mg/L + NAA 0.05~0.1 mg/L 培养基上,3~5 周即可长成 5~8 cm 高的无根苗。

延伸阅读 苹果属于蔷薇科苹果属,全世界约有 35 种,原产我国的有 23 种,是落叶果树的主栽品种。苹果育苗的传统方法是将栽培品种嫁接在实生砧木上,20 世纪 70 年代以来,苹果组织培养技术日趋成熟,在脱毒苗生产、矮化砧和无性系的快速繁殖方面得到了广泛的应用。

任务4　香蕉的脱毒快繁

1.香蕉的脱毒

香蕉束顶病和花叶心腐病是我国香蕉的主要病害,是香蕉的毁灭性病害,而二者均为病毒性病害。通过植物离体茎尖培养生产脱毒香蕉试管苗,使香蕉产量比传统繁殖生产增产30%~50%。

1)脱毒方法

(1)热处理结合侧芽分生组织培养　将香蕉的地下球茎经35~43 ℃湿热空气处理100 d,切取侧芽上长出的茎尖分生组织,经常规消毒后,在体视显微镜下剥取带有1~2个幼叶原基的组织,接种于 Knudson C + CM 100 mL/L + CH 1 g/L 培养基上,置于27 ℃连续光照下培养。分化出芽后,将其接种于 NAA 5.4 μmol/L 生根培养基上,两个月可诱导出健壮根系。

(2)球茎顶端分生组织培养　以香蕉种苗作为外植体,用自来水洗净后,剥去全部老叶鞘和球茎的大部分,用70%乙醇消毒10 s,0.1%升汞消毒12 min,无菌水冲洗3~5次,剥离茎尖外部组织,切取长0.3~0.5 mm 带叶原基的分生组织,接种到改良 MS + KT 2.0 mg/L + CM 0.1%培养基上。培养条件:温度24~26 ℃,光照时间15 h/d,光强1 000~2 000 lx。

茎尖分生组织培养5~7 d,生长点顶端形成泡沫状小团,1个月绿色小点即长成1~3个小芽。将小芽转移到相同组分的新鲜培养基上,两个月便长出小叶,继代培养一次,3个月后形成小植株。

2)脱毒苗的鉴定

香蕉脱毒苗的鉴定可采用 TTC 检测法。该法是将蕉叶浸渍于1%的2,3,5 氯化三苯或四氯唑(TTC)溶液中,36 ℃下保湿24 h,在显微镜下观察,患束顶病植株叶的整个切片呈砖红或红褐色,其中维管束呈紫红色,其他组织为红褐色。患花叶心病植株的整个叶切片呈黑褐色。脱毒植株的叶切片无色。该方法的缺点是灵敏度低,只有病株体内的病毒繁殖到一定数量才能检测出来。

此外,检测花叶心腐病病毒还可以用抗血清鉴定法、指示植物法、聚合酶链式反应,DNA 探针等方法。

2.香蕉的快繁

1)茎尖培养

(1)无菌体系建立

①外植体的选择与消毒。早春或秋季晴天,以含侧芽的球茎为外植体。将球茎修整成5~8 cm 长、3 cm² 的材料。侧芽先用自来水冲洗,用70%乙醇消毒1 min,无菌水冲洗1次,再用0.1%升汞消毒10~15 min,无菌水冲洗3~5次。剥去苞叶,露出茎尖,切取2~10 mm 的生长

点接种到诱导培养基上。

②初代培养　香蕉茎尖在 MS 或改良 MS + BA 2.0 ~ 5.0 mg/L 培养基上能良好生长。培养初期对光、温要求不严格，培养温度 15 ~ 29 ℃均可，但大多数适应 25 ℃，光照 12 ~ 16 h/d，光强 1 000 lx 的环境条件。茎尖接种到培养基中 1 周后，其体积增大并开始转绿。再继续培养 10 多天，生长点产生一些微小白色突起，1 月后，逐渐增大形成芽苗。

（2）继代增殖培养　为达到增多数量目的，可在培养物增大并转绿时，把其切成小块，移植于新培养基中培养 1 ~ 2 周，每块培养物可长出单芽苗或丛生芽苗，使数量增多。

（3）生根培养　在附加 BA 不超过 1 mg/L，并有同等量的 NAA 的培养基中，芽苗培养一段时间后，基部即可长根，形成完整植株。若芽苗是在附加 BA 超过 1 mg/L 的培养基中获得的，一般不长根，须把芽苗转入 1/2 MS 附加 IBA 或 NAA 0.5 mg/L 左右的培养基中，才能长根，形成完整植株。在培养基中加入 0.25% ~ 0.5% 活性炭、15% 椰子汁，均可使试管苗长得更健壮。

（4）驯化移栽　当试管苗长到 4 ~ 5 cm 高，有 4 ~ 5 片叶时，根系发育良好的便可移栽。移栽之前必须炼苗，去除瓶盖，经过 3 ~ 5 d 炼苗后，把试管苗移栽于基土与蛭石 1∶1 的营养袋中，盖上塑料薄膜保湿，1 周后让其逐渐通风，直至全部揭去薄膜，1 ~ 1.5 月后便可以移入大田定植。香蕉试管苗变异率通常比常规繁殖所产生的变异率高，要及时剔除病苗、变异苗，经过全面综合检验后方可用于大田生产。

2）花序轴切片培养

（1）花序轴切片　在香蕉果穗已完全抽出后，采上部未结实的花序，70% 乙醇消毒 3 min，无菌水冲洗两次，在无菌条件下剥去苞片，除去离生子房。取顶端 8 ~ 10 cm 长的花序轴段，再次用 70% 乙醇消毒 2 min，无菌水冲洗 3 次，横切成 2 ~ 3 cm 厚的薄片，再纵切成数片。

（2）培养过程　培养基和培养条件与茎尖培养相似，初始时花序轴为白色，1 周后在刀切面逐渐转褐变黑。培养 1 个月后，切片体积增加 4 ~ 5 倍，在子房与花序轴的结合处，长出许多类似芽的组织块，把组织块转移到相同的新鲜培养基继续培养，可形成幼芽，幼芽 1 个月后即发育为 1 丛香蕉幼株，幼芽或幼株可用以大量增殖。

（3）生根　将 2 ~ 3 cm 高的幼芽，转移到 MS + IBA 0.2 ~ 1.0 mg/L + NAA 1.0 mg/L 培养基上，15 ~ 20 d 后长成完整植株，可驯化移栽。

> **延伸阅读**　香蕉为芭蕉科芭蕉属多年生单子叶草本植物，世界性主要水果之一，在热带及亚热带地区广为栽培，其产量数十年来在水果中总是名列前茅。香蕉的栽培品种多为三倍体，不结籽，一般以球茎发生的侧芽（俗称吸芽）作为种苗繁殖，速度慢且病害世代传播。采用组织培养技术可大大提高其繁殖率，保持品种的优良特性。自 1960 年 Cox 等首先开始香蕉的胚培养以来，世界各香蕉生产国相继开展了多个领域的离体培养工作。以茎尖和花序轴作外植体，离体繁殖获得成功；茎尖分生组织培养，获得脱毒苗木；从叶鞘和根状茎获得悬浮细胞；原生质体培养也已获得了再生植株。

任务 5 柑橘的脱毒快繁

1.柑橘的脱毒

1)茎尖微芽嫁接

将柑橘砧木种子在 45 ℃温水中浸泡 5 min,再用 55 ℃热水处理 50 min,取出吸干水分。无菌条件下消毒处理后,剥去种皮,将种子播于 MS 培养基上,在(26 ± 1)℃黑暗条件下,培养 2 周左右,再在散射光下培养 2 d。

接穗材料可用田间或温室内生长强健的新梢。50 ℃湿热空气处理 45 min,或 49 ℃湿热空气处理 50 min,以提高微芽嫁接脱毒效果。取 0.5 ~ 3 cm 长的新梢,去掉叶片,经消毒处理后在无菌条件下,解剖刀剥去小叶,剪取 0.14 ~ 0.18 mm 微茎尖进行微芽嫁接(图 2.3)。

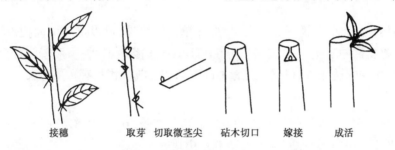

接穗   取芽 切取微茎尖   砧木切口   嫁接   成活

图 2.3 柑橘微芽嫁接示意图

将砧木苗留 1 ~ 1.5 cm 长的茎,去掉子叶和腋芽,在顶端垂直于茎切一个倒“T”字形切口,解剖镜下将微茎尖放置于砧木切口内,底部和砧木切口形成层紧密贴合。

在液体培养基中放置滤纸,将嫁接苗接入并固定在滤纸上,(27 ± 1)℃和 16 h 光照条件下培养,培养 2 ~ 4 周后抽生新芽,5 ~ 8 周后可移植于田间,一般嫁接成活率可达 20% ~ 50%。

2)脱毒苗的鉴定

脱毒苗鉴定常用指示植物鉴定法、抗血清鉴定法。草本指示植物有豇豆、菜豆,木本指示植物有葡萄柚、麻风柑等。农艺性状检测,着重于原亲本主要经济性状的鉴定,同时注意发现新的优良性状变异。经上述鉴定选出脱毒良种苗木,可以用于建立原种母本园。在隔离区,按无病苗的栽培要求建成无病良种母本园,供繁殖无病苗木采穗用。

2.柑橘的快繁

(1)外植体的选择与消毒 从结果母树上选择生长旺盛的新梢或从经过热处理后的新梢上切取 5 cm 长的顶端,在室内再剪至 1 ~ 1.5 cm 长。用自来水冲洗 2 h 后,在无菌条件下用 70% 乙醇消毒 10 s,0.1% 升汞消毒 6 ~ 10 min,无菌水漂洗 4 ~ 5 次。解剖镜下剥离茎尖外部组织,切取长 1 mm,带有 2 ~ 3 个叶原基的茎尖接种诱导培养基上。

(2)培养方法　诱导培养基为 MS + KT 0.25 mg/L + 2,4-D 0.24 mg/L + NAA 2 ~ 5 mg/L + 叶酸 0.1 mg/L + 生物素 0.1 mg/L + 抗坏血酸 1.1 mg/L + 核黄素 0.1 mg/L + 蔗糖 5%。以滤纸代替琼脂作支撑物,有利于茎尖愈伤组织形成。光照时间 15 h/d,光强 1 000 ~ 2 000 lx,培养温度 24 ~ 26 ℃。接种 6 d 后在切口处长出淡黄色不透明的愈伤组织块,10 ~ 25 d 内愈伤组织形成达到高峰。将愈伤组织切割转入 MS + BA 0.5 mg/L + ZT 0.5 mg/L 的分化培养基上,1 个月后分化出多个芽,以后每月继代 1 次。增殖到一定数量将芽丛切割开,然后转入 MS + KT 2.0 mg/L + CM 100 mg/L 生根培养基上,10 ~ 14 d 即可形成根。

(3)驯化移栽　将长有完整根系和数片新叶的试管苗移入温室,开瓶炼苗 7 ~ 10 d。取出试管苗,洗去培养基,栽植于草炭土:沙土 = 2:1 的基质内,注意保温保湿遮阴,幼苗长出新叶后便可移栽到大田中。

3.花药培养

柑橘花药培养的目的是诱导花粉发育,形成单倍体植株,可以迅速而简便地获得纯系。柑橘花粉单倍体是良好的实验体系,花粉的培养可用于柑橘突变育种,有利于隐性突变体的筛选。因此,柑橘花粉植株的诱导,在柑橘遗传育种的理论和实践上均具有重要意义。

1)花药培养的方法

(1)花药的选择与处理　选取健康的单核靠边期花蕾,在 3 ~ 4 ℃ 处理 5 ~ 10 d。无菌消毒后,取出花药平放于培养基上,20 ~ 25 ℃ 培养室中培养。

(2)初代培养　四季橘花药诱导培养基为 N_6 + BA 1.0 mg/L + 2,4-D 0.05 mg/L + 5% ~ 10% 蔗糖。枳壳花药培养用 MS + IAA 0.2 mg/L + KT 0.2 ~ 2 mg/L,并适当提高蔗糖浓度。培养 40 d 时,可见形成少数花粉胚状体。培养 80 ~ 100 d 时,花药中可见到大小不同的细胞团或胚状体。

(3)胚状体萌发再生植株　将形成的花粉胚状体转接于 N_6 + IBA 0.1 ~ 0.2 mg/L + IAA 0.1 mg/L + LH 500 mg/L + 5% ~ 10% 蔗糖,在 20 ~ 25 ℃ 光照条件下培养,部分胚状体形成小植株。为了使胚状体萌发成苗长出良好的根系,可把小苗转至改良 MS + IBA 0.1 ~ 0.2 mg/L,低浓度蔗糖培养基上,培养 20 ~ 30 d 便可长成健壮的植株。

2)诱导花粉植株的关键

(1)材料的选择　不同柑橘种类的花药培养差异十分明显,长期采用种子实生繁殖的花药培养诱导率较高,如四季橘、苏柑、枳壳以及宜昌橙杂种。不同开花期的花药诱导效应也不同,早期开的花与后期的花蕾相比,其花药培养效果好。生长强壮的树比老树上的花蕾培养的诱导率高。

(2)花蕾低温处理的效应　花蕾用低温处理,对柑橘花粉胚的发育有促进作用。离体培养前,将花蕾置于 3 ℃ 温度下处理 5 ~ 10 d,花粉胚状体诱导率(1.66%)比对照(0.94%)有明显提高。

(3)生长调节剂和糖浓度的影响　对柑橘花药培养采用 BA 与 2,4-D 的不同浓度配比实验表明,在 BA 1.0 ~ 4.0 mg/L 浓度下,2,4-D 为 0.05 ~ 0.1 mg/L 时适于花粉胚的发育,2,4-D 浓

度超过 1.0 mg/L 时,则促进愈伤组织的形成,无胚胎发生。培养基中把蔗糖浓度从原来的 5% 提高到 10% ,可以抑制花药壁愈伤组织的产生,促进花粉胚胎的发育。

（4）培养的温度条件　四季橘花药离体培养中,在 20 ~ 25 ℃ 的光照培养条件下,出现胚状体,并且在黑暗条件下,花粉胚状体的诱导率更高,当温度为 26 ~ 30 ℃ 时,无论光照或黑暗均无胚胎发生。

> **延伸阅读**　柑橘为芸香科柑橘属植物,是具有重要经济价值的热带水果。柑橘类多有珠心胚现象,珠心胚比合子胚的生长发育旺盛,使合子胚发育受到抑制,因此柑橘常规杂交育种困难。植物组织培养技术的应用为柑橘的新品种选育及苗木快繁开辟了一条有效的新途径。至今已有胚、胚珠、花药、茎尖、茎段、原生质体等多种多样的柑橘外植体用于离体培养,均有形态发生能力。柑橘病毒病和类病毒病为害相当严重,已知的有 20 多种,如衰退病毒、裂皮病毒、木质陷孔病毒、鳞皮病毒和脉突病毒,在柑橘产区严重威胁柑橘生产。目前主要采用茎尖微芽嫁接结合热处理进行脱毒,取得较好的效果。

复习思考题

1. 简述葡萄的离体快繁方法。
2. 草莓病毒的主要检测方法有哪些?
3. 叙述苹果叶片的培养技术。
4. 查阅资料,了解我国香蕉的试管化育苗状况。
5. 影响柑橘花粉植株诱导的关键因素有哪些?
6. 试设计一种果树的组织培养方案。

项目 4 蔬菜的脱毒快繁技术

【项目说明】

蔬菜栽培历来在农业生产上具有重要的地位。随着经济的发展和人们生活水平的提高，对蔬菜栽培的要求也越来越高了。无公害绿色蔬菜受到人们的喜爱，市场前景广阔。植物组织培养技术已广泛运用于蔬菜育种和良种繁育，尤其是许多无性繁殖类蔬菜脱毒及良种快繁，对提高蔬菜生产的产量和品质发挥了极其重要的作用。本项目利用马铃薯、甘薯、大蒜、石刁柏、生姜进行植物组培脱毒与快繁技术综合技能训练，使学生能够掌握蔬菜种苗的组培脱毒与快繁技术，并可查阅到相关的培养基配方，为蔬菜的种苗繁育提供技术支持。

任务 1　马铃薯的脱毒快繁

马铃薯茎尖脱毒
材料的选取与
预处理（视频）

马铃薯嫩茎
消毒（视频）

马铃薯茎尖
剥离与接种
（视频）

1.茎尖培养脱毒快繁

1）无菌体系建立

（1）材料选择和消毒　培养材料可直接取自生产大田。顶芽和腋芽都能利用，但顶芽的茎尖比腋芽生长得要快，成活率也高。为了减少污染，可将块茎消毒后在无菌的盆土中培养。对于田间种植的材料，也可以切成片插条。在实验室的营养液中生长，由这些插条的腋芽长成的枝条比直接取自田间的枝条污染少得多。也可将马铃薯块茎放置在较低温度和较强光照条件下促使其萌发，取其粗壮顶芽。另外，给植株定期喷施 0.1% 多菌灵和 0.1% 链霉素的混合液也十分有效。

如果供试材料存在一些较难除去的病毒，如马铃薯 X 病毒、S 病毒、纺锤块茎病毒等，可采用热处理法与茎尖培养相配合，才能达到彻底清除病毒的目的。具体方法是将块茎放在暗处使

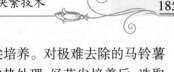

其萌芽,伸长 1~2 cm 时,用 35 ℃的温度处理 1~4 周,然后取茎尖培养。对极难去除的马铃薯纺锤块茎病毒,需对植株进行两次热处理。第一次进行 2~14 周的热处理,经茎尖培养后,选取只有轻微感染的植株再进行 2~12 周的热处理,再取茎尖培养。通过两次热处理产生的植株能完全不带病毒。有时连续高温处理,特别是对培养茎尖连续高温处理会引起受处理材料的损伤,可采取 40 ℃(4 h),20 ℃(20 h)两种温度交替处理,比单用高温处理效果更好。

消毒方法是切取 1~2 cm 长的顶芽或侧芽,除去外部可见的小叶,先用自来水冲洗 1 h 左右,再用 70%乙醇处理 30 s,然后用 10%漂白粉溶液浸泡 5~10 min,最后再用无菌水冲洗 2~3 次即可。

(2)茎尖剥离和接种　将消毒后的材料放在 10~40 倍的双筒解剖镜下,用解剖针剥去外部幼叶和大的叶原基,直至露出圆亮的生长点,再用解剖刀切取 0.1~0.3 mm,带有 1~2 个叶原基的茎尖,并迅速接种到诱导培养基上。

要注意确保所切下的茎尖不能与已经剥去部分、解剖镜台面或持芽的镊子接触,尤其是当芽未曾进行表面消毒时更需如此。解剖时必须注意使茎尖暴露的时间越短越好,因为超净工作台上的气流和酒精灯发出的热都会使茎尖迅速变干,在材料下垫上一块湿润的无菌滤纸可达到保持茎尖新鲜的目的。

茎尖脱毒的效果与切取的茎尖大小直接相关,茎尖越小脱毒效果越好,但茎尖越小再生植株的形成也越困难。病毒脱除的情况也与不同种类的病毒有关。如由只带一个叶原基的茎尖培养所产生的植株,可全部脱除马铃薯卷叶病毒,约 80%的植株可脱除马铃薯 A 病毒和 Y 病毒,约 50%的植株可脱除马铃薯 X 病毒。

(3)初代培养　马铃薯茎尖分生组织培养采用 MS 和 Miller 两种基本培养基培养效果都很好。附加少量(0.1~0.5 mg/L)的生长素或细胞分裂素或两者都加,能显著促进茎尖的生长发育。其中生长素 NAA 比 IAA 效果更好些。在培养前期加入少量的赤霉素类物质(0.1~0.8 mg/L)有利于茎尖的成活与伸长。但浓度不能过高,使用时间不能过长,否则会产生不利影响,使茎尖不易转绿,叶原基迅速伸长,生长点不生长,最后整个茎尖褐变而死。

培养条件一般要求温度(25±2)℃,光照强度前 4 周 1 000 lx,4 周后可增至 2 000~3 000 lx,光照 16 h/d。在正常情况下,茎尖颜色逐渐变绿,基部逐渐增大,茎尖逐渐伸长,大约 1 个月就可见明显伸长的小茎,叶原基形成可见的小叶,继而形成幼苗。

2)脱毒苗的鉴定

病毒检测是马铃薯茎尖脱毒不可缺少的环节,常用方法有目测法和指示植物鉴定法。

(1)目测法　根据脱毒苗和带毒苗在形态、长势上的差异来进行鉴定。脱毒苗生长快,叶色浓,叶平展、植株健壮。带毒苗长势弱、叶色淡,叶片上出现花叶和褪绿斑。在培养过程中应时常观察,及时将带病毒症状明显的试管苗去除。

(2)指示植物法　常用的马铃薯病毒鉴定的指示植物有苋科植物千日红和藜属植物苋色藜。鉴定方法是取被鉴定植株幼叶 1~3 g,置于等容积(W/V)的缓冲液(0.1 mol/L 磷酸纳)中研成匀浆,再在汁液中加入少许 600 号金刚砂,作为指示植物的磨擦剂,使叶片造成小的伤口,又不破坏表皮细胞。然后用棉球沾取汁液在指示植物叶面上轻轻涂抹几次进行接种,约 5 min 后用清水冲洗叶面。接种时也可用纱布垫、海绵、塑料刷子及喷枪等来接种。把接种后的植物放在温室或者防虫网内,保温 15~25 ℃,株间与其他植物间都要留一定距离。症状的表现取决于病毒性质和汁液中病毒的数量,一般需要 6~8 d 或几周,指示植物即可表现症状。凡是出现枯斑、花叶等病毒症状的茎尖苗为带毒苗,将相应的试管苗淘汰。

3)继代增殖培养

经鉴定脱毒的马铃薯试管苗,采用固体、液体培养基相结合的方法进行扩繁。固体培养方法是取试管苗单节切段扦插在固体培养基上,每瓶可插 20 个左右茎段,经 20 d 左右可发育成 5～10 cm 高小植株,可再进行切段繁殖,此法速度快,每月可繁殖 5～8 倍。

液体培养是将试管苗接种在液体培养基上,进行浅层静止液体培养。多节液体培养试管苗比固体培养基生根快,长得粗壮,便于栽培,同时省去大量琼脂,降低成本,提高试管苗成活率。培养基可用不加任何激素的 MS。培养基中的烟酸、肌醇都可以减去。切段繁殖的速度很快,在温度 25～28 ℃,光照度 3 000～4 000 lx,一般每月能增加 7～8 倍。

4)炼苗移栽

(1)炼苗　移植前 7 d,将长有 3～5 片叶、高 2～3 cm 的试管苗移到温室,在不开瓶口的状态下炼苗,温室内的白天温度控制在 23～27 ℃,夜间不低于 14 ℃。为防止强光、高温灼伤试管苗,在温室顶上加盖一层黑色遮阳

马铃薯脱毒组培苗
的炼苗(视频)

网。一般不能全遮,以使温室内仍保持一定光照和较高的温度,并在摆放试管苗的畦内浇上水,维持试管苗周围的湿度。经过炼苗可使试管苗的茎叶变硬,加上光照增强,茎秆变粗,叶片肥厚浓绿,从而提高了试管苗的抗逆性和对环境条件的适应能力。

(2)移栽　移植时可用珍珠岩作为基质,将装好基质的营养钵紧密的摆放在阳畦内,或者直接将基质铺在阳畦内,然后用喷壶浇透水,将试管苗从瓶内用镊子轻轻取出,放到 15 ℃的水中洗去培养基,放入盛水的容器中,随时取随时扦插,防止幼苗失水。大的幼苗可截为两段,每个营养钵插 1 个茎段,上部茎段和下部茎段分别扦插到不同的钵内,苗高不足 2.5 cm 的不再截段。扦插完后随之撒少量营养土,然后用细雾水喷浇,使扦插茎段同基质很好的接触,以免使茎段裸露土表不能成活。随后用旧报纸盖好,遮光保湿 2～3 d,茎段生出新根后将覆盖的报纸及时去掉。

移栽苗成活后,其水分、温度及养分管理应根据气候变化和苗情而定。一般情况下,扦插后最初几天,每天上午喷 1 次水,保持幼苗及基质湿润。但喷水量要少,避免因喷水过多造成地温偏低而影响幼苗生长和成活。切忌酷热时凉水浇苗,为提高水温,可提前用桶存水于温室中。随幼苗生长逐渐减少浇水次数,但每次用水量逐渐加大。此外为保持温室中有较高的湿度,防止幼苗茎皮硬化,在苗不需要浇水的时候应将温室内所有空地全都浇上水。在幼苗生长期,温室内的相对湿度保持在 85% 以上,气温白天控制在 25～28 ℃,夜间保持在 15 ℃以上。在苗切繁前和培育大田定植苗时,一般不追肥。

2.微型薯生产

由试管苗生产的重 1～30 g 的微小马铃薯被称为微型薯。微型薯不带病毒,作为种薯质量高,具有大种薯生长发育的特征特性,能保证马铃薯高产不退化,增产效果一般在 40% 以上。微型种薯是马铃薯良种繁育的一项改革,许多国家已在马铃薯良种繁育体系中采用微型薯生产方法,并且以微型薯的形式作为种质保存和交换的材料。

1)试管内生产

组织培养生产微型薯要求条件较严格,费用较高,但质量好,整齐度高,重一般只有 1～5 g。由于是在试管中培养,可作为不带病原菌的原原种使用,或作为基础研究材料和病原鉴定的实

验材料。用组织培养方法生产微型薯分以下两个步骤：

（1）单茎段扩大繁殖　将脱毒试管苗的茎切段，每个茎段带有 1～2 个叶片和腋芽，每个三角瓶中接种 4～5 个茎段。培养条件为温度 22 ℃，光强 1 000 lx，光照 16 h/d。常采用的培养基有：MS+3% 蔗糖+0.8% 琼脂；MS+2% 蔗糖；MS+CCC 50 mg/L+BA 6.0 mg/L+0.8% 琼脂或 MS+50～100 mg/L 香豆素；MS+3% 蔗糖+4% 甘露醇+0.8% 琼脂。在这些条件下，由腋芽形成的小植株生长很快。当植株长到 4～5 cm 时，就可以进行第二步培养。

（2）微型薯的诱导　微型薯的诱导要求有一定量的激素，并且需在黑暗条件下进行。从微型薯形成时间和数量综合比较，添加激素的用量和种类以国际马铃薯中心（CIP）研究并推广的方法较好，但由于 CCC 和 BA 价格昂贵，生产成本太高，实践中难以接受。建议采用 MS+香豆素 50～100 mg/L 的液体或固体培养基进行微型薯的诱导（冉毅东 等，1993）。

2）温室多层架盘工厂化生产

根据温室高度，采用 4～6 层育苗架，每层育苗架上放育苗盘。基质可采用蛭石、珍珠岩或马粪等。将三角瓶繁殖的脱毒苗以单芽茎段或双芽茎段扦插，扦插时以 GA₃ 3 mg/L+NAA 5 mg/L 浸泡茎段，扦插苗成活率达 98%。然后在人工调控的温度和光照条件下经 60～90 d 即可收获微型薯。

3）低网畦生产

选择背风向阳处，南北向挖长方形畦，深 33 cm，宽 1.2 m，长度随栽苗多少而定。挖出的表土堆放畦边距离 30 cm 远，防止病毒传播。畦挖好后，施 30～50 kg/m² 厩肥，深翻 20 cm，堑细耙平。栽苗前半个月，畦内喷 800 倍液乐果灭蚜，封盖塑料膜，增加畦温。栽苗密度为 40～60 株/m²。栽苗后不仅要将地膜重新覆盖，以保温、保湿，而且要在畦上搭拱棚架，封盖另一层塑料薄膜。栽后 20 d 除去地膜进行培土，然后将棚架上的塑料薄膜换成 45～50 目防虫纱网。经过 70～90 d 即可得到大量重 1.5～12 g 的微型薯。

延伸阅读　马铃薯为茄科茄属植物，又名土豆、洋芋。马铃薯营养丰富，生育期短，产量高，适应性广，耐贮藏运输，是一种全球性的重要的菜、粮兼用作物。马铃薯在我国种植历史长，分布广，据统计我国马铃薯种植总面积已达 400 多万 hm²，总产量为 550 亿～700 亿 kg，是世界上最大的马铃薯生产国。

马铃薯在种植过程中易感染病毒，现已知的马铃薯病毒有近 30 种之多，主要有马铃薯卷叶病毒（PLRV）、马铃薯 A 病毒（PVA）、马铃薯 Y 病毒（PVY）、马铃薯 M 病毒（PVM）、马铃薯 X 病毒（PVX）、马铃薯 S 病毒（PVS）和马铃薯纺锤块茎病毒（PSTV）等。由于马铃薯是以块茎无性繁殖，病毒逐代积累，逐年加重，引起种薯退化，产量降低，品质变劣。据调查，目前我国马铃薯育种体系尚不健全，农民自由留种现象普遍，马铃薯病毒感染面积约占总面积的 80% 以上，使得我国马铃薯生产水平相对较低，平均亩产不足 1 000 kg，发达国家平均亩产则高达 2 500 kg。同时，由于马铃薯病毒不仅导致薯块产量减产，还严重影响品质，目前我国马铃薯加工原料市场的情形是低品质薯积压腐烂，高品质薯大量依赖进口。

我国从 20 世纪 70 年代开始研究和利用马铃薯茎尖分生组织离体培养脱毒技术，生产优质种薯，对马铃薯病毒危害的控制十分有效，增产效果极为显著。实践证明，把茎尖脱毒技术和有效留种技术结合应用，并建立合理的良种繁育体系，是全面大幅度提高马铃薯产量和质量的可靠保证。

任务2　甘薯的脱毒快繁

甘薯茎尖脱毒材料的
选取与预处理(视频)

甘薯嫩茎
消毒(视频)

1.茎尖培养脱毒

（1）材料选择和消毒　选择适宜当地栽培的高产、优质或特殊用途的生长健壮的甘薯品种植株作为母株,取枝条,剪去叶片后切成带1个腋芽或顶芽的若干个小段。剪切好的茎段用自来水流水冲洗数分钟后,用70%乙醇处理10 s,再用0.1%升汞消毒10 min,然后用无菌水冲洗4~5次,或用2%次氯酸钠溶液消毒5 min,用无菌水冲洗3~4次。

（2）茎尖剥离和培养　把消毒好的材料放在解剖镜下,用解剖刀剥去顶芽或腋芽上较大的幼叶,切取0.3~0.5 mm,带有1~2个叶原基的茎尖分生组织,并迅速接种到制备好的培养基上。甘薯茎尖培养较理想的培养基为MS + IAA 0.1~0.2 mg/L + BA 0.1~0.2 mg/L + 蔗糖30 g/L,若再加入GA_3 0.05 mg/L对茎尖生长和成苗有促进作用。培养基pH值为5.6~6.0。培养条件:温度25~28 ℃,光照1 500~2 000 lx,14 h/d。

不同品种的茎尖生长有差异,一般培养10 d左右茎尖膨大并转绿,20 d左右茎尖形成2~3 mm的小芽点,且在基部逐渐形成黄绿色的愈伤组织。此时应将培养物转入无激素的MS培养基上,以阻止愈伤组织的继续生长,使小芽生长和生根。芽点基部有少量的愈伤组织对茎尖生长和成苗有促进作用,但愈伤组织过度生长对成苗则非常不利,有明显的抑制作用。

（3）病毒检测　生产上甘薯病毒检测的常用方法有目测法和指示植物鉴定法。

甘薯病毒为系统感染,薯苗和薯块均可带病。薯叶上的主要症状有花叶、皱缩、明脉、脉带、紫色斑、枯斑、卷叶等。薯块外表面排列成横带状的褐色裂纹,有的薯块表面完好,内部却木栓化,薯块剖面可见黄褐色斑块。甘薯病毒症状受病毒种类、甘薯品种、生长阶段、环境条件等诸多因素影响而复杂多变,并有隐性症状,因此根据症状只能作初步诊断。

常用甘薯病毒鉴定的指示植物有巴西牵牛,该植物对甘薯的多种病毒敏感,受病毒侵染后叶片上易产生系统病状。可用汁液涂抹法或嫁接法进行检测。

2.脱毒苗扩繁和种薯的生产

通过病毒检测的脱毒苗先在试管内进行切段快繁。当试管苗长至3~6 cm时,将小苗进行切段作短枝扦插,除顶芽一般带1~2片展开叶外,其余切成每节1叶的茎段。切下的茎段立即转接入无激素的MS培养基上,培养条件与茎尖培养相同。一般2~3 d后切段基部产生不定根,30 d左右长成有6~8片展开叶的试管苗。

待试管苗繁殖到一定数量后,即可在防虫条件下于无菌基质中进行栽培繁殖。在防虫温室或网室内的无病毒土壤上栽种脱毒苗,所结小薯即为原原种薯,育出的薯苗为原原种苗。甘薯剪秧扦插,每10 d即可剪苗一次,以苗繁苗的方法更有利于迅速扩繁。

以原原种(苗)为种植材料,在防虫条件下的无病毒土壤上培育出的薯块即为原种。以原种苗在大田条件下生产所结薯块即为生产用种薯(良种)。种薯生产可分为不同等级:一级种

薯的生产要求在隔离的地块上栽培原种,地块四周 500 m 范围以内不栽同种植物,并要求注意及时防虫治病;二三级种薯生产地块要求的条件可适当降低,种薯每种一年降一级。脱毒种薯、种苗用于生产,增产效果一般可维持 2~3 年,其后就应更换新的脱毒种苗、种薯。

> **延伸阅读**　甘薯为旋花科番薯属植物,又名红苕、地瓜、番薯。甘薯是我国四大主要粮食作物之一,也是饲料和轻工业的重要原料。我国近年来甘薯种植面积已达 900 多万 hm²,占世界上甘薯种植面积的 80%,是世界上最大的甘薯生产国。
>
> 　　甘薯是一种采用无性繁殖的杂种优势作物。在生产上,由于以块根无性繁殖,易导致病毒蔓延,致使产量和品质降低,种性退化。现已知的侵染甘薯的病毒有 10 多种,主要有甘薯羽状斑驳病毒(SPFMV)、甘薯潜隐病毒(SPLV)、甘薯花椰菜花叶病毒(SPCLV)、甘薯脉花叶病毒(SPVMV)、甘薯轻斑驳病毒(SPMMV)、甘薯黄矮病毒(SPYDV)、烟草花叶病毒(TMV)、烟草条纹病毒(TSV)、黄瓜花叶病毒(CMV),此外还有尚未定名的 C-2 和 C-4。病毒病已成为我国甘薯生产的最大障碍之一,每年造成的损失达 50 亿元以上。采用茎尖脱毒是目前防止甘薯病毒病最有效的方法,用脱毒种薯生产可增产 50% 以上。

任务3　大蒜的脱毒快繁

1.大蒜的脱毒

1) 茎尖培养脱毒

选择品质好、产量高的大蒜鳞茎,先在 4 ℃下贮藏 30 d 左右,以打破休眠。蒜瓣表面消毒后,剥取 0.2~0.9 mm 带 1 个或不带叶原基的茎尖,接种到 B_5 + BA 3.0 mg/L + NAA 0.1 mg/L + KT 0.5 mg/L + AD 30 mg/L 初代培养基上。培养温度 24~26 ℃,光照强度 1 200~2 000 lx,光照 12 h/d。培养 40 d 后开始分化,茎尖伸长形成一个绿色芽点,并有侧芽出现,100 d 后形成丛生芽。

茎尖培养结合热处理可提高茎尖脱毒效果,方法是将大蒜幼苗置于 30 ℃、光照 16 h/d,处理 1 周后温度升至 36 ℃,2 周后再升温至 38 ℃维持 2~3 周,然后进行茎尖培养,脱毒率可达 85%~100%;或将鳞茎在 37 ℃恒温下干热处理 4 周,脱毒率达 84%~100%;以 50~52 ℃热水浸泡鳞茎 30 min,也可以明显提高脱毒效果。

2) 花序轴培养脱毒

多数病毒不能通过分生组织和种子传播,因此采用花序轴培养也可达到脱毒的目的,而且花序轴顶端分生组织具有很强的腋芽萌发潜力,培养较为简便,是一种高效培育脱毒大蒜的方法。

当大蒜进入生殖生长期后,于晴天在田间采摘蒜薹,用消毒后的工具剪取蒜薹总苞段,用 70% 的酒精浸泡 1 min,然后用 0.1% 的升汞浸泡 12 min,无菌水冲洗 3~5 次后,剥去外层苞叶,横切花序轴顶部,除去花茎部分,将花序轴接种到 B_5 + BA 2.0 mg/L + NAA 0.1 mg/L 初代培养基上。

3) 病毒检测

生产上,大蒜病毒检测的常用方法有目测法和指示植物鉴定法。在田间观察植株生长情况,发病植物叶片、叶鞘、蒜薹上出现许多褪绿斑点和黄褐斑点等,严重时使叶片卷曲,植株矮化,蒜头变小。常用的大蒜病毒鉴定的指示植物有苋科植物千日红,鉴定方法采用汁液涂抹法,一般1个月左右可判断出植株感病情况。

2.大蒜的脱毒苗扩繁

大蒜茎尖培养成苗途径可选多种方式,激素对器官的分化有很大影响。

1)丛生芽型

将丛芽簇块用消毒刀片分割为含1~2个芽的小块,接种入扩繁培养基,继代培养成苗。脱毒苗扩繁可将脱毒苗在鳞茎盘上部1 cm处切去假茎,再贴近鳞茎盘底部切去木栓化组织(0.2~0.3 mm),将切取的带鳞茎茎盘的苗段接种到繁苗培养基上,培养4~6周后每苗段又可得3~6株芽的丛芽簇块。按照上述方法重复进行扩繁,直到达到要求繁殖数量为止。

由茎尖增殖的芽数因基因型和培养基的激素水平不同而异。紫皮蒜的增殖能力较白皮蒜略强;添加BA 2.0 mg/L + NAA 0.6 mg/L对芽的增殖效果最好,培养100 d的增殖系数紫皮蒜为6.67,白皮蒜为6.25,且增殖的每个芽苗均已生根,形成完整的再生植株,可以免去生根培养的步骤,简化了培养程序。

2)鳞茎发生型

在大蒜离体培养中,不仅可以形成完整植株,也可以形成试管小鳞茎。实验表明,生长素NAA及其与细胞分裂素BA的比值对试管小鳞茎的形成有重要作用。当比值大于0.5时,有利于小鳞茎的发生;小于0.3时,小鳞茎则不能形成。此外,NAA与GA_3配合使用,也能有效地促进鳞茎的形成。培养方法是将大蒜脱毒苗在鳞茎盘上部1 cm处切去假茎,再贴近鳞茎盘底部切去木栓化组织(0.2~0.3 mm),将切取的带鳞茎茎盘的苗段接种到小鳞茎诱导培养基上,培养3~4周后先获得生根幼苗,继续培养4~6周,脱毒苗基部膨大,形成小鳞茎。

生根试管苗先移栽于珍珠岩或泥炭土中,保湿1周,1个月后再移栽大田。试管小鳞茎需打破休眠(4 ℃低温处理1个月)后,可直接栽入土壤。小鳞茎繁殖系数高,成活率高,是大蒜脱毒苗繁殖的一条新途径。

延伸阅读　大蒜系百合科葱属。大蒜以鳞茎(蒜头)、蒜薹和幼株供食用,是人们喜爱的主要蔬菜之一。蒜头、蒜苗为调味佳品,而蒜薹营养丰富、耐贮运,是常年的高档蔬菜,颇受国内外市场欢迎。大蒜中所含大蒜素是一种天然抗菌物质,具有杀菌、防癌之功效,利用价值很高。

大蒜在生产上通过鳞茎繁殖,易导致病毒积累和传播。大蒜病毒的种类很多,主要有大蒜花叶病毒(GMV)、大蒜退化病毒(GDV)、洋葱黄矮病毒(GLV)、大蒜潜隐病毒(GLV)、韭葱黄条病毒(LYSV)等。病毒病严重影响大蒜生产,使其产量品质逐年下降。通过茎尖组织培养,可有效地脱除病毒,明显提高大蒜产量和品质。

任务4　石刁柏的组培快繁

1.离体快繁方法

1)无菌体系建立

（1）外植体的选择与消毒　选择优良的石刁柏植株，取 5~10 cm 长的嫩茎，洗净泥土，用自来水冲洗 15~20 min，再用 70% 的酒精浸泡 30~50 s，无菌水冲洗 1 次，然后在 0.1% 升汞溶液浸泡 10~15 min，最后用无菌水冲洗 3~5 次。

（2）接种与培养　将嫩茎切成带 1~2 个芽，长约 1 cm 的茎段，或在解剖镜下剥离腋芽，接种到 MS + BA 0.3~0.5 mg/L + NAA 0.1~0.2 mg/L 初代培养基上。培养基中 BA 的用量是影响茎芽生长和增殖的主要因素。当 BA 为 0.2 mg/L 时芽丛小；BA 提高到 0.5 mg/L 时，芽丛常会变成鳞茎状；只有当 BA 为 0.3 mg/L 时，对大多数品种材料的增殖才是最为有利的。培养条件为：光照强度 1 000~3 000 lx，光照 13~16 h/d，温度（25±2）℃，空气相对湿度 50%~60%，自然通风。接种 3 d 后腋芽萌动，1 周开始伸长，4 周后茎生长可达 5 cm，并形成丛生芽。

2)继代增殖培养

分割幼芽或将嫩茎再切成带腋芽的小段，转移到新鲜培养基中进行继代增殖。继代培养以茎基丛增殖最快，茎段次之，顶芽最慢。采用顶芽与茎基丛交替继代培养，可防止试管苗生长势的衰退。

3)生根培养

选择比较粗壮的主芽进行生根培养，截取长 2~3 cm 具顶芽的茎段，植入加有一定浓度激素的 MS 培养基中，3 周左右即可生根。石刁柏试管苗的生根一般比较困难，其难易程度主要受基因型和幼苗形态的影响，激素对生根效果也有明显影响。冯晓棠等（1991—1994）对 45 个品种进行生根培养测试，结果是不同品种、甚至同一品种的不同单株在相同培养条件下，生根率从 30% 到 100%，差异极其显著。一般具有顶芽的茎段生根效果较好。在培养基中单独使用 NAA 或 IBA 时，IBA 效果优于 NAA，但都必须添加一定量的 KT；使用复合激素（KT 0.1 mg/L、NAA 0.1 mg/L、IBA 2.0 mg/L、IAA 0.4 mg/L）具有更好的生根效果。在培养基中添加 PP_{333} 50 mg/L，能有效改进试管苗的质量，使根系粗壮发达，移栽成活率可大幅度提高。

4)炼苗移栽

移栽前将试管苗放置于自然光下，至根系健全拟叶开展，然后开盖炼苗 2~3 d 后，移栽入园土∶沙∶草炭（2∶1∶1）营养土中，前期注意保湿，小苗成活后再定植于大田。

2.花药培养

石刁柏雌雄异株，雄株生物学产量一般比雌株高 20%~30%。因此，培育全雄株，实现生产全雄化成为石刁柏育种的重要目标之一。据研究，石刁柏性别由单一因子控制。雄株基因型 Mm，雌株基因型 mm。雄株产生的配子有 50% 为 M 型,通过花药或花粉培养可获得 M 型单倍体,经加倍后成为 MM 型植株,即为超雄株。用超雄株当父本制种,所产生的种子为全雄株种子。

1)培养方法

选择发育良好、无病虫危害的健壮雄株,一般取一级侧枝上的花蕾,其数量大,而且发育较同步。选取发育至单核期的花蕾,其外观大小为即将开放花的 2/3,呈乳黄色。取材时间最好为晴天上午 10 时左右。取材时用小剪刀将花蕾剪落在培养皿里,尽量少用手接触材料,然后盖好培养皿,并立即置于 5~10 ℃下冷藏 3~5 h。

接种前进行消毒处理,先用 70% 乙醇浸泡 1 min,再用 0.1% 升汞消毒 8~10 min,无菌水冲洗 4~5 次。接种时用小镊子剥开花蕾,取出花药接种到培养基里。

花药接种后先在暗处培养 10~20 d,有利脱分化形成愈伤组织。以后的培养条件为温度 26~28 ℃,光照强度 2 000 lx,光照 16 h/d。

2)影响花药培养的因素

石刁柏花药培养过程中愈伤组织形成后,可通过两种途径形成植株:一是通过愈伤组织的再分化培养形成不定芽,再经生根培养形成完整植株;二是由愈伤组织培养形成胚状体,产生石刁柏人工胚,播种人工胚发育形成完整植株。

培养基成分是影响石刁柏花药培养的主要因素。据有关试验报道,基本培养基多采用 MS 培养基,在添加一定量 BA 条件下,愈伤组织的形成取决于在培养基中添加 NAA 和 2,4-D;在 BA 0.5 mg/L + NAA 1.0 mg/L 条件下,添加 2,4-D 0.5 mg/L,能有效提高愈伤组织获得率;并且在添加 2,4-D 的培养基上培养的愈伤组织更多形成胚性细胞,可增加发育形成胚状体的机会(沈汉清 等,1992)。愈伤组织培养到一定阶段后,应及时转入分化培养基中,进行芽分化诱导。NAA 和 BA 的比例为 1∶1 时,既有利于芽的分化,也有利于根的分化(周维燕 等,1990)。在胚状体发育培养过程中,提高培养基中的琼脂用量(由 0.6% 提高到 1%),有利于胚的健康发育,并减少畸形胚的比例(沈汉清 等,1996)。另据报道,蔗糖浓度对花药培养也有很大影响。加入 3% 的蔗糖时,在花药表面见到大量愈伤组织,经检查是来自药隔、药柄等体细胞(2n = 20);若蔗糖浓度提高到 6% 时,明显抑制体细胞愈伤组织,而促进花粉启动,有利形成花粉愈伤组织。

花粉发育时期对花粉愈伤组织的形成和器官的分化也有一定影响,处于单核期的花粉诱导率最高,达 80.3%,而成熟花粉诱导率只有 3.9%。

3)染色体倍性鉴别与加倍

石刁柏花药培养的目的是要获得纯质结合的优良材料,用于杂交育种。因此,在培养过程中应及时进行染色体倍性鉴别,选出单倍体植株。再将单倍体植株进行染色体加倍,得到纯合二倍体。其中有纯合雄株(MM),也称为超雄株;也有纯合雌株(mm)。通过离体快繁,获得大量纯合雄株和雌株,再进行有性杂交,即可得到大量雄株种子,用于生产。

> **延伸阅读**　石刁柏系百合科天门冬属多年生草本植物,又称芦笋,雌雄异株。石刁柏食用部分为其嫩茎,营养丰富,具有调节机体代谢、提高机体免疫力的功效,石刁柏作为一种高档蔬菜,很受人们喜爱,国内外市场潜力很大。
>
> 石刁柏在生产上通常采用分株繁殖,但繁殖系数低,难以满足生产需要。石刁柏雄株具有早熟、品质好、寿命长、产量高等特点。离体繁殖技术用于石刁柏新品种选育和良种繁育,是发展石刁柏生产和提高产量的有效途径。

任务5　生姜的脱毒快繁

1.生姜脱毒

1)外植体的选择与消毒

精选块大、肉厚、皮色黄亮、无腐烂和病虫危害的健壮姜块,将其洗干净置于消毒过的河沙中,在(25 ± 2)℃条件下催芽。经2~3周不定芽萌发至1~2 cm时,掰下姜芽,剥去易除叶片,用洗衣粉溶液浸泡10 min,用自来水冲洗2~3 h。在超净工作台上用70%乙醇消毒30 s,用无菌水冲洗1~2遍。再用0.1%升汞溶液消毒20 min,无菌水冲洗4~5遍,然后用无菌滤纸吸干表面水分即可。将消毒后的材料放在10~40倍的双筒解剖镜下,在无菌条件下剥取0.2~0.3 mm的茎尖,并迅速接种于诱导培养基上。

为了提高脱毒效果,可采用热处理结合分生组织培养的方法,即把切取的生姜芽洗净后先经过50 ℃高温热处理5 min,杀死部分病毒,再进行消毒接种。

2)茎尖培养脱毒

诱导茎尖萌发的分化培养基为 MS + BA 2.0~3.0 mg/L + NAA 0.2~1.0 mg/L。培养温度控制在(25 ± 2)℃,初期培养为暗培养,待长出愈伤组织后转入光培养,光照强度为1 500~2 000 lx,光照12 h/d。接种于分化培养基上的茎尖,经10 d后开始膨大形成愈伤组织,随着愈伤组织的不断产生,约3周后在茎尖生长点周围分化出芽。

当诱导培养基中的芽丛长至2~3 cm时,将丛生芽切成单芽转入 MS + BA 1.0~2.0 mg/L + NAA 0.1~0.2 mg/L继代培养基中,每瓶5~6株,以后每25~30 d继代1次。

3)脱毒苗鉴定

引起生姜种性退化的主要病毒为黄瓜花叶病毒(CMV)和烟草花叶病毒(TMV)。检测方法主要有目测法、指示植物检测法。

(1)目测法　目测法是利用脱毒苗和带毒苗在形态、生长势等生物学特征上的差异来鉴别。脱毒苗生长快、健壮,叶片平展,叶色浓绿,不带皱纹;而带毒苗生长势弱,叶片卷曲,叶色淡且出现花叶斑纹、褪绿斑点等。

(2)指示植物检测法　将待测植株的叶片加入缓冲液按常规研磨,接种到心叶烟、曼陀罗、苋色藜等指示植物上,表现系统花叶、局部枯斑和褪绿斑等症状者为带毒株。

2.脱毒苗扩繁和种姜生产

1)脱毒苗扩繁

经过病毒鉴定的脱毒苗即可进行大量增殖扩繁。在继代培养中要掌握好培养基中的激素调节,BA 和 NAA 可促进生姜幼芽发生,且具有相互增益效应,但过高或过低浓度的 BA 及 NAA组合对芽的诱导、增殖倍数、生长情况都会有不好影响。在继代的不同阶段采用的激素浓度水平也应不同,前期可用的浓缩高些,随着继代次数的增加,激素浓度应适当降低。

脱毒苗在移栽前需进行生根壮苗培养和炼苗驯化。将高 3~4 cm 的小苗切下,接种到 1/2 MS + NAA(或 IBA) 0.1~0.2 mg/L 生根培养基上进行培养,培养条件与继代培养相同。15 d 左右有白色根形成,20 d 后即可进行炼苗移栽。

选根系发育良好、生长健壮、高约 5 cm 的试管苗,先置于室外在自然条件下炼苗 5~7 d,再将瓶盖打开炼苗 2~3 d,然后将苗取出洗净培养基,假植于经过消毒的基质上,基质可选用珍珠岩∶蛭石 = 1∶1 配合。栽苗后及时浇透水覆膜,注意保湿保温,温度控制在 20~30 ℃,湿度 90% 左右。经过两周左右即可长出新根,然后逐步揭膜炼苗,10 d 后可全部揭开覆膜,一般成活率可达 95% 以上,再过一周后即可移栽入原种生产田。

2)种姜生产

脱毒姜种分为 3 代,脱毒试管小苗为原原种苗,先在苗床中育成原种大苗,然后移栽到原种生产田或防蚜虫网室中生产原种。原种栽入大田生产脱毒生姜生产用种,即可上市销售,或继续用于生产脱毒生姜生产用种。

脱毒种苗一般在生产上应用 3~5 年,随着生产过程中感染病毒程度加重,应及时更换。因此,生产上应建立生姜脱毒苗良种繁殖体系,逐步实现生姜生产脱毒化,从而大幅度提高生姜的产量和品质,产生更大的经济效益和社会效益。

> **延伸阅读**　生姜为姜科姜属多年生宿根草本植物,又名黄姜。生姜在我国栽培历史非常悠久,分布广,是集调味品、加工食品原料、药用蔬菜为一体的多用途蔬菜。每年大量出口到北美、欧洲和东南亚国家,国内销售量也很大。
>
> 　　生姜在生产上长期进行无性繁殖,易感染多种病毒,感染了病毒病的生姜种性逐渐退化,品质变劣,产量下降。利用茎尖分生组织培养脱毒生姜苗,成为防治病毒和提高生姜产量及品质的主要方法。脱毒生姜生长快、长势旺、抗病、耐高温、抗寒及抗其他逆境能力显著增强,并且色泽鲜亮、均匀整齐、辣味浓、品质明显改善,同时产量能大幅度提高,在生产上脱毒种比原品种增产 50% 以上,一般每亩(1 亩约为 667 m²)产量达 5 000 kg。

复习思考题

1. 简述马铃薯茎尖脱毒的意义和脱毒微型薯生产的方法。
2. 简述甘薯茎尖脱毒的意义及脱毒种薯生产方法。
3. 大蒜茎尖脱毒培养成苗途径有哪些方式?
4. 简述石刁柏花药培养的意义及方法,影响花药培养的因素有哪些?
5. 简述生姜脱毒的意义及脱毒的方法。

项目 5 药用植物组织培养

【项目说明】

药用植物是指含有生物活性成分,可用于疾病预防和治疗的植物。我国药用植物资源十分丰富,据统计可供药用的植物有 5 000 多种,其中较常用的有 500 多种,且需要量大。药用植物的研究和开发利用是我国的一项重大课题,是实现中药标准化生产的重要措施。药用植物多为野生,生长速度慢,由于长期以来盲目过度采挖,再加上自然环境的破坏以及繁殖和栽培技术未及时跟上等方面的原因,一些药用植物已出现了资源枯竭现象。在药用植物资源日趋减少的情况下,通过组织培养技术进行药用植物的种苗快速繁殖和生物活性物质生产具有较好的应用前景。目前药用植物组织培养的应用主要有两方面:一是利用快繁技术生产大量种苗,满足人工栽培的需要;二是通过细胞的悬浮培养生产生物活性物质。本项目利用浙贝母、枸杞、芦荟、红豆杉、银杏进行植物组织快繁技术和细胞悬浮培养技术综合技能训练,使学生能够掌握药用植物种苗的组培快繁技术和生物活性物质的生产技术,为药用植物的种苗繁殖和生物活性物质生产提供技术支持。

任务 1 浙贝母的组织培养

1)外植体的选择与消毒

浙贝母开花之前的幼叶、花梗、花蕾、鳞茎均可作外植体,比较适宜的取材时间是每年的春季。幼叶、花梗、花蕾用 70% 乙醇消毒 10~20 s,再在饱和漂白粉中消毒 15 min,用无菌水冲洗 2~3 次。如果用鳞茎作外植体,可先刮去鳞片上的栓皮,再用自来水冲洗干净,用 0.1% 升汞消毒 10~20 min,用无菌水冲洗 4~5 次。

将消毒后的外植体用无菌滤纸吸干表面的水分,幼叶、花梗、花被片切成 2~4 cm² 大小,鳞片切成约 5 mm、厚 2 mm 的小块,一个鳞茎可切成 100 多块,分别接种于诱导培养基上。

2)初代培养

浙贝母对基本培养基要求并不十分严格,在 MS、N_6、B_5 等基本培养基上附加一定的生长调节剂均可产生愈伤组织。在 MS + NAA 0.5~2.0 mg/L + KT 1.0 mg/L + CM 15% 诱导培养基上,10~15 d 后愈伤组织陆续从外植体切口上出现。NAA 浓度低于 0.1 mg/L 时,只有很少量的愈伤组织形成或没有肉眼可见的愈伤组织。

3)继代培养

愈伤组织在 MS + NAA 0.5~2.0 mg/L 或 2,4-D 0.2~2.0 mg/L 的培养基上可长期继代培养。将愈伤组织转移到 MS + BA 4.0~8.0 mg/L + IAA 0.5~2.0 mg/L 分化培养基上,可分化出白色的小鳞茎。由愈伤组织分化出的小鳞茎和自然状态下生长得到的小鳞茎,在形态上并无明显区别,但人工培养基得到的小鳞茎生长迅速,生长 4 个月的小鳞茎可达到由种子繁殖得到的 2~3 年鳞茎大小,再生小鳞茎较大的直径约 12 mm。

由组织培养再生的小鳞茎,在生长到足够大小时就可以直接从瓶中取出。小鳞茎在高温下很难发育出植株,需置于 2~15 ℃低温下暗培养一段时间之后,再转入常温光照下培养,从小鳞茎上就可以长出小植株。一般来说,这种经低温处理打破休眠而萌发的试管植株,生长比较健壮,移入土壤后,可以继续生长。

由愈伤组织也可不经鳞茎阶段而直接进行再生芽的诱导。当把愈伤组织转移到 MS + BA 2.0~3.0 mg/L + KT 1.0~2.0 mg/L + NAA 0.5~1.5 mg/L + Ad 20~30 mg/L 芽分化培养基上。3~5 周后,就能看到有许多绿色的芽点在愈伤组织表面形成,有的已分化成小芽。

4)生根培养

从愈伤组织上分化形成的苗高 3 cm 以上较大苗,可直接转入 1/2 MS + IAA 0.1~0.2 mg/L 生根培养基。较小的苗和刚分化形成的芽需转入 MS + BA 0.5~1.0 mg/L + KT 0.3~1.0 mg/L + NAA 0.2~0.5 mg/L 壮苗培养基令其长大,然后再转入生根培养基。将培养瓶置于常规培养室中,给予较强的光照,20 d 左右的便可在每株苗的基部形成多条根。

延伸阅读　浙贝母属百合科多年生草本植物。鳞茎可入药,有清热润肺、化痰止咳功效,主治上呼吸道感染、咽喉肿痛、支气管炎、肺脓疡、肺热咳嗽、痰多、胃、十二指肠溃疡、乳腺炎、甲状腺肿大等。常规繁殖采用鳞茎和种子繁殖,鳞茎繁殖法用种量大且繁殖系数低,一般 1 个鳞茎只能收 1.5~1.6 个鳞茎。种子繁殖成苗率低,速度慢,需要 5~6 年才能发育成商品鳞茎的大小。通过组织培养技术可提高浙贝母的繁殖速度,扩大繁殖系数,大大缩短了鳞茎的形成年限,只要 6 个月左右的时间就可以得到供做药用的鳞茎。

任务 2　枸杞的组培快繁

1)无菌体系建立

(1)外植体的选择与消毒　在每年的春、秋两季,取生长健壮、较幼嫩的枝条和顶芽,剪去叶片,自来水冲洗干净。在超净工作台上先用 70% 乙醇消毒 10~20 s,再用 0.1% 升汞消毒 8~10 min,用无菌水冲洗 4~5 次,最后用无菌滤纸吸干水分。将枝条切成长 0.5~1.0 cm,带有一个腋芽的小段,接种到初代培养基上培养。

(2)初代培养　诱导腋芽萌发的培养基为 MS + BA 0.5 ~ 1.0 mg/L + NAA 0.1 mg/L。培养条件,温度25 ~ 28 ℃,光照10 ~ 12 h/d,光强2 000 ~ 3 000 lx。接种后1周左右腋芽开始萌动,培养2周,形成绿色丛生芽,随后绿色丛芽逐渐抽茎长叶,培养1个月左右,株高可达2 cm。

2)继代增殖培养

将初代培养所获得丛生芽切割成小块,接入 MS + BA 0.5 mg/L + IAA 0.1 mg/L 继代培养基上,经30 ~ 40 d 培养,每块芽又分化出2 ~ 4 cm 高的无根苗,繁殖系数可达6以上。该培养基既可作壮苗用,也可作继代用。如果要进行继代培养,可将顶芽切下转换到新的继代培养基上。如果要将试管苗用于大田栽培,则需转到生根培养基上诱导生根。

3)生根培养

将生长健壮的大苗取出,在无菌纸上从基部切去3 ~ 5 mm,接入1/2 MS + IAA 0.1 mg/L 的生根培养基中,大约1周,基部就有白色突起产生,2周后长成1 cm 左右的根,形成完整植株。

4)炼苗移栽

将根长1 cm 左右的试管苗放入驯化室,室温、散射光下闭瓶炼苗7 d 左右;然后开瓶加薄薄的一层水,在散射光、高湿的环境下炼苗5 ~ 7 d;最后洗净根上的培养基,栽入草炭:蛭石:细沙:珍珠岩 =5:3:1:1 的基质中。移栽初期注意遮光、保湿,经3 ~ 4 周,新根形成可移栽至田间。

> **延伸阅读**　枸杞属茄科落叶灌木,在我国栽培利用的历史悠久,尤以宁夏枸杞最负盛名。枸杞果实甘甜,有提高人体免疫功能、增强造血机能、降低血糖、抗肿瘤等药理作用,是一种"药食同源"的食品。因它耐干旱、瘠薄,适应性强,在园林绿化、沙荒地的开发等方面也广泛利用。

任务3　芦荟的组培快繁

1)无菌体系建立

(1)外植体的选择与消毒　从芦荟的腋芽、茎尖、茎段等不同部位的外植体上均可获得再生植株。在生产上常选择中等偏大,生长健壮无病虫的植株,取其茎段或刚萌发不久的小芽作为外植体。取下完整的小植株用自来水冲洗外表的泥土,剥去外部的3 ~ 4层叶片,切掉基部根系。在洗衣粉水中浸泡几分钟,并不断搅拌,然后用清水冲洗干净,在70% 乙醇中消毒20 ~ 30 s,再用0.1% 升汞消毒15 ~ 20 min,用无菌水冲洗4 ~ 5次,最后用无菌滤纸吸干水分,切除两头断面,后接种到诱导培养基上。

(2)初代培养　外植体接种到 MS + BA 3 ~ 5 mg/L + NAA 0.1 ~ 0.2 mg/L 诱导培养基中。培养条件,温度26 ~ 28 ℃,光照10 ~ 12 h/d,光强1 000 ~ 2 000 lx。15 d 后茎尖和叶片开始伸长,1个月后在小苗的基部开始形成芽状小突起,再过1个月,芽状体分化成丛状小芽。

2)继代增殖培养

将丛生芽进行分割并继代于 MS + BA 1.0 ~ 3.0 mg/L + NAA 0.1 ~ 0.2 mg/L 继代培养基

中,从芽的基部再长出新的丛生芽。开始增殖时 BA 浓度可适当高些,以保持较高的增殖率。以后随着继代培养次数的增加,逐渐降低其用量,到开始转入边生根边维持增殖生产时,BA 用量降到 1~2 mg/L,每隔 1 个月转接 1 次,月增殖率保持在 5~6 倍即可。

3) 生根培养

当试管苗增殖到一定数量后,可将高度达到 3 cm 左右的无根小苗切下,接种到 1/2 MS + NAA 0.5 mg/L + IBA 0.2 mg/L + AC 0.3% 生根培养基中,15 d 后开始长根,20 d 以后长成具有 3~5 条 1 cm 以上的根系,苗高 3~4 cm 的小苗,这时即可出瓶进行炼苗移栽。

4) 炼苗移栽

将生根后的试管苗放入驯化室,先在室温、散射光下炼苗 8~10 d,然后开瓶取苗洗净根上的培养基,用 0.1% 的多菌灵溶液浸泡根 10~20 min 后晾干表面水分,植入草炭:细沙 =2:1 的基质中,移栽初期遮光,25 ℃,保持80% 的相对湿度,成活率可达100% 。

> **延伸阅读**　芦荟属百合科多年生常绿植物,常见的有木立芦荟、中国芦荟、库拉索芦荟。芦荟叶汁浓缩的干燥物入药,常用来治烧伤、烫伤、腹泻、便秘等,具有降血糖、解毒、杀菌、抗癌等功效,并具有较高保健美容作用。因此,芦荟被广泛地应用在医药保健和各种美容化妆品生产中。

任务4　红豆杉的组织培养

1) 外植体的选择与消毒

红豆杉的种子、根、茎段、叶、芽和树皮等均可用于诱导愈伤组织,一般选用紫杉醇含量高的幼茎、形成层、树皮等作为外植体,取材时间以每年的七八月份为宜。

取新生带有针叶的嫩枝用自来水冲洗干净,在 70% 乙醇中浸泡 30~60 s,无菌水漂洗 1 次,再用 0.1% 的升汞浸泡 5~8 min,无菌水冲洗 4~6 次。最后用无菌滤纸吸去材料表面的水分,将嫩枝切成 0.5~0.8 cm 的小段,将嫩枝切段和针叶接种到诱导培养基上。接种时要让针叶的腹面接触培养基,嫩枝的植物学近地端接触培养基。

2) 愈伤组织的诱导

MS、B₅、White、SH 等基本培养基均可诱导愈伤组织,添加的生长调节剂有 NAA、2,4-D、BA,浓度分别为 1.0 mg/L、1.0~2.0 mg/L、0.3~0.5 mg/L。添加 LH 可增加愈伤组织的诱导率。将接种好的培养瓶置于培养室中培养,温度(25 ±2)℃,光照强度 1 500~2 000 lx,光照时间10 h/d。

红豆杉嫩枝和针叶在诱导培养基上 2~3 周后即开始形成愈伤组织,4~5 周愈伤组织直径可达 1~2 cm。不同种的红豆杉和不同的外植体形成愈伤组织的比率、时间早晚和生长速度存在明显差异。南方红豆杉和东北红豆杉的嫩枝切段出愈较快,出愈率分别为89% 和70% ,针叶出愈较慢,出愈率也较低,分别为36% 和15%;普通红豆杉出愈较慢但出愈率较高,嫩枝和针叶的出愈率分别为94% 和30% 。愈伤组织开始时为灰白色,随着愈伤组织的增大,颜色由灰白色变为棕色。这可能预示着愈伤组织在逐渐发生褐变,此时要尽量保持较低的培养温度,及时更换培养基。

3）细胞悬浮培养

细胞悬浮培养是将愈伤组织或小细胞团接种到液体培养基中,在摇床上振荡培养。红豆杉细胞悬浮培养所用培养基与上述诱导培养基相同,考虑到2,4-D对人体可能有致癌作用,在悬浮培养时最好不用,其他生长调节剂也尽量少用。另外,也可通过诱变方法筛选不需要生长调节剂就可以生长并可产生紫杉醇的细胞系。

在初次将愈伤组织转到液体培养基时可适当加入少量纤维素酶和果胶酶,以加快愈伤组织分离成单个细胞或小细胞团。初始悬浮培养阶段可用50 mL的小三角瓶,每瓶加10 mL液体培养基,接入0.1 mL愈伤组织,在20~23 ℃,120~130 r/min的摇床上振荡培养。每周需更换一次培养基,更换时将瓶中的愈伤组织、单个细胞或细胞团过滤出来,直接转到新鲜的培养基中即可。在悬浮培养过程中应随时注意每瓶中愈伤组织、细胞团生长的情况。挑选生长速度快和特征好的作为继代的材料,淘汰生长缓慢、颜色不正的材料。

> **延伸阅读**　红豆杉属于裸子植物,它产生的紫杉醇通过临床实验被认为是最有希望的抗癌药物,是一类具有重要开发价值的树木。自然状态下,紫杉醇的含量极低,仅占树皮干重的十万分之一,靠自然资源解决这一问题十分困难。自然状态下红豆杉生长速度很慢,过量的人工采伐使野生资源受到了极大的破坏。用播种育苗和扦插繁殖虽可在一定程度缓解矛盾,但仍无法满足需求,也不能从根本上解决问题,人们期望利用植物组织培养技术解决资源和药源的矛盾。

复习思考题

1. 药用植物组织培养的方法有哪些? 各有何特点?
2. 查阅资料,写出一种药用植物的组培方法。

附　录

附录1　常见英文缩写与词义

缩　写	中文名称	缩　写	中文名称
A;Ad;Ade	腺嘌呤	IAA	吲哚乙酸
ABA	脱落酸	IBA	吲哚丁酸
AC	活性炭	2-iP	2-异戊烯腺嘌呤
BA;BAP;6-BA	6-苄基腺嘌呤	kg	千克
CCC	矮壮素	KT	激动素
CH	水解酪蛋白	L;l	升
CM	椰子乳;椰子汁	LH	水解乳蛋白
cm	厘米	lx	勒克斯
2,4-D	2,4-二氯苯氧乙酸	m	米
d	天	mg	毫克
DMSO	二甲基亚砜	μm	微米
DNA	脱氧核糖核酸	min	分钟
EDTA	乙二胺四乙酸	mL	毫升
ELISA	酶联免疫吸附法	mm	毫米
FDA	荧光素双醋酸酯	mol	摩尔
g	克	NAA	萘乙酸
GA;GA$_3$	赤霉素	NOA	萘氧乙酸
h	小时	PCR	聚合酶链式反应

续表

缩　写	中文名称	缩　写	中文名称
PEG	聚乙烯乙二醇	VB_1	盐酸硫胺素
pH	酸碱度	VB_3	烟酸
PVP	聚乙烯吡咯烷酮	VB_5	泛酸
RNA	核糖核酸	VB_6	盐酸吡哆醇
r/min	每分钟转数	Vc	抗坏血酸
s	秒	V_H	生物素
TDZ	噻重氮苯基脲	YE	酵母提取物
UV	紫外光	ZT;ZEA	玉米素

附录2　组织培养常用基本培养基配方

（单位：mg/L）

化学物质		MS (1962)	B_5 (1968)	N_6 (1975)	Nitsh (1972)	LS (1965)	Miller (1967)	SH (1972)	White (1963)	VW (1949)
无机物质	NH_4NO_3	1 650	—	—	720	1 650	1 000	—	—	—
	KNO_3	1 900	2 500	2 830	950	1 900	1 000	2 500	80	525
	$(NH_4)_2SO_4$	—	134	463	—	—	—	—	—	500
	$CaCl_2 \cdot 2H_2O$	440	150	166	166	440	—	200	—	—
	$CaNO_3 \cdot 4H_2O$	—	—	—	—	—	347	—	300	—
	$MgSO_4 \cdot 7H_2O$	370	250	185	185	370	35	400	720	250
	KH_2PO_4	170	—	400	68	170	300	—	—	250
	$NH_4H_2PO_4$	—	—	—	—	—	—	300	—	—
	NaH_2PO_4	—	150	—	—	—	—	—	16.5	—
	$Ca_3(PO_4)_2$	—	—	—	—	—	—	—	—	200
	KCl	—	—	—	—	—	65	—	65	—
	Na_2SO_4	—	—	—	—	—	—	—	200	—
	$FeSO_4 \cdot 7H_2O$	27.8	27.8	27.8	27.85	27.8	—	20	—	—
	Na_2-EDTA	37.3	37.3	37.3	37.75	37.3	—	15	—	—
	Na-Fe-EDTA	—	—	—	—	—	32	—	—	—
	$Fe_2(C_4H_4O_6) \cdot 2H_2O$	—	—	—	—	—	—	—	—	28
	$MnSO_4 \cdot 4H_2O$	22.3	10	4.4	25	22.3	4.4	10	7	7.5
	$ZnSO_4 \cdot 7H_2O$	8.6	2.0	1.5	10	8.6	1.5	1.0	3	—
	$CoCl_2 \cdot 6H_2O$	0.025	0.025	—	0.025	0.025	—	0.1	—	—
	$CuSO_4 \cdot 5H_2O$	0.025	0.025	—	—	0.025	—	0.2	0.001	—
	$Na_2MoO_4 \cdot 2H_2O$	0.25	0.25	—	—	0.25	—	—	—	—
	MoO_3	—	—	—	0.25	—	—	—	0.000 1	—
	$Fe_2(SO_4)_3$	—	—	—	—	—	—	—	2.5	—
	H_3BO_3	6.2	3	1.6	—	6.2	—	5.0	1.5	—
	KI	0.83	0.75	0.8	10	0.83	1.6	1.0	—	—
	TiO_2	—	—	—	—	—	0.8	—	—	—

续表

化学物质	培养基	MS (1962)	B₅ (1968)	N₆ (1975)	Nitsh (1972)	LS (1965)	Miller (1967)	SH (1972)	White (1963)	VW (1949)
有机物质	肌醇	100	100	—	100	100	—	100	100	—
	盐酸吡哆醇	0.5	1.0	0.5	—	—	—	5.0	0.1	—
	盐酸硫胺素	0.1	10.0	1	—	0.4	—	0.5	0.1	—
	烟酸	0.5	1.0	0.5	—	—	—	5.0	0.3	—
	甘氨酸	2	—	2	—	—	—	—	3	—

附录3 常用有机物质的分子量及浓度换算表

物质名称		分子量	1 mg/L→μmol/L	1 μmol/L→mg/L
植物生长调节剂	NAA	186.20	5.371	0.186 2
	2,4-D	221.04	4.522	0.221 1
	IAA	175.18	5.708	0.175 2
	IBA	203.18	4.922	0.203 2
	BA	225.26	4.439	0.225 3
	KT	215.21	4.647	0.215 2
	ZT	219.00	4.566	0.219 0
	2-ip	202.70	4.933	0.202 7
	GA₃	346.37	2.887	0.346 4
	ABA	264.31	3.783	0.264 3
	NOA	202.60	4.646	0.202 6
有机物质	肌醇	176.12	5.678	0.176 1
	盐酸吡哆醇	205.64	4.863	0.205 6
	盐酸硫胺素	337.28	2.965	0.337 3
	烟酸	123.11	8.123	0.123 1
	核黄素	376.37	2.657	0.376 4
	抗坏血酸	176.12	5.678	0.176 1
	泛酸	219.23	4.561	0.219 2
	生物素	244.31	4.093	0.244 3
	叶酸	441.40	2.266	0.441 4
	维生素 B_{12}	1 335.42	0.749	1.335 4
	甘氨酸	75.07	13.321	0.075 1
	葡萄糖	180.16	5.551	0.180 2
	蔗糖	342.30	2.921	0.342 3
	果糖	180.16	5.551	0.180 2
	半乳糖	180.16	5.551	0.180 2

[注] $1 \text{ mol/L} = 10^3 \text{ mmol/L} = 10^6 \text{ μmol/L}$

附录 4　常用无机物质的分子量及浓度换算表

物质名称	分子量	1 mg/L→μmol/L	1 μmol/L→mg/L
NH_4NO_3	80.04	12.494	0.080 0
KNO_3	101.09	9.892	0.101 1
$(NH_4)_2SO_4$	132.15	7.567	0.132 2
$CaCl_2 \cdot 2H_2O$	146.98	6.804	0.147 0
$CaNO_3 \cdot 4H_2O$	236.16	4.234	0.236 2
$MgSO_4 \cdot 7H_2O$	246.46	4.057	0.246 5
KH_2PO_4	136.08	7.349	0.136 1
NaH_2PO_4	156.01	6.410	0.156 0
KCl	74.55	13.414	0.074 6
$FeSO_4 \cdot 7H_2O$	278.00	3.597	0.278 0
$Na_2\text{-}EDTA$	372.25	2.686	0.372 3
$MnSO_4 \cdot 4H_2O$	223.01	4.484	0.223 0
$ZnSO_4 \cdot 7H_2O$	287.54	3.478	0.287 5
$CoCl_2 \cdot 6H_2O$	237.95	4.203	0.238 0
$CuSO_4 \cdot 5H_2O$	249.68	4.005	0.249 7
$Na_2MoO_4 \cdot 2H_2O$	241.98	4.133	0.242 0
H_3BO_3	61.83	16.173	0.061 8
KI	165.99	6.024	0.166 0

[注]$1\ mol/L = 10^3\ mmol/L = 10^6\ \mu mol/L$

附录 5　培养物的异常表现、产生原因及改进措施

阶段	培养物异常表现	产生原因	改进措施
启动培养阶段	培养物水浸状、变色、坏死、茎断面附近干枯	表面消毒剂过量,时间过长;外植体选用部位、时期不当	更换其他消毒剂或降低浓度,缩短时间;试用其他部位,生长初期取样
	培养物长期培养没有多少反应	生长素种类不当;用量不足;温度不适宜;培养基不适宜	增加生长素用量,试用2,4-D;调整培养温度
	愈伤组织生长过旺,疏松,后期水浸状	生长素及细胞分裂素用量过多;培养基渗透势低	减少生长素、细胞分裂素用量,适当降低培养温度
	愈伤组织生长过紧密、平滑或突起,粗厚,生长缓慢	细胞分裂素用量过多;糖浓度过高;生长素过量也可引起	适当减少细胞分裂素和糖的用量
	侧芽不萌发,皮层过于膨大,皮孔长出愈伤组织	采样枝条过嫩;生长素、细胞分裂素用量过多	减少生长素、细胞分裂素用量,采用较老化枝条

续表

阶　段	培养物异常表现	产生原因	改进措施
增殖培养阶段	苗分化数量少、速度慢、分枝少，个别苗生长细高	细胞分裂素用量不足；温度偏高；光照不足	增加细胞分裂素用量，适当降低温度
	苗分化较多，生长慢，部分苗畸形，节间极度短缩，苗丛密集	细胞分裂素用量过多；温度不适宜	减少细胞分裂素用量或停用一段时间，调节适当温度
	分化出苗较少，苗畸形，培养较久苗可能再次愈伤组织	生长素用量偏高，温度偏高	减少生长素用量，适当降温
	叶粗厚变脆	生长素用量偏高，或兼用细胞分裂素用量偏高	适当减少激素用量，避免叶接触培养基
	再生苗的叶缘、叶面等处偶有不定芽分化出来	细胞分裂素用量过多，或该种植物适宜于这种再生方式	适当减少细胞分裂素用量，或分阶段利用这一再生方式
	丛生苗过于细弱，不适于生根操作和将来移栽	细胞分裂素用量过多，温度过高，光照短，光强不足，久不转接，生长空间窄	减少细胞分裂素用量，延长光照，增加光强，及时转接继代，降低接种密度，改善瓶口遮蔽物
	丛生苗中有黄叶、死苗，部分苗逐渐衰弱，生长停止，草本植物有时水浸状、烫伤状	瓶内气体状况恶化，pH 变化过大，久不转接糖已耗尽，瓶内乙烯含量升高；培养物受污染，温度不适	及时转接继代，改善瓶口遮蔽物，去除污染，控制温度
	幼苗生长无力，陆续发黄落叶，组织水浸状、煮熟状	温度不适，光照不足，植物激素配比不适，无机盐浓度不适	控制光温条件，及时继代，适当调节激素配比和无机盐浓度
	幼苗淡绿，部分失绿	忘加铁盐或量不足，pH 不适，铁、锰、镁元素配比失调，光过强，温度不适	仔细配制培养基，注意配方成分，调好 pH，控制光温条件
生根阶段	不生根或生根率低	无机盐浓度高，生长素浓度低，温度不适，苗基部受损	降低无机盐浓度，提高生长素浓度，调整适宜温度
	愈伤组织生长过快、过大，根茎部肿胀或畸形	生长素种类不适，用量过高或伴有细胞分裂素用量过高	更换生长素和细胞分裂素组合，降低浓度

参考文献

[1] 曹孜义,刘国明.实用植物组织培养技术教程[M].兰州:甘肃科学技术出版社,2001.

[2] 王蒂.植物组织培养[M].北京:中国农业出版社,2004.

[3] 熊丽,吴丽芳.观赏花卉的组织培养与大规模生产[M].北京:化学工业出版社,2003.

[4] 王清连.植物组织培养[M].北京:中国农业出版社,2003.

[5] 李云.林果花菜组织培养快速育苗技术[M].北京:中国林业出版社,2001.

[6] 刘庆昌,吴国良.植物细胞组织培养[M].北京:中国农业大学出版社,2003.

[7] 崔德才,徐培文.植物组织培养与工厂化育苗[M].北京:化学工业出版社,2004.

[8] 谭文澄,戴策刚.观赏植物组织培养技术[M].北京:中国林业出版社,2000.

[9] 陈佩度.作物育种生物技术[M].北京:中国农业出版社,2001.

[10] 吴殿星,胡繁荣.植物组织培养[M].上海:上海交通大学出版社,2004.

[11] 刘青林,马炜,郑玉梅.花卉组织培养[M].北京:中国农业出版社,2003.

[12] 宋思扬,楼士林.生物技术概论[M].北京:科学出版社,2002.

[13] 周维燕.植物细胞工程原理与技术[M].北京:中国农业大学出版社,2001.

[14] 孙秀梅.农业生物技术[M].北京:中国农业出版社,2001.

[15] 郑成木,刘进平.热带亚热带植物微繁殖[M].湖南:湖南科学技术出版社,2001.

[16] 潘瑞炽.植物组织培养[M].3版.广州:广东高等教育出版社,2003.

[17] 梅家训,丁习武.组培快繁技术及其应用[M].北京:中国农业出版社,2003.

[18] 肖玉兰.植物无糖组培快繁工厂化生产技术[M].昆明:云南科技出版社,2003.

[19] 陈菁瑛,蓝贺胜,陈雄鹰.兰花组织培养与快速繁殖技术[M].北京:中国农业出版社,2004.

[20] 陈振光.园艺植物离体培养学[M].北京:中国农业出版社,1996.

[21] 程家胜.植物组织培养与工厂化育苗技术[M].北京:金盾出版社,2003.

［22］刘敏.花卉组织培养与工厂化生产［M］.北京:地质出版社,2002.

［23］罗琛.生命工程与生命［M］.北京:高等教育出版社,2000.

［24］杨淑慎.细胞工程［M］.北京:科学出版社,2009.

［25］王振龙.植物组织培养［M］.北京:中国农业大学出版社,2007.

［26］朱至清.植物细胞工程［M］.北京:化学工业出版社,2003.

［27］刘进平.植物细胞工程简明教程［M］.北京:中国农业出版社,2005.

［28］陈世昌.植物组织培养［M］.重庆:重庆大学出版社,2006.

［29］曹春英.植物组织培养［M］.北京:中国农业出版社,2006.

［30］柳俊,谢丛华.植物细胞工程［M］.2 版.北京:高等教育出版社,2011.

［31］刘弘.植物组织培养［M］.北京:机械工业出版社,2012.

［32］周鑫.植物组织培养［M］.北京:航空工业出版社,2012.

［33］郑永娟,汤春梅.植物组织培养［M］.北京:中国水利水电出版社,2012.

［34］巩振辉,申书兴.植物组织培养［M］.3 版.北京:化学工业出版社,2022.

［35］王蒂,陈劲枫.植物组织培养［M］.2 版.北京:中国农业出版社,2013.

［36］王振龙,李菊艳.植物组织培养教程［M］.2 版.北京:中国农业大学出版社,2014.

［37］秦静远.植物组织培养技术［M］.重庆:重庆大学出版社,2014.

［38］陈世昌.植物组织培养［M］.3 版.北京:高等教育出版社,2021.

［39］李胜,杨宁.植物组织培养［M］.北京:中国林业出版社,2015.